塔里木石油管柱
失效案例分析论文集

刘洪涛　吕拴录　杨向同　编著

石油工业出版社

内 容 提 要

本书共收集了1989年至2018年塔里木油田油(套)管失效分析的28篇论文,涉及材料科学、机械加工、管柱设计、钻井、采油、采气、地质和测井等多个技术领域。

可供从事油(套)管生产、使用、检验、研究和失效分析等工作的技术人员参考。

图书在版编目(CIP)数据

塔里木石油管柱失效案例分析论文集／刘洪涛,吕拴录,杨向同编著.—北京:石油工业出版社,2020.10
ISBN 978-7-5183-4212-9

Ⅰ.①塔… Ⅱ.①刘… ②吕… ③杨… Ⅲ.①套管-失效分析-文集 Ⅳ.①TE931-53

中国版本图书馆CIP数据核字(2020)第171929号

出版发行:石油工业出版社
(北京安定门外安华里2区1号 100011)
网 址:www.petropub.com
编辑部:(010)64523710
图书营销中心:(010)64523633
经 销:全国新华书店
印 刷:北京中石油彩色印刷有限责任公司

2020年10月第1版 2020年10月第1次印刷
787×1092毫米 开本:1/16 印张:13.25
字数:339千字

定价:98.00元
(如出现印装质量问题,我社图书营销中心负责调换)
版权所有,翻印必究

前 言

塔里木油田地质条件复杂,油气埋藏深(8882m),地层压力高(136MPa)、温度高(186℃)。因此,高压高产气井要求油、套管接头必须具有很高的气密封性能。同时苛刻的 CO_2、H_2S 以及高氯离子的井筒腐蚀环境,要求油(套)管具有良好的抗腐蚀性能,超深复合盐层对于套管的连接强度和抗挤性能也有极高要求。塔里木油田的油(套)管防腐技术及管柱完整性面临着严峻的挑战,在油田勘探开发过程中难免会发生各种油(套)管失效事故,造成了巨大的经济损失。

本书综合了塔里木油田成立 30 年以来油(套)管典型失效分析案例、关键参数控制、技术要求标准化、操作规程规范化,以及管柱结构设计研究分析的论文汇编。

第一部分 API 油(套)管失效分析典型案例及综述。对常规 API 油(套)管的粘扣、脱扣、挤毁、泄漏和破裂失效的典型案例进行分析及综述,认为常规 API 油(套)管主要失效原因为机械加工、表面处理、螺纹脂质量不合格以及使用或装配不当等导致。并提出了从材料选择、螺纹接头质量控制、内外螺纹接头参数匹配、螺纹脂优选和现场使用操作等方面针对性措施。

第二部分 非 API 油(套)管失效案例分析及综述。塔里木油田油(套)管的使用工况条件十分苛刻和复杂,常规井身结构已不能完全满足勘探开发的需求,油田订购的非 API 国产和进口油、套管在使用过程中亦发现多起失效案例。通过对非 API 油(套)管的粘扣、接头泄漏、挤毁、磨损和断裂失效的典型案例进行分析及综述,总结了塔里木油田非 API 油(套)管的使用效果,指出了在商检和使用过程存在的问题,提出了针对性的预防措施,对于国内外其他油气田的非 API 油、套管的应用起到较好的指导性。

第三部分 油(套)管关键技术参数研究。分析了偏梯形螺纹接头套管连接强度、L_4 长度公差、高强钢韧性等油(套)管关键技术参数,解析了 API 标准中有关圆螺纹 J 值含义、套管抗内压标准、偏梯形螺纹接头设计原理及各螺纹参数的含义,概述了特殊螺纹接头油(套)管验收的关键项目、影响因素及使用注意事项,提出了油(套)管关键技术参数优化设计及控制要素。

第四部分 油(套)管标准化及设计研究。分析油(套)管在使用过程中发生的失效事故和现行订货技术标准,依据失效分析和研究成果,制定严格的技术标准和操作规程,并采取一定的措施落实订货技术标准和操作规程。总结塔里木油田使用国产油(套)管的经验,针对质量现状和在使用过程中发生的问题,采取积极的改进对策,确保了国产油(套)管的使用性能基本满足塔里木油田勘探开发的要求,节约了油田成本。并选取了某典型含气超高压油井,分析讨论了不同套管的适用性,进行了生产套管方案设计。

塔里木油田油(套)管失效分析过程实际是与失效做斗争的过程,通过失效分析不但解决了油田的实际问题，统一了油（套）管的技术标准，规范了现场操作规程，保障了油田正常的勘探开发生产，而且促进了国内油（套）管生产厂家的质量改进，保证了油（套）管国产化的稳步发展。同时油套管失效分析的过程实际是培养失效分析人才的过程，不仅拓宽了失效分析人员的知识面，而且为油田培养了一批失效分析专家。

本书收集了1989年至2018年塔里木油田油（套）管失效分析的28篇论文，涉及材料科学、机械加工、管柱设计、钻井、采油、采气、地质和测井等多个技术领域。本书具有较高的学术价值和使用价值，对从事油（套）管生产、使用、检验、研究和失效分析等工作的技术人员有一定参考价值。因时间跨度大、单位改革名称多次变化，为尊重历史，保留了发表时的单位名称。

本书的编制和审定工作由中国石油塔里木油田公司油气工程研究院多年从事钻完井工作的技术人员和专家承担。参加本书的编制及审定人员有：秦世勇、宋文文、刘军严、李岩、熊茂县、黎丽丽、马磊、张伟、胡芳婷等。

目 录

API 油(套)管失效分析典型案例及综述

LG351 井油管粘扣原因分析及预防
………………… 吕拴录　杨成新　吴富强　张　锋　秦世勇　姜学海　张　浩 (2)

防硫油管粘扣原因分析及试验研究
………………… 吕拴录　骆发前　赵　盈　叶　恒　唐发金　吴富强　刘德英 (8)

进口 P110EU 油管粘扣原因分析及试验研究
………………………… 吕拴录　张　峰　吴富强　乐法国　历建爱　陈　洪 (14)

ϕ177.8mm 偏梯形螺纹套管粘扣原因分析
………… 滕学清　吕拴录　李　宁　秦宏德　丁　毅　刘德英　杜　涛　徐永康 (18)

油(套)管脱扣、挤毁和破裂失效分析综述 ……… 高　林　吕拴录　李鹤林　骆发前
周　杰　杨成新　李　宁　秦宏德　乐法国　刘德英 (25)

油(套)管粘扣和泄漏失效分析综述
………… 吕拴录　李鹤林　滕学清　周　杰　杨成新　秦宏德　迟　军　乐法国 (33)

偏梯形螺纹套管紧密距检验粘扣原因分析及上卸扣试验研究
………………………… 吕拴录　康延军　孙德库　吴富强　张　锋　胡志利 (40)

非 API 油(套)管失效典型案例分析及综述

塔里木油田特殊倒角接箍油管的应用分析
……………………………… 杨向同　吕拴录　闻亚星　李　宁　黄世财　耿海龙 (47)

套压异常升高现状调查研究及原因分析 ……… 冯广庆　吕拴录　王振彪　李元斌
周理志　刘明球　彭建云　邱　军　黄世财 (54)

塔里木油气田非 API 油井管使用情况统计分析
………… 吕拴录　张福祥　李元斌　周理志　冯广庆　余冬青　历建爱　彭建新 (59)

塔里木油田非 API 油(套)管失效分析及预防
……………… 刘建勋　吕拴录　高运宗　杨向同　朱金智　彭建云　白晓飞　饶文艺 (66)

DN2-6 井套管压力升高原因及油管接头粘扣原因分析
………………………… 吕拴录　黄世财　李元斌　王振彪　周理志
盛树彬　刘明球　彭建云　李　江 (72)

克深 201 井特殊螺纹接头油管粘扣原因分析
……………………………… 杨向同　吕拴录　彭建新　王　鹏　宋文文
李金凤　耿海龙　文志明　徐永康　石桂军 (78)

油(套)管关键技术参数研究

特殊螺纹接头油(套)管验收关键项目及影响因素
　　………………………………… 刘卫东　吕拴录　韩　勇　康延军　赵　盈　张　锋（87）
特殊螺纹接头油(套)管验收关键项目及使用注意事项 ……………………… 吕拴录（94）
非 API 规格偏梯形螺纹接头套管连接强度计算 …………… 姬丙寅　吕拴录　张　宏（107）
ϕ244.5mm 套管偏梯形螺纹接头 L_4 长度公差分析及控制
　　………………… 吕拴录　姬丙寅　杨成新　文志明　张　锋　徐永康　樊文刚（115）
J 值在 API 圆螺纹连接中含义初探 ………………………………… 吕拴录　宋　治（120）
高强度套管断裂失效预防及标准化
　　………… 李中全　吕拴录　杨成新　李　宁　俞莹滢　石桂军　樊文刚　朱剑飞（129）
API 套管抗内压标准解析 ………………………… 滕学清　朱金智　吕拴录　文志明
　　　　　　　　秦宏德　董　仁　王晓亮　马　琰　徐永康　石桂军（135）
API 偏梯形螺纹接头套管设计解析 ………………………………… 弥小娟　吕拴录（142）
CBL、VDL 和 CCL 测井技术在检测套管脱扣方面的应用
　　………… 吕拴录　柴细元　李进福　贾应林　姬丙寅　赵元良　刘长新　舒卫国（148）

油(套)管标准化及设计研究

正确理解和执行标准规范，选好用好油井管 …… 吕拴录　骆发前　周　杰　高　蓉（157）
API 油(套)管粘扣原因分析及预防 ……………… 吕拴录　龙　平　周　杰　秦宏德
　　　　　　　　龚建文　乐法国　迟　军　谢又新　聂采军（168）
塔里木油田非 API 油(套)管技术要求及标准化
　　………………… 滕学清　吕拴录　张新平　杨成新　丁　毅　杜　涛　徐永康（174）
塔里木油田套管粘扣预防及标准化 ……………… 刘德英　吕拴录　丁　毅　杨成新
　　　　　　　　李　宁　文志明　李晓春　李怀仲　樊文刚（182）
某含气高压油井生产套管柱设计研究 ……………… 滕学清　朱金智　杨向同　吕拴录
　　　　　　　　谢俊峰　耿海龙　李元斌　黄世财　张雪松　江中勤（188）
塔里木油田国产油(套)管国产化研究
　　………… 骆发前　吕拴录　康延军　贾立强　龙　平　唐继平　赵　盈　吴富强（196）

API 油（套）管失效分析典型案例及综述

塔里木油田从成立以来，常规油气田一直选用标准 API 油（套）管，目前已有三十多年应用历史。但由于油田腐蚀环境复杂多样，API 标准对于油（套）管产品要求相对较低、内容宽泛、适用性界定不清，因此，仅依靠 API 标准进行油（套）管产品规范无法满足钻完井技术发展对油（套）管的需求，在苛刻复杂的工况条件下油（套）管难免会发生失效事故。

针对常规 API 油（套）管失效分析方面，油田做了大量工作，包括油田典型油、套管粘扣、泄漏等主要失效形式的案例调查研究和失效影响因素分析，认为 API 标准螺纹油（套）管主要失效原因为机械加工、表面处理、螺纹脂质量不合格以及使用或装配不当等导致。并提出了从材料选择、螺纹接头质量控制、内外螺纹接头参数匹配、螺纹脂优选和现场使用操作等方面针对性措施。对延长油、套管寿命，保障油、气井正常生产，降低油田的经济损失等具有十分重要的意义。

LG351 井油管粘扣原因分析及预防

吕拴录[1,2]　杨成新[2]　吴富强[2]　张　锋[2]

秦世勇[2]　姜学海[2]　张　浩[2]

(1. 中国石油大学（北京）机电工程学院；

2. 中国石油塔里木油田分公司)

摘　要：对 LG351 井油管下井全过程进行了调查研究，通过调查研究和实际应用，认为油管引扣不到位，容易发生粘扣和错扣。上扣控制方法不当，上扣扭矩过大油管容易发生粘扣。要保证油管下井质量，应严格执行油管使用及维护作业规程，从螺纹接头保护、清洗、检查、修理、螺纹脂、对扣、引扣、上扣速度、上扣扭矩、上扣控制方法等方面严格把关。最终及时解决了油管在下井作业过程中遇到的粘扣问题，并使油管安全下井。

关键词：油管；对扣；引扣；上扣；粘扣；错扣

一批 ϕ88.9mm×6.45mm 110SS EU 油管在某油田下井作业时发生粘扣事故。现场分析认为粘扣是由油管黑顶螺纹多所致，并退回了有黑顶螺纹的所有油管。依据 API RP 5C5 规范对有黑顶螺纹的油管抽样进行上扣、卸扣试验，油管样品上扣、卸扣 4 次并没有发生粘扣，符合 API SPEC 5B 规范规定的上扣、卸扣次数（4次）。本文针对从该井退回的有黑顶螺纹的这批油管是否可以下井使用问题，在 LG351 井进行了油管下井试验研究，找到了油管发生粘扣的原因及需采取的预防措施。

1　油管下井准备

1.1　技术准备

在 LG351 井油管下井之前，成立了油管下井技术服务小组，规范了油管检查和下井作业程序，要求严格执行油管、套管使用及维护企业标准（以下简称企业标准）。

1.2　油管质量状况

LG351 井所用油管为井队退回的油管。由于经过多次倒运，送来的 672 根油管中约有 50 根碰伤。在井场对所有油管螺纹接头进行了外观检查，对外螺纹存在轻微碰伤的油管修复后下井使用；对 3 根严重损伤的油管和 1 根在外螺纹 L_c 范围黑顶螺纹超标的油管没有下井使用。

1.3　井况及下井设备

LG351 井油管下深 6587m，其中下部 582m 采用 60 根 ϕ73mm×5.51mm P110 EU 油管，

上部6005m采用616根 ϕ88.9mm×6.45mm 110SS EU 油管。

油管下井作业的动力钳、扭矩仪、传感器均为Weatherford公司生产。

2 油管下井存在的问题及解决办法

2.1 油管清洗

要求采用毛刷和清洗剂，将油管螺纹接头清洗干净。

2.2 螺纹脂

所用的螺纹脂型号为CS-5。

2.3 对扣

企业标准规定，应使用对扣器对扣。

由于井场准备的对扣器型号与实际油管不符，在下油管过程中没有使用对扣器。

2.4 引扣

企业标准规定，对扣后应当使用引扣钳转动油管垂直引扣，或者用手转动油管（仅限于规格小于等于ϕ73.0mm的油管）垂直引扣，直到转不动为止，以保证螺纹正常啮合，不发生错扣。

由于井场没有引扣钳，操作工使用管钳转动ϕ88.9mm油管引扣，引扣操作特别费力。在技术服务小组人员在现场时，油管队作业人员尽量设法保证了垂直引扣，一直到转不动为止；但在技术服务小组人员不在现场时，部分油管没有按要求引扣到位，甚至没有引扣。

2.5 上扣扭矩确定及卸扣检查结果

按API RP 5C1规范规定的最佳扭矩上扣之后，油管外露螺纹应接近零。油管上扣控制方法是否妥当，可以通过卸扣检查是否发生粘扣来检验。

企业标准规定，在油管动力钳上应当装备一个已知精度的、可靠的计算机扭矩仪，并定期对其进行标定。动力钳的扭矩仪误差不能超过±10%，不能使用没有定期标定的动力钳和扭矩仪。扭矩仪应记录油管规格、壁厚、钢级、上扣扭矩、上扣圈数、作业时间等信息。应及时将记录结果归档。

技术服务小组要求：对最初的几根油管从手紧位置上扣2圈记录上扣扭矩，最终将平均上扣扭矩确定为控制上扣扭矩，并保证上扣位置在L_4±2扣范围。在油管下井开始、中途和结束阶段分别对3根油管上扣之后再卸扣检查。在上扣过程中如果发现异常情况时应卸扣检查。

该井通过对最初几根油管上扣位置和扭矩进行统计分析，设定了上扣控制扭矩值。从正常下井油管的上扣位置和扭矩判断，扭矩仪精度比较高，按照设定扭矩控制上扣的大多数油管接头外露螺纹接近零，但有些油管上扣质量不理想，存在如下问题。

（1）ϕ73.0mm油管。

内螺纹和外螺纹没有清洗干净，齿底残留油迹。手紧2~3螺纹后（引扣不到位），就使用动力钳上扣，上扣设定扭矩4050N·m。上扣时多根油管内螺纹没有涂螺纹脂，没有很好观察外露螺纹位置，上扣后接箍表面温度偏高。

（2）ϕ88.9mm油管。

前12根（第61~72根）油管在晚上下井，使用管钳引扣，余下2~3扣螺纹用动力钳上紧，设定扭矩为5430N·m，外露螺纹0~-1扣（-1表示外露螺纹消失位置进入接箍里边1扣），油管下井正常。对其中第65根油管卸扣检查，没有发现粘扣现象。

第2天白班发现油管上扣扭矩按5430N·m控制，外露螺纹-1~-2扣，接箍表面温度较夜班明显升高。第191根油管上扣后接箍表面温度稍高，卸开检查发现有轻微粘扣，经修复后继续下井所用。同时发现部分油管没有按要求引扣，其中1根油管外螺纹与其连接的内螺纹严重错扣和粘扣（表1及图1，图2）。下井技术服务小组要求逐步降低上扣扭矩，并强调一定要引扣到位。第193根、第194根油管上扣扭矩由5430N·m降至5159N·m后，外露螺纹-0.5~-1扣，接箍表面温度有所下降。第195根油管上扣扭矩由5159N·m降至5023N·m，外露螺纹位置0，接箍表面温度正常。以后的所有油管控制扭矩均为5023N·m，在引扣到位的情况下，上扣位置正常。

表1 部分油管上扣及卸扣后的检查结果

油管下井序号	油管规格（mm）	上扣前的螺纹状况	扭矩（N·m）	紧螺纹圈数	外露螺纹	卸扣后检查
第5根	ϕ73.0	未清洗干净	4050	未手紧引扣	+0.5	未卸扣
第6根	ϕ73.0	未清洗干净	2940	未手紧引扣	+2	旧转换接头内螺纹已存在轻微粘扣，未修理，未涂螺纹脂，上扣温度异常，未卸扣
第63根	ϕ88.9	完好	5430	2	0	未卸扣，正常
第65根（第1次）	ϕ88.9	完好	5400	3	-1	卸扣检查未发现粘扣
第65根（第2次）	ϕ88.9	完好	5430	2	-1	未卸扣，正常
粘扣油管	ϕ88.9	完好	5420	未手紧引扣		高温冒烟，卸开，发现有严重错扣、粘扣（图1，图2），更换内螺纹和外螺纹有严重粘扣的油管8根
第191根（第1次）	ϕ88.9	完好	5420	3	-2	温度略高，卸扣后发现外螺纹有轻微粘扣（白班记录）
第191根（第2次）	ϕ88.9	完好	5120	3	-1	修理后上扣，操作正常，温度下降
第193根	ϕ88.9	完好	5150	2	-1	未卸扣，正常
第194根	ϕ88.9	完好	5150	2	-0.5	未卸扣，正常
第195根	ϕ88.9	完好	5000	2	0	未卸扣，正常

注：API RP 5C1规范规定，ϕ73.0mm×ϕ5.51mm 110EU油管最佳上扣扭矩为3940N·m，最小上扣扭矩2960N·m，最大上扣扭矩为4930N·m；ϕ88.9mm×6.45mm P105 EU油管最佳上扣扭矩为5430N·m，最小上扣扭矩为4027N·m，最大上扣扭矩为6833N·m；外露螺纹为0。

图1 没有引扣而发生的油管内螺纹错扣和粘扣油形貌

图2 没有引扣而发生的油管外螺纹粘扣形貌

从上扣扭矩的变化情况分析，上扣扭矩大小与油管的清洗质量有关。夜间不容易将油管螺纹接头清洗干净，在引扣到位的情况下，油管上扣所需的扭矩大；白天清洗质量明显好于夜间，油管上扣所需的扭矩会有所降低。

3 油管粘扣原因分析

内螺纹和外螺纹配合面金属由于摩擦干涉，表面温度急剧升高，使内螺纹和外螺纹表面发生粘结。由于上扣、卸扣过程中内螺纹和外螺纹表面有相对位移，粘扣常伴有金属迁移。粘扣通常表现为粘着磨损，但是如果有沙粒、铁屑等硬质颗粒夹在内螺纹和外螺纹之间，也会形成磨料磨损[1]。

油管粘扣失效事故涉及的因素很多，不仅与油田现场的使用操作有关，也与设计选用和工厂的加工质量密切相关。该批油管抗粘扣性能符合标准要求，可以排除油管本身质量问题这一因素，所以该井油管粘扣主要与使用操作不当有关。

3.1 引扣不到位容易产生错扣和粘扣

在对扣之后，油管内螺纹和外螺纹处在齿顶对齿顶的配合状态。在引扣不到位的情况下用液压钳上扣，很容易发生错扣和粘扣。该井有些油管因为没有引扣，已经发生严重粘扣。另外，该井所用的动力钳背钳夹持部位在接箍上部，动力钳的牙板实际已经超出了接箍上端面。在不引扣或者引扣不到位的情况下，背钳夹持变形的力量全部由接箍承担，在背钳牙板夹持部位，接箍容易凹陷变形。接箍变形后，内螺纹形状不规则，与外螺纹配合之后更容易发生粘扣和错扣[2]。另外，一旦油管被液压钳咬伤之后，咬伤位置承载面积会减小，并会产生应力集中，很容易发生断裂事故[3]。

从图1和图2油管粘扣形貌可以看出，油管已经出现严重的错扣和粘扣。这是因为在引扣不到位的情况下，即内螺纹和外螺纹齿顶相互接触时，就直接使用动力钳上扣。该井8根油管的错扣和粘扣形貌基本相同，均主要是引扣不到位所致。

3.2 过扭距容易导致粘扣

该井油管下井结果表明，上扣扭矩和位置正常的油管没有发生粘扣，而上扣扭矩偏大，上扣后外露螺纹负偏差达到2扣时，油管接箍表面温度升高，卸扣后发生轻微粘扣。依据上扣位置及时调整上扣扭矩后，油管接箍温度恢复正常。这说明上扣扭矩偏大时容易发生粘扣。而设定上扣扭矩大小要受到螺纹接头清洗的干净程度、螺纹脂摩擦系数和螺纹接头是否变形等因素的影响。在实际油管下井作业过程中，要经过统计分析确定上扣扭矩。同时，还要依据每根油管的上扣位置变化，及时调整上扣扭矩，否则会很容易产生过扭距上扣，并导致粘扣[4-6]。

4 结论

（1）若严格执行企业标准，该批油管下井作业时就不会发生粘扣。

（2）该井8根油管发生严重错扣和粘扣的原因，主要是没有引扣，或引扣不到位，而与油管黑顶螺纹无关。

（3）螺纹轻微损伤的油管经过现场修复后可以使用；挑出的外螺纹严重损伤和L_c区域存在黑顶螺纹超标的油管重新加工螺纹后可以使用。

参 考 文 献

[1] 吕拴录，刘明球，王庭建，等. J55平式油管粘扣原因分析 [J]. 机械工程材料，2006，30（3）：69-71.
[2] 吕拴录，常泽亮，吴富强，等. N80 LCSG套管上、卸扣试验研究 [J]. 理化检验—物理分册，2006，42（12）：602-605.
[3] 吕拴录，康延军，刘胜，等. 井口套管裂纹原因分析 [J]. 石油钻探技术，2009，37（5）：85-88.
[4] 吕拴录，骆发前，赵盈，等. 防硫油管粘扣原因分析及试验研究 [J]. 石油矿场机械，2009，38（8）：37-40.
[5] 袁鹏斌，吕拴录，姜涛，等. 进口油管脱螺纹和粘扣原因分析 [J]. 石油矿场机械，2008，37（3）：74-77.
[6] 吕拴录，宋治. J值在API圆螺纹连接中的含义初探 [J]. 石油钻采工艺，1995（5）：56-62.

原载于《钢管》，2011，Vol.40（增刊）：33-36.

防硫油管粘扣原因分析及试验研究

吕拴录[1,2]　骆发前[2]　赵　盈[2]　叶　恒[3]
唐发金[2]　吴富强[2]　刘德英[2]

(1. 中国石油大学（北京）；2. 塔里木油田；
3. 库尔勒出入境检验检疫局)

摘　要：轮古351井在修井作业下油管过程中发生了防硫油管粘扣事故，对该批新油管抽样进行了材质分析、螺纹检验和上扣、卸扣试验。通过调查研究和试验分析，认为油管粘扣的原因既与油管本身抗粘扣性能差有关，也与油管作业队使用操作不当有关。油管抗粘扣性能差的原因主要是螺纹加工精度差，使用操作不当主要包括螺纹碰伤、偏斜对扣、引扣不到位和上扣速度快等。对该批油管使用操作提出了具体要求。

关键词：油管接头；粘扣；试验；作业方法

轮古351井在修井过程中发生了 $\phi88.9mm\times6.45mm$ 110SS EU 外加厚油管粘扣事故。该井所用的油管钳在供油量最大为120L/min的条件下，油管钳高挡转速为72r/min，次高挡转速为42r/min，次低挡转速为24r/min，低档转速为14r/min。实际作业时油管钳供油量为50L/min，上扣速度为17.5r/min，上扣扭矩为3.38~3.56kN·m，所用螺纹脂型号为LOCTITE C5-A。

油管厂家规定的最佳上扣扭矩为5430N·m，最小扭矩为4027N·m，最大上扣扭矩为6833N·m。该批油管工厂实际上扣扭矩范围为4070~4123N·m。

为找出油管粘扣原因，对油管粘扣形貌进行了宏观分析，并从该批油管中随机抽取4根油管（编号分别为1ZA、2ZA、3ZA和4ZA）进行了试验研究。

1　油管粘扣宏观形貌

有些油管外螺纹齿顶碰伤（图1），有些油管粘扣（图2）。油管外螺纹粘扣位置在小端1~3牙位置，螺纹导向面有碰伤痕迹，螺纹齿顶、齿侧均有粘扣痕迹。内螺纹粘扣位置在大端第1牙位置，大端第1牙螺纹多处局部脱落后呈不规则锯齿状。从螺纹粘扣形貌判断，在对扣过程中内螺纹和外螺纹受到了一定的冲击载荷，粘扣与对扣操作不当有很大关系。

图 1 外螺纹碰伤形貌

图 2 外螺纹粘扣形貌

2 试验

2.1 材质和螺纹检测

经检测，该批油管的材质符合 API SPEC 5CT 规范，螺纹参数符合 API SPEC 5B 规定。

2.2 上扣、卸扣和拉伸试验

2.2.1 试验方案

（1）试验方法。

上扣、卸扣试验和拉伸试验参照 API RP 5C5 规定的试验方法执行。3 根试样前 2 次控制位置上扣，上扣位置为接箍端面与外螺纹消失位置平齐，从第 3 次开始按工厂规定的最大扭矩上扣。1根试样第1次就按工厂规定的最大上扣扭矩上扣。

(2) 上扣速度。

3根试样上扣速度小于10r/min，1根试样上扣速度小于20r/min。

(3) 螺纹脂。

采用HP API Modified Thread compound (SHELL TYPE 3) 螺纹脂，内螺纹和外螺纹表面均匀涂抹。

2.2.2 试验结果

在前2次控制位置上扣（上扣扭矩基本处在最小扭矩和最大扭矩之间），从第3次开始按最大扭矩上扣，上扣速度约为5r/min。

1ZA试样现场端第2次上扣、卸扣之后产生轻微划伤，第6次上扣、卸扣之后产生轻微粘扣，此后随着上扣、卸扣次数增加，粘扣程度逐渐严重。第10次按最小扭矩上扣之后，拉伸强度为1432kN，符合API BUL 5C2标准（1293kN）。

2ZA试样现场端第3次上扣、卸扣之后产生轻微划伤，第6次上扣、卸扣之后产生轻微粘扣，此后随着上扣、卸扣次数增加，粘扣程度逐渐严重。第10次按最大扭矩上扣之后，拉伸强度为1432KN，符合API BUL 5C2标准（1293KN）。

3ZA试样现场端第3次上扣、卸扣之后产生轻微划伤，第5次上扣、卸扣之后产生轻微粘扣（图3），第7次上扣、卸扣之后因为严重粘扣而终止试验。

图3 3ZA第5次卸扣外螺纹轻微粘扣形貌

4ZA试样现场端在上扣扭矩达到工厂规定的最大扭矩的92.1%、上扣速度为15～19r/min时，第1次上扣、卸扣之后就产生严重粘扣（图4）。

上扣、卸扣试验和拉伸试验之后将油管接头解剖，发现1ZA工厂上扣端轻微粘扣和划伤（图5）。

图 4 4ZA 第 1 次卸扣外螺纹严重粘扣形貌

图 5 1ZA 试样工厂端解剖之后外螺纹接头轻微粘扣形貌

3 粘扣原因分析

油管接头粘扣是由于内螺纹和外螺纹配合面金属摩擦干涉，表面温度急剧升高，使内螺纹和外螺纹表面发生粘结。由于上扣、卸扣过程中内、外螺纹表面有相对周向位移，粘扣常伴有金属迁移。油管接头粘扣与本身的抗粘扣性能和使用操作有关。

3.1 油管本身存在粘扣问题

油管接头解剖之后发现工厂上扣端存在粘扣和划伤问题。3 根油管接头现场端上扣、卸扣试验在前 2 次控制位置上扣，从第 3 次开始按最大扭矩上扣，上扣速度约为 5r/min 的条件下，1 根油管第 5 次上扣、卸扣之后产生轻微粘扣，2 根油管第 6 次上扣、卸扣之后产生轻微粘扣。1 根油管接头现场端在上扣扭矩达到工厂规定的最大扭矩的 92.1%，上扣速度为 15~19r/min 时，第 1 次上扣、卸扣之后就产生严重粘扣。

按照 API RP 5C5 规定，油管经过 9 次上扣、卸扣不应当发生粘扣。从以上试验结果可知，该批油管本身抗粘扣能力不足。

油管本身抗粘扣性能差主要与内螺纹和外螺纹接头配合不当，表面处理质量差等有关[1]。该批油管粘扣位置主要集中在螺纹接头小端和大端两处，说明该部位螺纹配合之后过盈干涉量大。产生这种现象的原因与螺纹加工质量有一定关系。

3.2 使用操作对油管粘扣的影响

3.2.1 机械损伤

油管螺纹接头机械损伤会使内螺纹和外螺纹配合状态发生变化，在碰伤位置内螺纹和外螺纹过盈干涉量大，容易粘扣[2,3]。该批油管在使用过程中螺纹接头有碰伤现象，这会加剧螺纹接头的粘扣程度。

3.2.2 螺纹脂选用不当

螺纹脂具有润滑螺纹表面，减少摩擦力，防止粘扣的作用。API RP 5A3[4]螺纹脂推荐做法对油管螺纹脂成分和性能有严格要求。该井所用的螺纹脂为 LOCTITE C5-A，不符合 API RP 5A3 标准。使用不符合标准的螺纹脂会增大油管接头粘扣的倾向。

3.2.3 对扣不当

对扣速度过快和偏斜对扣容易损伤螺纹，造成偏斜上扣，最终导致粘扣或错扣[5]。对扣速度过快易使接头承受冲击载荷，损伤螺纹，在上扣、卸扣过程中形成粘扣；偏斜对扣会使内螺纹和外螺纹接头不同心，仅有局部区域接触，最终导致螺纹接头在上扣、卸扣过程中发生粘扣。

试验过程中油管粘扣形貌与油管作业队油管粘扣形貌有一定差别。在上扣速度小于10r/min的条件下，油管第5次、第6次上扣、卸扣后才发生轻微粘扣，粘扣位置在螺纹大端第1牙和小端第1牙。该井经过一次上扣、卸扣之后油管就发生了粘扣，外螺纹粘扣位置在小端1~3牙位置，螺纹导向面有碰伤痕迹，螺纹牙顶、牙侧均有粘扣痕迹。内螺纹大端第1牙粘扣位置螺纹局部脱落后呈不规则锯齿状。这可能与该井下油管时没有使用对扣器，对扣速度快和偏斜对扣有一定关系。

3.2.4 未引扣或引扣不到位

油管内螺纹和外螺纹接头对扣后，内螺纹牙顶与外螺纹牙顶处于接触状态，而不是正常的配合状态。如果不引扣或者引扣不到位，在后续的上扣过程很容易引起错扣和粘扣。

该井油管接头外螺纹粘扣位置在小端1~3牙位置，螺纹导向面有碰伤痕迹，螺纹牙顶、牙侧均有粘扣痕迹，具有引扣不到位导致的粘扣特征。本次试验在引扣到位的情况下，采用15~19r/min 的速度上扣的4ZA油管接头发生严重粘扣，但小端仅第1牙螺纹导向面发生严重粘扣。这说明该井在用油管钳机紧上扣之前油管接头引扣不到位。该井下油管时没有使用引扣钳，而是用手引扣，这就无法保证所有油管的引扣质量。

3.2.5 上扣速度过快

在上扣速度过快的情况下，即使引扣到位，外螺纹沿着内螺纹的螺旋牙槽旋进时也会产生附加的冲击载荷，很容易损伤螺纹，并发生粘扣。如果存在偏斜对扣，并且未引扣或引扣不到位，快速上扣、卸扣更容易导致粘扣和错扣。

本次试验的4ZA油管虽然引扣到位，但采用15~19r/min 的速度上扣、卸扣一次后就发生严重粘扣。这足以说明上扣速度快很容易粘扣。

API RP 5C1[6]推荐的油管上扣速度小于等于25r/min。从试验结果可知，采用API RP

5C1推荐的油管最高上扣速度上扣会发生严重粘扣。

该井下油管时初始上扣速度为17.5r/min。根据试验结果，上扣速度为17.5r/min时，该批油管会发生粘扣。

3.2.6 上扣扭矩大

油管接头连接强度是靠内螺纹和外螺纹牙齿侧面弹性配合来实现的。要保证内螺纹和外螺纹达到最佳的配合，接头上扣扭矩必须适中。接头上扣扭矩过小，不容易保证连接强度和密封性能；接头上扣扭矩过大会使内螺纹和外螺纹过盈配合干涉量增大，导致螺纹表面发生塑性变形，最终产生粘扣。

该批油管工厂实际上扣扭矩值为4070~4123N·m。解剖检查发现油管接头工厂上扣端粘扣。试验结果表明，随着上扣扭矩增加，油管粘扣倾向增大。

该井实际油管下井控制上扣后没有外露扣，扭矩值为3.38~3.56kN·m。油管下井的最大上扣扭矩仅为厂家规定的最小上扣扭矩值的88.4%。从试验结果可知，在第一次上扣没有外露扣的情况下，上扣扭矩已经超过工厂规定的最小上扣扭矩。由此推断，该井油管实际上扣扭矩值与记录仪显示的扭矩值存在一定差异。

采用工厂规定的扭矩值上扣后油管发生了粘扣，工厂上扣选择的是最小扭矩，而不是最佳扭矩或最大扭矩。说明工厂提供给用户的上扣扭矩范围存在问题。

4 结论

（1）该批油管抗粘扣性能差，不符合9次上扣、卸扣的标准要求。解剖油管接头工厂上扣端之后发现存有粘扣问题。3根油管接头现场端上卸扣试验结果，在前2次控制位置上扣，从第3次开始按最大扭矩上扣，上扣速度约为5r/min的条件下，1根油管第5次上扣、卸扣之后产生轻微粘扣，2根油管第6次上扣、卸扣之后产生轻微粘扣。1根油管接头现场端在上扣扭矩达到工厂规定的最大扭矩的92.1%，上扣速度为15~19r/min时，第1次上扣、卸扣之后就产生严重粘扣。

（2）油管粘扣原因主要与现场操作不当有关，也与油管抗粘扣性能差有关。

（3）建议在使用该批油管时上扣速度控制在5~10r/min，选用符合API RP 5A3标准的螺纹脂，采用对扣器和引扣钳，上扣扭矩按照工厂给定的最小扭矩控制。

参 考 文 献

[1] 吕拴录，刘明球. J55平式油管粘扣原因分析 [J]. 机械工程材料，2006（3）：69-71.
[2] 吕拴录，常泽亮，吴富强，等. N80 LCSG套管上、卸扣试验研究 [J]. 理化检验—物理分册，2006，42（12）：602-605.
[3] 吕拴录，康延军，孙德库，等. 偏梯形螺纹套管紧密距检验粘扣原因分析及上卸扣试验研究 [J]. 石油矿场机械，2008（10）：82-85.
[4] API RP 5A3. Recommended Practice on Thread Compounds [S]. 2nd ed Washington DC：API，July 2003；
[5] 袁鹏斌，吕拴录，姜涛，等. 进口油管脱扣和粘扣原因分析 [J]. 石油矿场机械，2008，37（3）：78-81.
[6] Recommended Practice for Care and Use of Casing and Tubing：API RP 5C1 [S]. 18th ed. Washington DC：API，1999.

原载于《石油矿场机械》，2009，Vol. 38（8）37-40.

进口 P110EU 油管粘扣原因分析及试验研究

吕拴录[1,2]　张　峰[2]　吴富强[2]　乐法国[2]　历建爱[2]　陈洪[2]

(1. 中国石油大学(北京)机电工程学院材料系；
2. 塔里木油田钻井技术办公室)

摘　要：轮古 351 井在完井作业过程中进口 $\phi 73.0\text{mm} \times 5.51\text{mm}$ P110EU 油管发生了粘扣事故。对油管粘扣事故进行了认真调查研究，对油管粘扣形貌进行了宏观分析，对库存油管螺纹接头进行了检查，对粘扣的油管接头工厂端进行了上扣、卸扣试验。调查研究和试验分析结果表明，油管本身抗粘扣性能符合标准要求，油管粘扣原因主要与背钳夹持位置不当，且没有引扣有关。

关键词：油管；接箍；背钳；上扣、卸扣

1 现场情况及油管粘扣形貌

2008 年 7 月 8 日，轮古 351 井起出射孔排液管柱，随后下电泵管柱完井。7 月 29 日起完井管柱检泵，作业队起立柱检查，发现 69 根进口 $\phi 73.0\text{mm} \times 5.51\text{mm}$ P110 EU 油管严重粘扣（图 1，图 2），立柱中间的油管接头尚未检查。粘扣的油管接箍现场端端面位置钳牙印痕清晰可见（图 3）。

图 1　油管外螺纹接头粘扣形貌

图 2 油管内螺纹接头粘扣形貌

图 3 粘扣油管接箍现场端钳印位置

为了寻找油管粘扣原因，对库存新油管进行了检查，并从该批粘扣油管中抽样，对接头工厂端进行了上扣、卸扣试验。

2 新油管检查及上扣、卸扣试验

2.1 新油管检查

对库存新油管检查，结果显示螺纹接头外观完好。新油管接箍工厂端机紧上扣无明显钳印和变形，说明工厂上扣时使用无牙痕动力钳，动力钳夹持力均匀。

2.2 油管上扣、卸扣试验

从该井粘扣的油管中随机抽取 1 根油管样品,对其接头工厂端进行了 3 次上扣和 4 次卸扣试验。上扣、卸扣试验设备为 YNJ-200/15 型液压拧扣机,上扣、卸扣试验用的螺纹脂为 CS-5,每次机紧上扣之前均采用手紧至转不动为止的方法,上扣试验采用控制位置上扣的方法。试验结果如下:

(1) 油管接头工厂端第 1 次卸扣(第 1 次在工厂上扣)后内螺纹和外螺纹接头完好。

(2) 油管接头工厂端第 2 次上扣位置为 $L_4+1.59\text{mm}$,第 2 次上扣、卸扣后内螺纹和外螺纹接头完好。

(3) 油管接头工厂端第 3 次上扣机紧位置为 L_4,上扣扭矩为 3710N·m,上扣、卸扣后外螺纹第 1 扣齿顶产生轻微毛刺用细锉刀去除毛刺后继续试验。

(4) 油管接头工厂端第 4 次上扣机紧位置为 $L_4-1.59\text{mm}$,上扣扭矩为 3180N·m,上扣、卸扣后内螺纹和外螺纹接头完好。

3 结果分析

试验结果表明,该批新油管接头现场端完好无损。该批油管抗粘扣性能符合 API SPEC 5B 要求,现场端粘扣的油管接头工厂端经过 4 次上扣、卸扣没有发生粘扣。而该井新油管经过 2 次下井,即经过 2 次上扣、卸扣现场端就发生严重粘扣。导致油管粘扣的原因如下。

3.1 上扣夹持方式不当导致粘扣

油田现场夹持方式不当,夹持位置在接箍上扣端,或靠近接箍上扣端端面位置,会使接箍变形,导致接头在上扣、卸扣过程中局部区域内螺纹和外螺纹干涉严重,容易发生粘扣[1,2]。

该井外螺纹接头大端严重粘扣,且螺纹消失位置(正常上扣不应当啮合)已经粘扣(图1)。粘扣接箍现场端外表面靠近端面位置钳牙印痕较深(图3)。油管粘扣形貌和钳牙印痕特征表明,油田现场上扣、卸扣时,油管背钳夹持位置不在接箍工厂端,而在接箍现场端,且钳牙局部已经超过接箍现场端端面而悬空。背钳夹持位置不当,必然导致接箍严重变形(图4)。接箍大端1~4扣螺纹严重粘扣,且镗孔内壁有摩擦损伤痕迹(图2)。这是由于

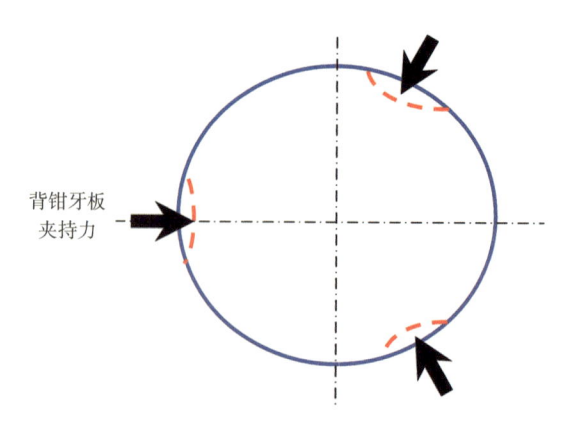

图 4 油管钳夹持在接箍现场端时接箍变形示意图(虚弧线表示凹陷变形)

接箍夹持变形严重，在上扣过程中与外螺纹接头和管体摩擦的痕迹。

3.2 未引扣导致粘扣

油管对扣之后，内螺纹和外螺纹的牙齿一般不会啮合，很可能处于外螺纹牙顶与与内螺纹牙顶接触的情况（图5）。如果不引扣或者引扣不到位，在后续的上扣过程很容易引起错扣和粘扣；如果背钳夹持位置不当，很容易造成油管接箍变形，在后续的上扣过程会发生严重的错扣和粘扣；如果引扣到位，内外螺纹啮合，接箍有外螺纹接头支撑，不容易夹持变形[3-7]。从接箍夹持变形严重的形貌判断，该井在油管上扣之前根本没有引扣。

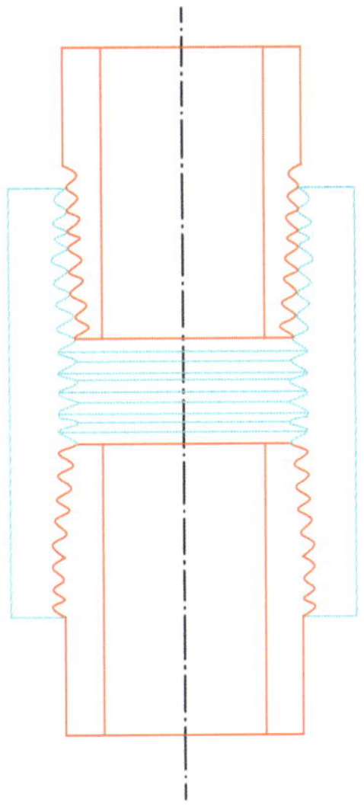

4 结论

（1）该批油管抗粘扣性能符合 API SPEC 5B 要求，经过 4 次上扣、卸扣未发生粘扣。

（2）该井油管严重粘扣是油管作业不当造成的。

图5 引扣前内螺纹和外螺纹配合状态示意图

参 考 文 献

[1] 吕拴录，常泽亮，吴富强，等. N80 LCSG 套管上、卸扣试验研究 [J]. 理化检验—物理分册，2006，42（12）：602-605.

[2] 吕拴录，刘明球，王庭建. J55 平式油管粘扣原因分析 [J]. 机械工程材料，2006，30（3）69-71.

[3] 吕拴录，骆发前，赵盈，等. 防硫油管粘扣原因分析及试验研究 [J]. 石油矿场机械，2009，38（8）：37-40.

[4] 袁鹏斌，吕拴录，姜涛，等. 进口油管脱扣和粘扣原因分析 [J]. 石油矿场机械，2008，37（3）：74-77.

[5] 吕拴录，康延军，孙德库，等. 偏梯形螺纹套管紧密距检验粘扣原因分析及上卸扣试验研究 [J]. 石油矿场机械，2008，37（10）：82-85.

[6] 吕拴录，张福祥，李元斌，等. 塔里木油气田非 API 油井管使用情况统计分析 [J]. 石油矿场机械，2009，38（7）70-74.

[7] 刘卫东，吕拴录，韩勇，等. 特殊螺纹接头油、套管验收关键项目及影响因素 [J]. 石油矿场机械，2009，38（12）：23-26.

原载于《石油矿场机械》，2008，Vol. 37（3）：74-77.

ϕ177.8mm 偏梯形螺纹套管粘扣原因分析

滕学清[1]　吕拴录[1,2]　李　宁[1]　秦宏德[1]
丁　毅[1]　刘德英[1]　杜　涛[1]　徐永康[1]

(1. 中国石油大学（北京）材料科学与工程系；2. 塔里木油田分公司)

摘　要： 为查明塔里木油田 ϕ177.8mm 偏梯形螺纹套管粘扣原因，随机抽取套管试样进行了上扣、卸扣试验。试验结果表明，套管粘扣原因是因其本身螺纹接头加工质量存在问题。对相关标准和上扣、卸扣试验方法分析结果表明，上扣、卸扣试样螺纹接头加工工艺与套管产品螺纹接头加工工艺不同，采用现有的上扣、卸扣试验方法很难发现套管产品粘扣问题。建议改进上扣、卸扣试验方法。

关键词： 套管；偏梯形螺纹接头；粘扣；上扣、卸扣试验

某厂生产的 ϕ177.8mm×10.36mm 110 BC 偏梯形螺纹接头套管在塔里木油田使用期间多次发生粘扣。油田认为套管本身存在粘扣问题，工厂认为产品质量没有问题，套管粘扣原因是油田使用操作不当所致。笔者对该种套管随机抽样进行了螺纹尺寸测量及上扣、卸扣试验，分析了套管粘扣的原因。

1　试验方法

1.1　螺纹尺寸测量

从成品套管随机抽取 3 根 ϕ177.8mm×10.36mm 110 BC 套管，依次编号为 1 号、2 号和 3 号，所有套管试样接箍均经过镀铜处理。螺纹测量前对套管试样外螺纹接头黑顶螺纹部分用砂轮进行了打磨，然后按照 API Spec5B—2004 对外螺纹接头和内螺纹接头的尺寸参数进行测量。

1.2　上扣、卸扣试验方法

上扣试验按照工厂给定的试验程序执行。上扣控制位置为接箍端面距离外螺纹接头上标记的△底边 0~3mm（△底边与接箍平齐为下限，△底边进入接箍端面 3mm 为上限）。第 3 次上扣之后不卸扣，采用锯床锯开检查套管试样螺纹接头工厂端和现场端形貌。其中，1 号试样前 2 次上扣位置距离△底边的距离为 0，第 3 次上扣位置距离△底边的距离为 3mm，2 号和 3 号试样 3 次上扣位置距离△底边的距离均为 3mm。试验用的螺纹脂为美国 BESTOLIFE METAL FREE。每次上扣记录上扣扭矩，测量接箍端面距离△底边的距离；每次卸扣记录卸扣扭矩。每次卸扣之后清洗，检查记录螺纹表面状况。

2 试验结果

2.1 螺纹测量结果

螺纹测量结果见表1，所有测量套管螺纹参数均符合 API Spec5B—2004 和 API Spec5B—2010 的技术要求。

表1 螺纹接头测量结果

序号	外螺纹接头 锥度(mm/m)	螺距偏差(mm/mm)	齿高(mm)	紧密距 P(mm)	A1(mm)	内螺纹接头 锥度(mm/m)	螺距偏差(mm/mm)	齿高(mm)	紧密距 A(mm)	J(mm)	N_L(mm)
1	62, 64	0	0	1.6	113.7	64, 64	0.0005	0	−0.64	11.15	255.5
2	63, 64	0.13	0	1.7	115.0	64, 65	0.5	0	−1.58	10.95	255.3
3	62, 64	0	0	1.5	114.2	64, 65	0	0.13	−1.10	9.65	255.7
API标准规定[1,2]	61~66	±0.051	±0.025	0~2.54	114.3±0.8	60~67	±0.02	±0.025	0~−2.54	12.7	≥254

2.2 上扣、卸扣试验结果

上扣、卸扣试验结果见表2。

表2 上扣、卸扣试验结果

试样编号	上扣、卸扣次数	上扣扭矩(N·m)	卸扣扭矩(N·m)	接箍距底边的距离△(mm)	试验结果	备注
1号	第1次	9769	11164	0	完好	
	第2次	10926	11744	0	(1) 内螺纹大端 LET1 完整扣齿顶轻微划伤；(2) 外螺纹大端 LET1 扣牙底轻微划伤	用油石修磨外螺纹划伤部位
	第3次	11912	—	3	(1) 现场上扣端：①内螺纹 LET1~2 扣齿顶划伤；外螺纹 LET1~3 扣齿底划伤。(2) 工厂上扣端：内螺纹 LET1~2 扣齿顶粘扣；外螺纹 LET1~2 扣齿底粘扣	未卸扣，解剖后检查结果如图1至图4所示
2号	第1次	18092	17991	3.0	(1) 内螺纹 LET1 齿顶发黑 (2) 外螺纹 LET1~3 扣齿底有铜附着痕迹	
	第2次	24308	23938	3.0	(1) 内螺纹 LET1~3 齿顶发黑。(2) 外螺纹 LET1~5 扣齿底有非常轻的划痕	用油石修磨外螺纹划伤部位

续表

试样编号	上扣、卸扣次数	上扣扭矩（N·m）	卸扣扭矩（N·m）	接箍距底边的距离△（mm）	试验结果	备注
2号	第3次	18480	19909	3.9	（1）内螺纹LET1~2扣齿底有非常轻的划痕。 （2）外螺纹LET1~5扣齿底有非常轻的划痕	用油石修磨外螺纹划伤部位
2号	第4次	21686	—	4.3	（1）现场上扣端： ①内螺纹LET1~2扣齿底有非常轻的划痕； ②外螺纹LET1~3扣齿顶有非常轻的划痕。 （2）工厂上扣端： ①内螺纹LET1扣齿顶轻微划伤； ②外螺纹LET1齿底局部轻微划伤	未卸扣解剖检查
3号	第1次	17697	17376	3.5	（1）内螺纹LET1齿顶发黑； （2）外螺纹LET1~2扣齿底有铜附着痕迹	
3号	第2次	17936	14435	4.6	（1）内螺纹LET1~2扣齿顶发黑； （2）外螺纹LET1~2扣齿底有铜附着痕迹	
3号	第3次	17651	—	4.5	（1）现场上扣端： ①内螺纹LET1~3扣齿顶有非常轻的划痕。 ②外螺纹LET1~3扣齿底有非常轻的划痕。 （2）工厂上扣端： 内螺纹小端1~3扣螺纹导向齿侧面轻微粘扣。 外螺纹小端1~2扣螺纹导向面和齿底轻微粘扣。大端LET1~3扣齿底有很轻的划痕	未卸扣，解剖检查如图5和图6所示

注：（1）LET（Last Engagement Thread）指最后旋合的螺纹，LET1为最后旋合的1扣螺纹，其余类推。
（2）1号试样工厂上扣端接箍端面距△底边的距离没有测量，2号试样和3号试样工厂上扣端接箍端面距底边的距离△均为5.5mm。

图1 1号试样工厂端第1次上扣解剖后外螺纹大端LET 1~2扣粘扣形貌

图 2　1 号试样工厂端第 1 次上扣解剖后内螺纹大端 LET1～2 扣粘扣形貌

图 3　1 号试样现场端第 3 次上扣解剖后外螺纹大端 LET1～3 扣划伤形貌

图 4　1 号试样现场上扣端第 3 次上扣解剖后内螺纹大端 LET1～3 扣划伤形貌

图5　3号试样工厂端第1次上扣解剖后外螺纹接头小端1~2扣导向面和齿底粘扣形貌

图6　3号试样工厂端第1次上扣解剖后内螺纹接头小端1~2扣导向面粘扣形貌

3　分析讨论

套管内螺纹和外螺纹旋合摩擦干涉，表面温度急剧上升，使内螺纹和外螺纹表面发生粘结。由于上扣、卸扣内螺纹和外螺纹有相对位移，粘扣常伴有金属迁移。一般粘扣属于粘着磨损。如果有沙粒或铁屑等硬质颗粒，粘扣为磨粒磨损和粘着磨损[1-3]。

试验结果表明，1号套管试样接头现场上扣端经过3次上扣，2次卸扣之后内螺纹LET1~3扣齿顶划伤，外螺纹LET1~3扣齿底划伤。2号套管试样接头现场上扣端经过4次上扣，3次卸扣之后其内螺纹和外螺纹完好。3号套管试样接头现场上扣端经过3次上扣，2次卸扣之后其内螺纹LET1~3扣齿顶有非常轻的划痕，外螺纹LET1~3扣齿底有非常轻的划痕。

1号试样接头工厂端在生产线上扣1次解剖后，其内螺纹LET1~2扣齿顶轻微粘扣，其外螺纹LET1~3和齿底轻微粘扣。2号试样接头工厂端在生产线上扣1次解剖后，没有粘扣。3号试样接头工厂端在生产线上扣1次解剖后，内螺纹小端1~2扣螺纹导向齿侧面轻微粘扣。外螺纹小端1~2扣螺纹导向面和齿底轻微粘扣。

综上可见，2根试样现场上扣端经过3次上扣，2次卸扣后只产生划伤，1根试样现场上扣端经过4次上扣，3次卸扣之后完好。而3根试样接头工厂端在生产线上扣1次解剖后，就有2根发生了粘扣。同1根套管接箍加工质量不会有很大的差别，同一根套管两端的外螺纹加工质量也不可能有很大的差别。而上扣、卸扣试验结果为何有如此大的差别呢？原因如下：

（1）现场端外螺纹接头上扣试验之前进行了打磨。

套管粘扣实际是内螺纹和外螺纹接头配合之后局部区域接触干涉量过大所致，螺纹表面存在毛刺和光洁度差等都有可能导致粘扣。该次试验的套管试样是从成品套管中抽取的，在实验室进行上扣、卸扣试验之前，曾对套管成品试样现场端外螺纹接头黑顶螺纹部位进行了打磨，即与套管产品相比多了一道打磨工序。最终的结果是套管接头现场端在试验室上扣3次、卸扣2次后螺纹表面只有划伤，没有粘扣；而接头工厂端在生产线上扣1次解剖后，就发生粘扣。

（2）试验室上扣位置与工厂端上扣位置不同。

上扣位置越偏向正公差，上扣扭矩越大，内螺纹和外螺纹啮合过盈量越大，越容易粘扣；反之，上扣位置越偏向负公差，上扣扭矩越小，内螺纹和外螺纹啮合过盈量越小，越不容易粘扣[4-9]。试验室现场端上扣控制的下限位置为△底边与接箍端面平齐，上限位置为△底边进入接箍端面3mm。套管试样工厂上扣端△底边进入接箍端面的距离均为5.5mm。试验室上扣的现场端相对于工厂上扣端上扣啮合的圈数少了0.5圈［（5.5-3.0）/5.08＝0.5圈］，即内螺纹和外螺纹啮合过盈量小，上扣扭矩小。最终的结果是套管接头现场端在试验室上扣3次、卸扣2次后螺纹表面只有划伤，没有粘扣；而工厂上扣端上扣一次就发生粘扣。

4 关于偏梯形螺纹接头套管上扣、卸扣试验控制

API Spec 5B—2004规定，偏梯形螺纹接头套管上扣公差为-5.08mm/9.53mm，在套管外螺纹接头大端打印的标记△高度为9.53mm。即上扣负公差为接箍端面距△底边5.08mm，上扣正公差为接箍端面超过△底边，达到△顶点位置。

按照AP RP 5C5—2003规定，上扣、卸扣试验位置应当控制在公差上限位置。偏梯形螺纹接头套管上扣位置越接近公差上限，上扣扭矩越大，越容易粘扣。

考虑到上扣时液压钳的惯性冲击力，如果上扣控制位置设定在△顶点位置，实际上扣位置可能会超过△顶点位置，使试验失效。该次试验设定的上扣位置距离△底边0~3mm，比API Spec 5B规定的公差上限小6.53mm，即少上扣1.3圈。按照此方法试验虽然上扣位置不会超过△顶点位置，但却不能检验出所有套管的抗粘扣性能。套管试样接头工厂端经过1次上扣，上扣位置为+5.5mm，解剖后就发生粘扣；套管试样现场端接头经过3次上扣、卸扣，上扣位置控制在+3mm，试验结果却没有发生粘扣。这说明要正确评价套管抗粘扣性能，上扣位置非常重要，上扣位置应当尽可能接近公差上限。

该次试验设定的上扣控制位置为接箍端面距离外螺纹接头上的△底边0~3mm，实际上扣结果为接箍端面距离外螺纹接头上的△底边4.6mm，比设定的最大正偏差高出1.6mm，但还没有达到API Spec 5B—2004规定的公差上限。这说明在上扣、卸扣试验过程中，确定上扣位置时既要考虑API Spec 5B—2004规定的公差上限，还要考虑上扣液压钳的惯性。研究结果表明[10]，在上扣、卸扣试验过程中，按照图7所示方式控制上扣位置，即上扣位置

设定为接箍端面距离外螺纹接头上的△底边6.53mm,这样控制不但大体涵盖了上扣液压钳的惯性造成的上扣位置误差,防止试验失效,而且可以基本按照API SPEC 5B规定的公差上限正确评价套管抗粘扣性能。

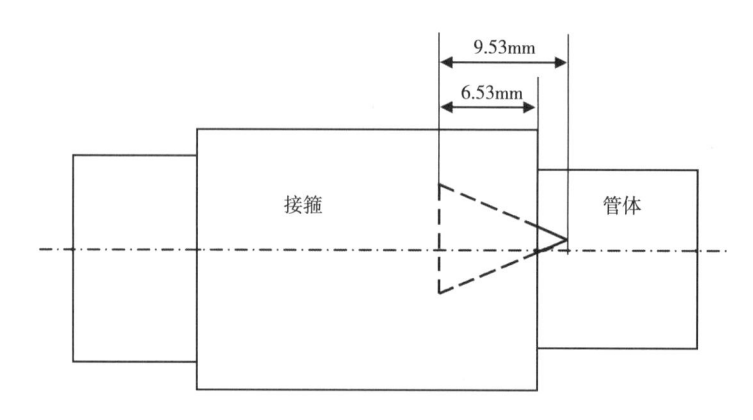

图7 偏梯形螺纹上扣位置示意图

5 结论及建议

(1) 套管粘扣主要是因为螺纹接头加工质量不合格所致;
(2) 建议改进套管螺纹加工质量,同时在上扣、卸扣试验过程中按照公差上限控制上扣位置。

参 考 文 献

[1] 吕拴录,李鹤林,滕学清,等. 油、套管粘扣和泄漏失效分析综述[J]. 石油矿场机械,2011,40(4):21-25.
[2] 吕拴录,常泽亮,吴富强,等. N80 LCSG套管上、卸扣试验研究[J]. 理化检验—物理分册,2006,42(12):602-605.
[3] 姜涛,吕拴录,张伟文,等. 139.7mm J55圆螺纹套管上、卸扣试验研究[J]. 理化检验—物理分册,2010,46(9):604-607.
[4] 滕学清,吕拴录,宋周成,等. 某井特殊螺纹套管粘扣和脱扣原因分析[J]. 理化检验,2011,47(4):261-264.
[5] 袁鹏斌,吕拴录,姜涛,等. 进口油管脱扣和粘扣原因分析[J]. 石油矿场机械,2008,37(3):74-77.
[6] 吕拴录,骆发前,赵盈,等. 防硫油管粘扣原因分析及试验研究[J]. 石油矿场机械,2009,第8期:37-40.
[7] 吕拴录,张锋,吴富强,等. 进口P110EU油管粘扣原因分析及试验研究[J]. 石油矿场机械,2010,39(6):55-57.
[8] 滕学清,吕拴录,黄世财,等. DN2-6井套压升高原因及不锈钢完井管柱油管接头粘扣原因分析[J]. 理化检验:物理分册,2010,46(12):794-797.
[9] 吕拴录,骆发前,周杰,等. API油套管粘扣原因分析及预防[J]. 钻采工艺,2010,33(6):80-83.
[10] 吕拴录,康延军,孙德库,等. 偏梯形螺纹套管紧密距检验粘扣原因分析及上扣、卸扣试验研究[J]. 石油矿场机械,2008,37(10):82-85.

原载于《理化检验》,2014,Vol.50(10)

油(套)管脱扣、挤毁和破裂失效分析综述

高 林[1]　吕拴录[1,2]　李鹤林[3]　骆发前[1]　周 杰[1]
杨成新[1]　李 宁[1]　秦宏德[1]　乐法国[1]　刘德英[1]

(1. 塔里木油田公司；2. 中国石油大学（北京）材料科学与工程系；
3. 石油管材研究所)

摘 要：本文通过大量调查研究和失效分析，列举了我国油田常见的油(套)管脱扣、挤毁、破裂等失效形式，给出了每种失效形式的定义，对每种油(套)管失效形式产生原因及其影响因素进行了分析，并提出了具体预防措施。

关键词：油管；套管；脱扣；挤毁；破裂；失效分析

油(套)管失效事故轻则造成大批油、套管损坏，甚至导致管柱落井事故，重则使整口井报废，造成巨大的经济损失。如果不对油(套)管失效事故及时进行分析，找出油(套)管失效的原因，采取预防措施，同样的事故会多次发生，造成的经济损失会更大。油气井的寿命是由油管和套管决定的。如果套管出现问题，油气井就不能正常钻进，如果油(套)管损坏，油气井就不能正常生产。因此，加强油(套)管失效分析工作，防止或减少油(套)管失效事故发生，具有十分重要的意义[1]。

油(套)管的失效类型有脱扣、挤毁、破裂、粘扣、泄漏等。

脱扣会导致管柱掉井。如果脱扣的落鱼管柱不能重新对扣连接或捞出，则会使整口井报废。套管挤毁发生在井下，套管挤毁通常会导致整口井报废。

油(套)管破裂包括断裂、套管射孔开裂和搬运破裂等。油(套)管破裂会导致管柱掉井甚至会导致油井早期报废。

文献［2］对油(套)管粘扣和泄漏已经进行了深入研究，本文不再进行分析。

油(套)管失效事故涉及的因素很多，它不仅与使用操作有关，也与设计选用和工厂的加工质量有关，是一个很复杂的系统工程。这就增加了失效分析工作的难度，对失效分析工作者提出了更高的要求。

1 脱扣

油(套)管柱在自重或外力作用下，内螺纹和外螺纹接头相互分离脱开的现象称之为脱扣。脱扣会导致管柱落井，或者破坏管柱的结构完整性和密封完整性。

1.1 与工厂加工质量有关的脱扣因素[3,4]

1.1.1 内螺纹和外螺纹参数匹配不当引起脱扣

油(套)管接头连接强度是靠内螺纹和外螺纹弹性配合来实现的。如果内螺纹和外螺纹

接头加工精度差，螺纹啮合状态不好，只有部分螺纹啮合，则接头连接强度不高，很容易发生脱扣。

1.1.2 上扣控制方式不当引起的脱扣

近年来，塔里木油田发生了多起油(套)管从工厂上扣连接端脱扣的事故。其原因与工厂上扣控制方式不当有关。工厂上扣方式不当的原因主要是为满足油田商检部门对 J 值提出的±2扣公差要求，而不得不采用了优先保证 J 值上扣的方式。有些工厂为了确保供给油田的圆螺纹油(套)管 J 值偏差不超过±2扣，在上扣、卸扣过程中实际内控 J 值公差范围更窄。下面就 API SPEC 5B[5] 对 J 值（图1）的规定及采用优先控制 J 值上扣存在的问题分别予以分析。

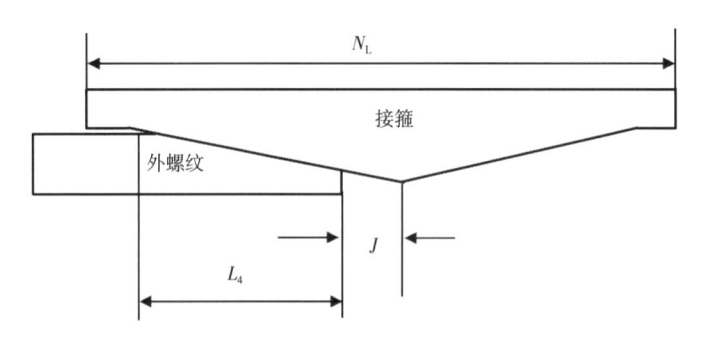

图1 API SPEC 5B 规定的圆螺纹接头油(套)管 J 值位置示意图
N_L—接箍长度最小值；J—上扣之后外螺纹端面至接箍中心的距离；L_4—外螺纹总长总称值。

（1）API 对 J 值规定。
API SPEC 5B 对圆螺纹油(套)管 J 值按如下公式计算。

$$J = L_4 - N_L/2 \tag{1}$$

式中 J——上扣之后外螺纹端面至接箍中心的距离；
　　L_4——外螺纹总长公称值；
　　N_L——接箍长度最小值。

以 $\phi 73.0 \text{mm} \times 5.51 \text{mm}$ EU 油管为例，$N_L = 133.4 \text{mm}$，$L_4 = 54.0 \text{mm}$，代入式（1）得

$$J = 133.4/2 - 54.0 = 12.7 \text{mm}$$

从计算结果可知，当 N_L 和 L_4 为公称值时 J 值才能是公称值。可事实上要使 N_L 和 L_4 达到公称值是很困难的，J 值必然要受到 N_L 和 L_4 偏差的影响。API SPEC 5B 规定 L_4 公差为±1扣。API SPEC 5CT 对 N_L 只规定了最小长度，其公差一般为自由公差或由工厂决定。可见，仅考虑 L_4 和 N_L 公差，J 值实际偏差必然超过±1扣，且 N_L 偏差越大 J 值偏差越大。因此在保证螺纹拧紧程度最佳的条件下 J 值也是变动的，不可能保持恒定。故以 J 值作为目标值来控制上扣的方法是不妥当的，这势必造成上扣扭矩不当（偏大或偏小）。

（2）螺纹参数对 J 值的影响。
油(套)管螺纹接头上扣连接的过程实际上是内螺纹和外螺纹相互啮合的过程，因此螺纹参数的偏差与 J 值的偏差紧密相关。紧密距是机紧上扣连接的基本留量即手紧到位后机紧的圈数。在理想状态下，若机紧圈数与紧密距相同，上扣之后接头 J 值正好是 API STD 5B 规定值。紧密距实际上是对螺纹参数的综合度量。当螺纹锥度、齿高、螺距等参数偏差很小

时，紧密距主要反映了螺纹中径的大小。API SPEC 5B 对内螺纹和外螺纹紧密距规定的公差分别为±1 扣。在控制 J 值上扣，即上扣位置一定的情况下，螺纹紧密距的大小和螺纹参数的偏差直接影响上扣扭矩大小。反之，在控制扭矩上扣，即上扣扭矩一定的情况下，螺纹中径的大小和螺纹参数的偏差直接影响 J 值的大小。

API SPEC 5B 对 J 值没有规定公差。由以上分析可知，J 值公差实际是由 L_4、N_L 及内螺纹和外螺纹接头的紧密距公差之和决定的，这三项参数公差之和已经大于±3 扣。如果油套管螺纹接头是按 API SPEC 5B 规定的公差加工的，实际上扣时又按±2 扣的公差优先控制 J 值上扣，其结果必然有一部分接头上扣之后处于松配合状态，在使用中很容易发生脱扣事故。如果工厂内控标准对螺纹参数控制得很严，将 API SPEC 5B 规定的螺纹参数公差压缩了一半，同时又将 J 值公差压缩为±1 扣，但仍然采用优先保证 J 值上扣的做法，这并不能保证每根油、套管螺纹接头上扣之后全部处于最佳的连接状态。因为压缩螺纹公差之后，决定 J 值实际偏差的 L_4、N_L 和紧密距三项参数公差之和仍大于±1.5 扣，其值超过了 J 值公差（±1 扣）范围。在这种情况下如果采用优先保证 J 值上扣的做法，同样不能完全保证每根油、套管的上扣质量。

API 圆螺纹是靠机紧一定的圈数，即规定的紧密距牙数，使内螺纹和外螺纹有一定的过盈配合量来保证其连接强度的。内螺纹和外螺纹接头获得最佳过盈配合量是靠最佳的上扣扭矩来实现的。为了保证油（套）管接头上扣之后能处于最佳的连接状态，API RP 5C1 对各种油（套）管的上扣扭矩做了规定。考虑到各项螺纹参数不可能达到理论值，API RP 5C1 还规定在优先保证按最佳扭矩上扣的条件下，允许 J 值（外露螺纹）有±2 扣的误差。API RP 5B1 规定用户发现 J 值偏差超出±2 扣时应通知工厂。

（3）为防止粘扣而降低上扣扭矩容易引起脱扣。

有些工厂为了防止粘扣，有意降低了油（套）管接头的上扣扭矩。这样做的结果虽然可以掩盖接头粘扣问题，降低接头粘扣程度，但却不能保证接头上扣之后处于最佳的连接状态，很容易导致接头发生脱扣事故。

1.2 与油田使用有关的脱扣因素[6,7]

1.2.1 上扣扭矩不当引起脱扣

受现场条件和操作设备的影响，井队在下油（套）管作业过程中往往不能保证接头的上扣扭矩。上扣扭矩不当，内螺纹和外螺纹接头就不能处于最佳的连接状态，在使用中就容易发生脱扣事故。

1.2.2 上扣大钳选用不当引起脱扣

上扣大钳选用不当会导致螺纹接头严重变形损坏，使接头连接强度大幅度降低，最终发生脱扣事故。钻杆大钳是按钻杆接头的壁厚和粗牙螺纹来设计的，套管接头螺纹为细牙螺纹，套管壁厚远小于钻杆接头的壁厚，在套管上使用钻杆钳上扣，必然会使套管接头夹持变形，发生粘扣和脱扣事故。

1.2.3 下套管作业中放快车或急刹车引起的脱扣

在下油（套）管过程中，如果操作不当，放快车或急刹车，管柱会承受附加的冲击载荷。在这种情况下也容易发生脱扣事故。在放快车或急刹车过程中管柱的受力状况可用如下公式表示：

$$T_i = W_i + m_i a \tag{2}$$

式中 T_i——第 i 根油（套）管接头所受的拉力；

W_i——第 i 根油（套）管接头以下管柱的重量；

m_i——第 i 根油（套）管接头以下管柱的质量；

a——放快车或急刹车引起的加速度。

从式（2）可知，放快车或急刹车产生的加速度会引起附加载荷。由于附加载荷的大小与管柱的质量和产生的加速度成正比，管柱越重，放快车或急刹车产生的加速度引起的附加载荷越大。越靠井口的管柱接头越容易在放快车或急刹车过程中发生脱扣事故。

1.2.4 倒扣引起脱扣

在油（套）管作业过程中有时会发生倒扣现象。在倒扣力作用下，管柱很容易从上扣连接较松的接头部位脱扣。

容易发生倒扣的作业项目如下。

（1）固井之后卸联顶节。

在卸联顶节过程中要施加倒扣扭矩，如果套管头上设计有结构合理、性能可靠的防倒扣销钉，在卸联顶节过程中，该销钉就可以有效地防止联顶节之下的管柱倒转，避免其他管柱接头倒扣松开。值得注意的是固井之后套管柱往往有所伸长，这会导致悬挂器上设计的防倒扣销钉槽与套管头上的锁紧销钉错位，使防倒扣销钉不起作用，最终在卸联顶节过程中容易发生倒扣事故。

（2）在油（套）管下井过程重复上扣、卸扣。

在油（套）管下井过程中，有时因对扣不正，或者没有引扣，第一次上扣位置或扭矩不理想，需要卸扣检查。在这种情况下，如果背钳没有搭好，或者没有使用背钳，就很容易使下井的管柱接头倒扣脱开。

（3）在钻井过程中。

套管柱下端的几根套管本身所受的拉力较小，在后续的钻井过程中受钻柱震动、摩擦等之后容易发生倒扣。

1.2.5 在固井过程引起脱扣

在固井过程中套管要受到注水泥碰压、套管试压、套管自重和温度载荷等作用，在这些载荷作用下有时也会发生套管脱扣事故。

1.2.6 地层蠕变引起脱扣

套管下入井内使用一段时间后，有时会发生变形或脱扣事故，变形或脱扣原因与地层蠕变有一定关系。地层蠕变与地层本身岩性有关，也与注水开发有关。

（1）地层本身岩性导致蠕变。

有些地层本身具有蠕变特性，在裸眼井段此类地层常常导致钻好的井眼缩径，甚至导致套管无法下至目的层。下入井内的套管在蠕变地层作用下会发生错动位移，一旦套管柱弯曲错动位移，在拉应力作用下很容易从相对薄弱的接头部位发生脱扣。有些井的套管刚下入不久就发生了脱扣事故或者挤扁事故，这很可能与地层蠕变有关。

（2）注水开发导致地层蠕变。

不合理的注水开发会破坏地层的平衡应力，使地层发生蠕变位移，最终导致套管发生变形或脱扣。不仅老油田存在由于注水开发工艺不当导致套管大量损坏的情况，新油田也有。

1.2.7 腐蚀引起脱扣

油(套)管在使用一段时间之后,会因螺纹连接部位锈蚀而使接头连接强度下降,最终引起脱扣。对于油管而言,接头内壁腐蚀通常表现为冲刷腐蚀。API 接箍式油管接头部位存在宽度为 25.4mm（上扣连接之后两外螺纹接头端面之间的距离）的凹槽,在生产过程中当产出液沿油管里边自下而上流动经过此凹槽部位时会在该部位产生紊流,使该部位的流速加快,形成很高的剪切应力,最终使该部位外螺纹接头端部的几扣螺纹和内壁早期冲刷腐蚀损坏,一旦接头有效连接的螺纹数量减少,接头的承载能力就会下降,很容易发生脱扣事故。套管下井使用一段时间之后,腐蚀最严重的位置一般也在接头部位,当接头严重腐蚀损坏之后,很容易发生脱扣事故。

1.2.8 粘扣引起的脱扣

一旦油(套)管螺纹接头严重粘扣损坏,接头连接强度就会大幅度下降,很容易发生脱扣事故。

1.3 脱扣事故预防

脱扣可以分为过载脱扣、接头连接强度不足引起的脱扣和倒扣引起的脱扣三种情况。要防止脱扣事故发生就要从这三方面考虑。

（1）防止过载脱扣。

过载脱扣是由于油(套)管接头承受的载荷超过了接头连接强度而发生脱扣。要预防过载脱扣,应注意以下几点:

①在油(套)管柱设计时应依据接头的连接强度考虑一定的安全系数;

②在下油(套)管过程中防止急刹车或放快车;

③在下油(套)管过程中遇阻遇卡时不能猛提猛压。

（2）防止接头连接强度不足引起的脱扣。

接头连接强度不足引起的脱扣既与产品质量有关也与现场上扣质量有关。防止此类脱扣事故应从以下几方面着手。

①工厂应提高产品质量,保证接头强度符合标准要求。油田对到货的油(套)管接头连接强度要抽查检验,确保接头连接强度合格。这样可以有效地防止接头因工厂上扣端连接强度不足而引起脱扣。

②油田现场应保证接头上扣质量,使接头现场连接端的强度达到标准要求。要保证接头上扣质量,应保证接头对扣、引扣准确,上扣扭矩适当,不发生粘扣和错扣。

（3）在卸联顶节时防止倒扣。

要防止在卸联顶节时发生倒扣脱开事故,首先要确保所用的套管头具有可靠的防倒扣装置,其次在卸联顶节时应仔细检查套管头上设计的防倒扣装置,看其是否真正配合到位,是否起到了防倒扣的作用。

（4）在下油(套)管过程中防止倒扣。

在下油(套)管过程中始终要搭好背钳。如果要卸扣检查,应先检查背钳是否真正起作用。

（5）防止套管柱下端的接头倒扣。

套管柱下端的几根套管上扣连接时应涂上防倒扣粘结剂。

2 挤毁

下井的套管外表面要受地层压力作用,当套管抗挤强度小于地层压力,套管发生塑性失稳破坏的现象称之为挤毁。套管挤毁与地层压力、套管抗挤强度、套管磨损等有关[8]。

2.1 不同因素引起挤毁

2.1.1 蠕变地层引起挤毁

蠕变地层会在套管外壁形成挤压力,当地层压力超过套管抗挤强度,就会发生套管挤毁事故。具有蠕变特性的地层有石膏、泥质膏岩、泥岩、膏质泥岩、粉沙质泥岩等。

2.1.2 注水开发引起挤毁

不合理的注水开发会破坏地层的平衡应力,导致地层蠕变,使井内的套管错动,发生变形。当蠕变地层作用在套管上的力大于套管抗挤强度时就会发生套管挤毁事故。

2.1.3 壁厚不匀引起挤毁

套管壁厚不匀会降低其抗挤强度,容易引起挤毁事故。直焊缝套管抗挤强度比无缝套管抗挤强度高的原因就是其壁厚比无缝套管均匀。

2.1.4 设计不当引起挤毁

套管柱设计时要充分考虑地层岩性,依据地层特性来选择套管。同时还要考虑一定的安全系数。在选择套管时要对套管的抗挤强度全面了解,对于复杂井最好通过进行实物试验确定套管的实际抗挤强度,以便使下井的套管适用于实际井况。

2.1.5 磨损引起的挤毁

套管磨损之后会使其抗挤强度降低,容易发生挤毁事故。套管磨损之后可以通过井周成像等方法发现,但是其费用是相当昂贵的。套管磨损是与钻具摩擦的结果,如果发现在套管里钻进的钻具磨损,套管必然已发生磨损。因此,可以通过检测钻具的磨损情况来反推套管磨损状况。用这种方法检测套管磨损不仅操作简单而且经济。

2.2 套管挤毁预防

套管挤毁会导致整口井报废。套管挤毁造成的损失极大,应以预防为主。预防套管挤毁应从以下几方面着手:

(1)依据地层选择套管;
(2)对有蠕变地层的井,应对所选套管的抗挤强度进行试验;
(3)严格控制井眼的全角变化率,减少钻具对套管的磨损;
(4)优化注水开发工艺,防止因注水开发工艺不当引起地层蠕变;
(5)使用高抗挤套管。

3 破裂

油(套)管破裂包括断裂、射孔开裂、运输疲劳裂纹等。

3.1 断裂

油(套)管断裂可分为过载断裂和疲劳断裂等。过载断裂是作用在油(套)管上的外力超过材料的抗拉强度时发生断裂。疲劳断裂是作用在油(套)管上的交变载荷小于材料屈服强度时发生断裂，疲劳断裂一般要经过裂纹萌生、扩展和断裂三个阶段。油(套)管断裂位置大多发生在螺纹危险截面或缺陷处[9-11]。

油(套)管断裂与材质有密切相关。在保证强度的情况下，材料韧性越高越不容易发生疲劳断裂。

螺纹加工质量和上扣扭矩对油(套)管断裂有很大影响。螺纹加工质量不好会增大危险截面的应力集中，上扣扭矩不当会增加危险截面的应力，最终降低油(套)管连接强度。

油(套)管受力条件越苛刻，越容易发生断裂事故。

3.2 套管射孔开裂

射孔开裂是油层套管在射孔完井过程中在套管射孔位置周围产生了裂纹。

影响射孔开裂的因素如下。

（1）化学成分影响。

①碳含量(碳当量)。随着碳含量增加，管材的屈服强度和抗拉强度普遍提高，延伸率呈下降趋势，冲击韧性和断裂韧性则会明显降低，FATT50急剧上升，抗裂纹萌生和扩展的能力明显降低。

②硫、磷含量。硫、磷是钢中的有害元素，主要降低钢的韧性。

③Mn/C比值。随着钢中Mn/C比值的增加，塑韧性及剪切面积百分比均呈上升趋势，而且衡量材质脆性倾向的性能指标FATT50显著下降。

④微合金化。微合金化可以细化晶粒、强化组织并改变夹杂物形态和分布，从而提高钢材性能。

（2）轧制工艺和热处理工艺的影响。

不同的轧制工艺和热处理工艺会得到不同的组织和性能。凡是可以改善组织结构、细化晶粒、提高塑韧性的轧制工艺和热处理工艺均对套管抗射孔开裂有一定好处。

（3）机械性能的影响。

由于套管射孔失效主要表现为脆性开裂，因此，影响射孔开裂抗力的机械性能应该是材料的韧性指标，特别是考虑应变速率的冲击韧性和其他一些与之相关的性能指标。

（4）射孔弹的影响。

射孔弹分为有枪声和无枪声射孔弹两种。在实际应用中，由于枪体自身吸收能量，所以无枪声射孔要比有枪声射孔对套管的伤害更具有威胁、无枪声射孔不裂的套管，有枪声射孔也不裂。

（5）射孔工艺的影响。

在实际射孔时，射孔工艺选择是否妥当，直接影响射孔效果。为提高油田产能，适当地加大孔密度是必要的，但是，随着孔密度的增加，套管胀大量及开裂程度明显增大。因此，实际生产中应将增加孔密度、提高油井产能和防止套管开裂等因素综合考虑，从而制订出合理的射孔工艺。

3.3 套管搬运破裂及运输疲劳裂纹

如果套管钢材本身很脆，在搬运和运输过程中碰撞会发生破裂，或者套管装船不符合要求，在长途运输过程中套管多次摇晃碰撞会产生疲劳裂纹。

导致套管搬运破裂和运输疲劳裂纹的主要因素如下：

（1）钢材本身韧性太差，抗冲击载荷的能力不足，在搬运过程中易于破裂和产生疲劳裂纹。

（2）搬运操作不当，装船搭建不合理，使套管受到碰撞等冲击载荷。

3.4 破裂预防

（1）提高套管韧性；
（2）优化射孔工艺；
（3）严格执行运输规范。

4 结语

油(套)管脱扣、挤毁和破裂失效事故与螺纹加工质量不合格、管体几何尺寸不合格、材料韧性差和使用操作不当等有关，是一个复杂的系统工程问题。为了预防或者减少油(套)管脱扣、挤毁和破裂失效事故，应当从螺纹加工质量、管体尺寸精度、材料韧性和使用操作等方面采取预防措施。

参 考 文 献

[1] 吕拴录，韩勇. 特殊螺纹接头油、套管使用及展望 [J]. 石油工业技术监督，2003（3）：1-4.

[2] 吕拴录，李鹤林，骆发前，等. 油、套管粘扣和泄漏失效分析综述 [J]. 石油矿场机械，2010，39（4）：21-25.

[3] 吕拴录. φ139.7×7.72mm J55 长圆螺纹套管脱扣原因分析 [J]. 钻采工艺，2005，28（2）：73-77.

[4] 吕拴录，宋治. J 值在 API 圆螺纹连接中含义初探 [J]. 石油钻采工艺，1995（5）：56-62.

[5] SPECIFICATION FOR THREADING, GAGING, AND THREADED INSPECTION OF CASING, TUBING, AND LINE PIPE THREADS：API SPEC 5B [S]. 15th ed. Washington (DC)：API, 2004.

[6] 袁鹏斌，吕拴录，姜涛，等，长圆螺纹套管脱扣原因分析 [J]. 石油矿场机械，2007（10）68-72.

[7] LÜ Shuanlu, HAN Yong, QIN Changyi, et al. Analysis of well casing connection pullout [J]. Engineering Failure Analysis, 2006, 13（4）：638-645.

[8] LÜ Shuanlu, LI Zhihou, HAN Yong, et al. High dogleg severity, wear ruptures casing string [J]. OIL&GAS, 2000.

[9] 吕拴录，李鹤林. V150 套管接箍破裂原因分析 [J]. 理化检验，2005，41（增刊）：285-290.

[10] 吕拴录. 73.0mm×5.51mm J55 平式油管断裂和弯曲原因分析，石油矿场机械，2007，36（8）：47-P49.

[11] LÜ Shuanlu, ZHAO Kefeng. H_2O_2 well cleanout leads to explosion [J]. Oil and Gas, 2004：44-47.

原载于《理化检验——物理分册》，2013，Vol. 49（3）：177-182.

油(套)管粘扣和泄漏失效分析综述

吕拴录[1,2]　李鹤林[3]　滕学清[2]　周　杰[2]
杨成新[2]　秦宏德[2]　迟　军[2]　乐法国[2]

(1. 中国石油大学（北京）机电工程学院；2. 塔里木油田；
3. 中国石油管工程技术研究院)

摘　要：对我国油田油(套)管粘扣和泄漏事故进行了大量调查研究和失效分析，给出了油(套)管粘扣和泄漏的定义。分析了由于机械加工、表面处理、螺纹脂质量不合格以及使用或装配不当等导致油(套)管粘扣和泄漏的原因。从材料选择、螺纹接头质量控制、内螺纹和外螺纹接头参数匹配、螺纹脂优选和现场使用操作等方面提出了防止粘扣和泄漏的措施。

关键词：油管；套管；粘扣；泄漏；失效分析

油(套)管失效事故轻则造成大批油(套)管损坏，甚至导致管柱落井事故，重则使整口井报废，造成巨大的经济损失。如果不对油(套)管失效事故及时进行分析，找出油(套)管失效的原因，采取预防措施，同样的事故会多次发生，造成的经济损失会更大。油气井的寿命是由油(套)管决定的。如果套管出现问题，油气井就不能正常钻进，如果油(套)管损坏，油气井就不能正常生产[1]。

油(套)管的失效类型有粘扣、泄漏、脱扣、挤毁、破裂等。粘扣和泄漏在油(套)管失效事故中占的比例最大，是最常见的失效形式。粘扣会严重影响油、套管使用寿命，甚至导致管柱掉井事故。泄漏会破坏油(套)管密封完整性，使油(套)管柱失去正常密封能力，最终导致修井作业，或使整口井报废。

油(套)管粘扣和泄漏失效事故涉及的因素很多，它不仅与油田使用操作有关，也与设计选用和工厂的加工质量有密切关系，是一个很复杂的系统工程，这就增加了粘扣失效分析工作的难度，对失效分析工作者提出了更高的要求。因此，分析研究油(套)管粘扣和泄漏原因，寻找预防粘扣和泄漏的措施，防止或减少油(套)管发生粘扣和泄漏失效事故，具有十分重要的意义。

1　粘扣失效分析

1.1　粘扣定义

内螺纹和外螺纹配合面由于摩擦干涉，表面温度急剧升高，使内螺纹和外螺纹表面发生粘结。由于上扣、卸扣过程中内螺纹和外螺纹表面有相对位移，粘扣常伴有金属迁移。粘扣通常表现为粘着磨损，但是如果有沙粒、铁屑等硬质颗粒夹在内螺纹和外螺纹之间，也会形成磨料磨损[2]。

1.2 影响因素

1.2.1 机械加工质量的影响[4]

（1）螺纹表面粗糙度。

机械加工螺纹表面粗糙，内螺纹和外螺纹旋合时易粘扣。螺纹表面的粗糙度与加工螺纹的刀具和车床的精度、性能等有关。

（2）内螺纹和外螺纹参数不匹配。

在内螺纹锥度大、外螺纹锥度小的情况下，内螺纹和外螺纹接头配合之后其小端接触力大，容易形成粘扣；在内螺纹锥度小、外螺纹锥度大的情况下，内螺纹和外螺纹接头配合之后其大端接触力大，容易形成粘扣。

当内螺纹接头螺距大于外螺纹接头螺距时，在接头大端螺纹导向面、接头小端螺纹承载面接触力大，容易发生粘扣；当内螺纹接头螺距小于外螺纹接头螺距时，在接头大端螺纹承载面、接头小端螺纹导向面接触力大，容易发生粘扣。螺纹接头不同部位的螺距不同，内螺纹和外螺纹接头配合之后不同区域的接触力差别更大，接触力大的螺纹侧面更容易发生粘扣。在这种情况下，粘扣的位置及规律应具体分析。

内螺纹和外螺纹接头啮合之后在内螺纹齿顶与外螺纹齿底或内螺纹齿底与外螺纹齿顶形成的间隙过大，使接头的抗泄漏能力降低。反之，内螺纹和外螺纹上扣干涉量增加，容易粘扣。牙型半角不匹配往往使相互干涉的螺纹牙侧面形成粘扣。

在螺纹其他单项参数偏差很小的情况下，螺纹紧密距主要反映了螺纹中径的大小。如果外螺纹紧密距偏大（螺纹中径偏大），内螺纹紧密距偏大（螺纹中径偏小），则按正常扭矩上扣之后有外露螺纹；如果增加扭矩上扣到无外露螺纹，很容易发生粘扣。如果外螺纹紧密距偏小（螺纹中径偏小），内螺纹紧密距偏小（螺纹中径偏大），则按正常扭矩上扣之后外螺纹退刀部位的不完整螺纹易与接箍大端的螺纹接触干涉，发生粘扣。

1.2.2 表面处理质量的影响

表面处理包括镀铜、镀锌、镀锡、磷化等。表面处理不合格包括：（1）表面处理层厚度不足，在使用中很容易磨掉；（2）表面处理层强度和韧性不足，在使用中容易破碎脱落；（3）表面处理层不致密，有孔洞、砂眼等缺陷，在放置和使用过程中容易生锈；（4）表面处理层与基体结合力不强，在使用中容易剥离脱落。一旦表面处理层脱落，在上扣、卸扣过程中内螺纹和外螺纹接头基体金属就会直接接触，很容易发生粘扣。

1.2.3 螺纹脂质量的影响

螺纹脂的功用是：（1）润滑螺纹表面，减少摩擦力，防止粘扣；（2）填充密封；（3）防锈。质量低劣、混入杂物（沙子、铁屑等）的螺纹脂不具有上述功能，易使油（套）管螺纹接头生锈，甚至粘扣。

1.2.4 紧密距检验过程的影响[4]

在检验紧密距过程中有时也会发生粘扣。粘扣的频次随螺纹接头的尺寸增大而增多。在车床上检验紧密距时粘扣的频次高于在工作台上检验时的粘扣频次。在检验紧密距过程中形成粘扣与5个因素有关。

（1）螺纹量规越重，越不容易保证量规与螺纹接头同心，越容易发生粘扣。

（2）螺纹量规表面"V"形存污槽形成的两条锐利的棱角刃易刮伤接头螺纹侧面，形成粘扣。

（3）产品螺纹精度不达标，螺纹参数偏差过大，存在毛刺，易形成粘扣。

（4）螺纹量规表面损伤或形成粘结的铁屑积瘤，易形成粘扣。

（5）检验方法不当和螺纹量规与产品接头不同心，易形成粘扣。

1.2.5 使用或装配不当的影响[5-7]

（1）上扣夹持方式不当形成粘扣。

工厂或油田现场夹持方式不当，夹持位置在接箍上扣端或靠近上扣端端面位置，会使接箍变形，导致接头在上扣、卸扣过程中局部区域内螺纹和外螺纹干涉严重，容易发生粘扣。主动钳与被动钳之间相隔的距离太远，会产生附加的弯矩，使接头在上扣、卸扣过程中承受附加的弯曲载荷，容易发生粘扣。

（2）对扣不当形成粘扣。

对扣速度过快或偏斜容易损伤螺纹，造成偏斜上扣，最终导致粘扣或错扣。前者易使接头承受冲击载荷，损伤螺纹，在上扣、卸扣过程中形成粘扣；后者会使内螺纹和外螺纹接头不同心，仅有局部区域接触，最终导致螺纹接头在上扣、卸扣过程中发生粘扣。

（3）未引扣或引扣不到位形成粘扣。

对扣后，内螺纹和外螺纹的牙齿一般不会啮合，很可能处于牙顶与牙顶接触的情况（图1），如果不引扣或者引扣不到位，在上扣过程很容易引起错扣和粘扣。

（4）上扣、卸扣速度过快形成粘扣。

上扣速度过快，外螺纹沿着内螺纹的螺旋牙槽旋进时会产生附加的冲击载荷，很容易损伤螺纹形成粘扣。如果存在偏斜对扣，并且未引扣或引扣不到位，快速上扣、卸扣更容易导致粘扣和错扣。

（5）过扭矩上扣形成粘扣。

过扭矩上扣容易形成粘扣。油(套)管接头连接强度是靠内螺纹和外螺纹牙齿侧面弹性配合来实现的。要保证内、外螺纹达到最佳的配合，接头上扣扭矩必须适中。接头上扣扭矩过大，会使内螺纹和外螺纹过盈配合干涉量增大，导致螺纹表面发生塑性变形，最终产生粘扣。

（6）上扣大钳选用不当形成粘扣。

油(套)管的壁厚及承载能力远低于钻具螺纹接头，如果使用钻具大钳对油(套)管进行上扣、卸扣，会将油(套)管夹持变形，发生严重粘扣。

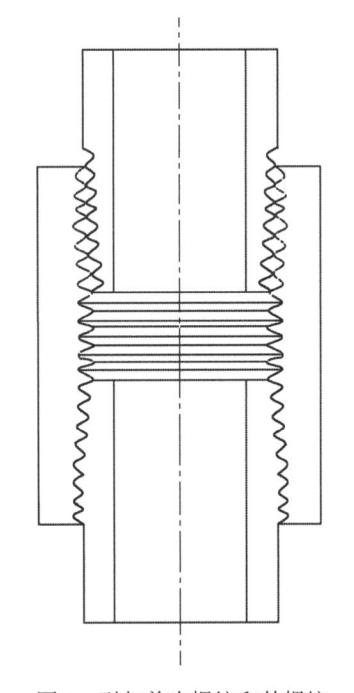

图1 引扣前内螺纹和外螺纹配合状态示意图

1.3 解决对策

粘扣的原因涉及材料性能、螺纹加工精度、螺纹参数匹配、表面处理质量、螺纹脂质量等因素[8]。要解决粘扣问题就要对这些问题进行研究分析，寻找解决问题的办法。

（1）选材。

不同的材料具有不同的抗粘扣性能，以不锈钢和合金结构钢为例。不锈钢材料的抗粘扣性能远比合金结构钢材料差,因此不锈钢油、套管更容易粘扣。不同的合金结构钢抗粘扣性能的差异以及各种合金元素对合金结构钢抗粘扣性能的影响目前还没有报道。工厂应对不同钢种进行抗粘扣性能试验,对各种元素含量对同一材料的抗粘扣性能的影响进行研究,确定抗粘扣性能最佳的材料及其合金元素含量范围。

(2)螺纹参数合理匹配。

内螺纹和外螺纹参数合格并不等于接头不发生粘扣。内螺纹和外螺纹参数不匹配,在上扣过程中内螺纹和外螺纹的某些部位会首先接触干涉,而其他部位则不会接触干涉,最终在接触干涉严重的部位会发生粘扣。合理匹配能使内螺纹和外螺纹处于最佳的配合状态,对于提高接头抗粘扣性能很有作用。

(3)提高螺纹加工精度。

提高螺纹的加工精度,改善螺纹表面粗糙度,可提高接头抗粘扣能力。

(4)合理选择表面处理层及质量优化。

不同表面处理层对于减轻摩擦的效果不同。因此,针对不同的油、套管材料可选用不同的表面处理。例如,碳锰钢、低合金钢通常选用磷化处理(磷酸锌、磷酸锰)、镀锌、镀铜、镀锡等;不锈钢或高合金钢通常采用喷砂、镀铜处理。表面处理层厚度是衡量表面处理层质量优劣的主要指标之一,表面处理层的耐磨性是衡量表面处理层质量优劣的重要指标。应对表面处理层的厚度进行检查,对其耐磨性也应进行检验。

(5)优选螺纹脂。

优选螺纹脂应从螺纹脂成分、摩擦因数、润滑效果、填充密封性能等方面着手[9,10]。

(6)改进现场操作。

应按现行有效的操作规程上扣,保证对扣速度适中、不偏斜;使用对扣器(图2)并改进对扣方法,保证对扣质量。

图2 对扣器使用示意图

对扣之后如果不引扣,内螺纹和外螺纹牙齿与牙槽很可能还没有重合,这就需要用慢速度引扣,可采用引扣钳(图3),使内螺纹和外螺纹的牙齿与牙槽重合,为机紧上扣做好准备。

图 3　引扣钳使用示意图

上扣速度主要是由上扣大钳决定的。油田现场在用的油(套)管大钳绝大多数为国产的，也有部分为进口的。油(套)管大钳转速通常有高挡和低挡，现场操作工更习惯选用高挡转速。API RP 5C1[10]规定的最大上扣速度为25r/min。要从根本上解决由于上扣速度过快而引起的粘扣问题，应首先研制具有符合规定转速的大钳。在现有大钳的情况下，现场应尽量选用抵挡转速上扣、卸扣。

上扣扭矩过大是由于现有的大钳不具有扭矩显示系统，仅有压力显示表。压力表显示的值与扭矩值的换算存在较大的误差，加上压力表本身的误差，操作工在上扣过程中很容易过扭矩上扣。如果不对大钳上的压力表定期标定，过扭矩发生的频次更高。解决过扭矩上扣的办法是在大钳上配置扭矩仪。现有的扭矩仪已采用计算机控制，在下油(套)管上扣过程中可以依据事先设定好的扭矩范围进行上扣，这样可以保证接头不会发生过扭矩上扣。但是必须注意，如果扭矩仪系统误差大，计算机显示的扭矩可能与实际扭矩相差很大，最终会导致下井的油(套)管全部粘扣。避免使用钻杆大钳下套管。

除采取上述措施之外，还应配套相关的规章制度和监督机制来保障现场规范操作。

2　泄漏失效分析

油(套)管柱在规定的压力和时间内不能稳压或发生压力漏失的现象称之为泄漏。泄漏大多发生在接头处，有时出现在管体[11,12]。

2.1　接头泄漏

API圆螺纹和偏梯形螺纹油(套)管接头本身连接之后在内螺纹和外螺纹之间存在有螺旋通道，接头密封性是靠螺纹脂填充在螺旋通道来保证的（图4）。螺旋通道的大小和螺纹脂的质量决定了接头的密封性能。

(a)偏梯形螺纹　　　　　(b)圆螺纹

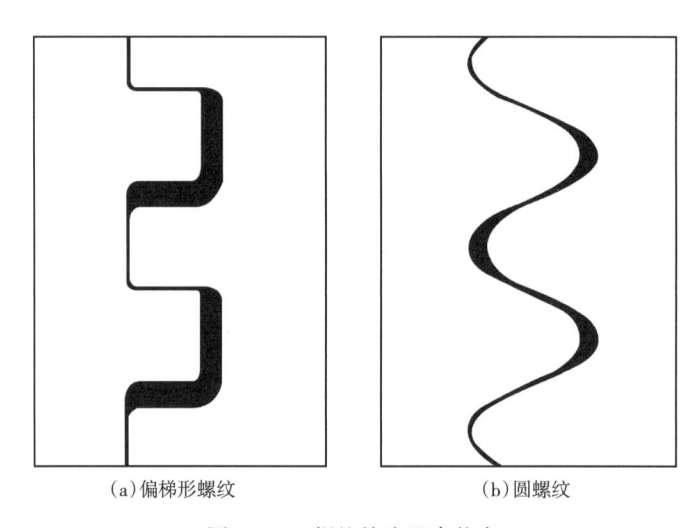

图 4　API 螺纹接头配合状态

(1) 内螺纹和外螺纹不匹配。

内螺纹和外螺纹不匹配会使螺旋通道增大,降低接头抗泄漏能力,在使用中很容易发生泄漏事故。

(2) 上扣扭矩不足。

上扣扭矩不足会使内螺纹和外螺纹接头处于松配合状态,增大接头泄漏通道,导致接头发生泄漏。

(3) 螺纹脂质量不合格。

要保证接头密封性能,螺纹脂必须具有填充密封的功能。如果螺纹脂质量不合格,起不到填充密封的作用,接头就容易发生泄漏。质量不合格的螺纹脂在压力作用下会沿螺纹通道被挤出,在压力表上显示为压力缓慢下降。

(4) 粘扣。

粘扣会破坏内螺纹和外螺纹接头正常啮合状态,使内螺纹和外螺纹之间形成较大的泄漏通道,降低接头的密封性能。严重粘扣导致泄漏常常会使压力迅速下降为零,或者压力根本升不上去。

2.2　磨损引起泄漏

在钻进和起下钻过程中,钻具与套管摩擦使套管发生磨损,当套管严重磨损穿孔之后会导致套管柱泄漏;油管在弯曲井段很容易与抽油杆摩擦发生磨损,当油管严重磨损穿孔之后会导致油管柱泄漏。

2.3　管体加工缺陷引起泄漏

管体存在加工缺陷时也能引起泄漏事故。

(1) 孔洞。

孔洞属于穿透型缺陷,存在孔洞的油(套)管下井使用会导致泄漏事故。孔洞的几何形状比较规则,在生产线上电磁探伤时缺陷信号不明显,如果工厂检验把关不严,存在此类缺陷的管子很容易漏检。

(2) 折叠。

油(套)管上存在的折叠类缺陷在使用过程中会扩展穿透管壁发生泄漏。折叠缺陷是在扎制过程中形成的,通常与径向或轴向的夹角小于45°。

2.4 预防措施

(1) 对油(套)管管体质量、螺纹加工质量、螺纹脂和工厂上扣连接质量,在生产过程中进行监督检验,确保油(套)管的密封性能和连接强度,杜绝带缺陷管进入现场。

(2) 严格执行现场操作规程,保证螺纹脂质量及油(套)管接头现场端上扣连接质量和密封性能。

(3) 对已发生的油(套)管泄漏事故进行失效分析,并将分析结果及时反馈到工厂和油田,以防同类事故再次发生。

3 结语

油(套)管粘扣和泄漏事故与螺纹加工质量、表面处理质量、螺纹脂质量以及使用操作等有关,是一个复杂的系统工程问题。为了预防或者减少油、套管粘扣和泄漏事故,应当从螺纹接头质量控制、内外螺纹接头参数匹配、螺纹脂优选和现场使用操作等方面采取预防措施。

参 考 文 献

[1] 吕拴录,杨龙,韩勇,等.特殊螺纹接头油套管选用中存在的问题及使用注意事项 [J].石油技术监督,2005,21(11):12-14.

[2] 吕拴录,常泽亮,吴富强,等.N80 LCSG套管上、卸扣试验研究 [J].理化检验—物理分册,2006,42(12):602-605.

[3] 吕拴录,刘明球.J55平式油管粘扣原因分析 [J].机械工程材料,2006(3):69-71.

[4] 吕拴录.API圆螺纹套管紧密距检验过程螺纹损伤原因分析 [J].石油专用管,2001(3):23-26.

[5] 袁鹏斌,吕拴录,姜涛,等.进口油管脱扣和粘扣原因分析 [J].石油矿场机械,2008,(3):78-81.

[6] 吕拴录.φ88.9×6.45mm UP TBG J55油管粘扣原因分析 [J].石油专用管,2006(4):18-21.

[7] 吕拴录,张锋,吴富强,等.进口P110EU油管粘扣原因分析及试验研究 [J].石油矿场机械,2010,39(6):55-57.

[8] 吕拴录,康延军,孙德库,等.偏梯形螺纹套管紧密距检验粘扣原因分析及上卸扣试验研究 [J].石油矿场机械,2008,37(10):82-85.

[9] 刘卫东,吕拴录,韩勇,等.特殊螺纹接头油套管验收关键项目及影响因素 [J].石油矿场机械,2009,38(12):23-36.

[10] SY/T 5199—1997套管、油管和管线管用螺纹脂 [S].石油工业行业标准.

[11] 吕拴录,卫遵义,葛明君.油田套管水压试验结果可靠性分析 [J].石油工业技术监督 2001(11):9-14.

[12] 吕拴录,骆发前,陈飞,等.牙哈7X-1井套管压力升高原因分析 [J].钻采工艺,2008,31(1):129-132.

原载于《石油矿场机械》2011,40(4):21-25.

偏梯形螺纹套管紧密距检验粘扣原因分析及上卸扣试验研究

吕拴录[1,2]　康延军[1]　孙德库[1]　吴富强[1]　张　锋[1]　胡志利[1]

（1. 塔里木油田；2. 中国石油大学（北京））

摘　要：塔里木油田在检验 ϕ339.7mm×12.19mm N80 偏梯形螺纹套管过程中对发生的粘扣问题进行了调查研究，并取样进行了上卸扣试验后认为，粘扣原因是在检验紧密距过程中环规在旋合时与外螺纹接头配合状态不正常，在局部区域形成过盈干涉所致。选用适当的润滑油可以减小粘扣的概率；经过表面处理的螺纹接头在检验紧密距过程中不容易发生粘扣。要保证该批套管正常上扣连接使用，必须使用对扣器和引扣钳，并采用低速上扣。

关键词：偏梯形螺纹；套管；紧密距；粘扣；上卸扣

塔里木油田在商检过程中发现 ϕ339.7mm×12.19mm N80 偏梯形螺纹套管检验紧密距之后外螺纹接头发生粘扣（图1）和划伤。外螺纹接头粘扣位置主要在靠上部位置（9~15点位置）螺纹承载面。在检验紧密距过程中，采用螺纹脂润滑的外螺纹接头不容易发生粘扣，而采用机油润滑的外螺纹接头容易粘扣。

为验证该批套管的抗粘扣性能，并采取措施将该批套管安全下井，对该批套管抽样进行了上卸扣试验研究。

图1　检验紧密距之后外螺纹接头损伤形貌

1 螺纹检验

套管试样除外螺纹接头在检验紧密距时因为粘扣无法检验之外，其余螺纹参数均符合 API SPEC 5B 规定。

2 上卸扣试验结果

套管上卸扣试验按照 API RP 5C5 和油田订货技术要求执行，上卸扣所用的螺纹脂为 Best life-2000。试验结果见表1和图2至图5。

表1 套管上卸扣试验结果

试验编号	上卸扣次数	上扣位置（mm）	上扣扭矩（N·m）	卸扣扭矩（N·m）	试验结果
1ZA-1ZB	第1次	7.30	7080	9577	（1）外螺纹第1扣导向面和第7扣导向面和轻微划伤； （2）内螺纹完好； （3）修扣
	第2次	1.69	5658	5011	（1）外螺纹第12扣齿顶轻微划伤12mm； （2）内螺纹完好
	第3次	1.87	5636	—	未卸扣
2ZA-2ZB	第1次	6.86	17524	17918	（1）外螺纹第11扣导向面靠齿顶位置轻微划伤300mm； （2）内螺纹第1和第2扣齿顶发亮，第10扣导向面轻微划伤65mm； （3）修扣
	第2次	6.94	16256	17875	（1）外螺纹粘扣位置距接头端面距离为72.86~112.52mm（第13~22扣），大约85%圆周承载面严重粘扣，其中第13~17扣粘扣最严重。未粘扣的15%圆周区域（160mm弧长）管体凹陷； （2）内螺纹第1扣承载面严重粘扣，第1~3扣齿顶划伤。第10扣导向面靠齿顶位置轻微划伤； （3）用锉刀修扣
	第3次	6.30	27199	—	未卸扣
3ZA-3ZB	第1次	5.24	11135	0	—
		6.54	14418	13633	（1）外螺纹第14~15扣齿底轻微划伤； （2）内螺纹第1~3扣发亮，第1扣承载面轻微翻边，第6扣齿顶轻微划伤12mm
	第2次	6.36	15482	16393	（1）外螺纹第23扣齿顶划伤； （2）内螺纹第1~7扣发亮，第1扣承载面轻微翻边，齿底划伤12mm
	第3次	-3.46	3913	—	未卸扣

注：上扣位置为接箍端面距△底边的距离，正值表示接箍端面超过底边，负值表示接箍端面还不到底边。

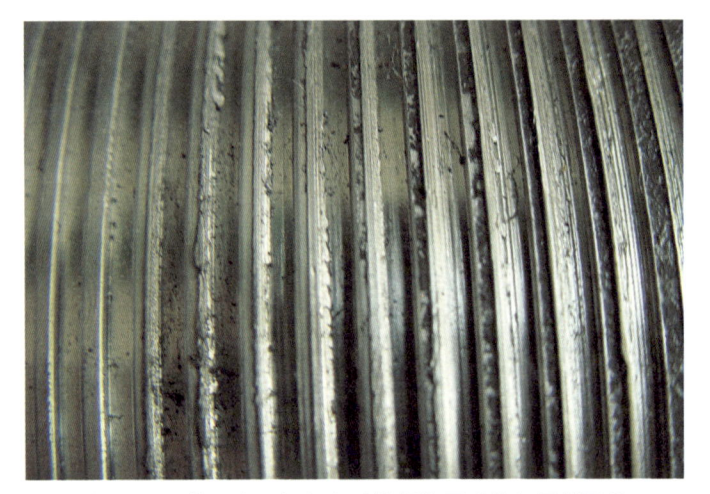

图2 2ZA第2次上卸扣之后外螺纹严重粘扣局部形貌

图3 2ZA第2次上卸扣之后内螺纹严重粘扣形貌

图4 3ZA第1次上卸扣之后外螺纹第14~15扣齿底划伤形貌

图5 3ZA第2次上卸扣之后外螺纹第23扣齿顶划伤形貌

试验结果表明，1ZA第1次和第2次上卸扣之后外螺纹发生了划伤；2ZA第1次上卸扣之后，内螺纹和外螺纹发生轻微划伤，第2次上卸扣之后，内螺纹和外螺纹发生严重粘扣；3ZA第1~2次上卸扣之后，内螺纹和外螺纹接头发生划伤。

3 结果分析

3.1 在检验紧密距过程中粘扣原因分析

（1）旋合扭矩。

上扣扭矩越大越容易粘扣[1]。环规与外螺纹接头旋合的扭矩为1个人的臂力，约为试验室第1次上扣扭矩的0.5%~1.2%。在检验紧密距过程中外螺纹接头发生粘扣，而在试验室第1次上卸扣之后螺纹接头仅发生划伤，说明外螺纹接头粘扣原因与上扣扭矩关系不大，粘扣还有其他原因。

（2）偏斜旋紧。

φ339.7mm套管环规自重达25.55kg，在水平旋紧过程中，由于环规自重的影响，检验人员很难保证环规和套管外螺纹接头同轴旋合，导致环规局部区域与外螺纹过盈干涉发生粘扣[2]。外螺纹接头粘扣位置主要在靠上部位置（9~15点位置）螺纹承载面，说明环规与外螺纹接头在靠上部位置干涉最严重。

（3）螺纹接头表面处理。

表面处理可以增强螺纹接头抗粘扣的能力。在检验紧密距过程中，粘扣的全是外螺纹接头，而内螺纹接头完好。外螺纹接头没有经过表面处理，内螺纹接头经过了磷化处理，说明螺纹接头磷化处理对防止粘扣有非常明显的效果。

（4）润滑。

采用润滑性能好的润滑剂可以减少螺纹量规与套管螺纹之间的摩擦和粘扣及损伤。实际情况是采用螺纹脂润滑的外螺纹接头不容易发生粘扣，而采用机油润滑的外螺纹接头容易粘扣，主要与螺纹脂和机油的摩擦因数及润滑性能不同有关。采用螺纹脂虽然有利于防止粘扣，却会影响检验结果。因此，在检验紧密距时不宜采用螺纹脂润滑。

3.2 套管抗粘扣性能和安全使用

试验结果表明，在试验室人工手平对扣、用手旋合引扣到位、上扣速度为5～10r/min的情况下，第1次上卸扣之后有3根套管试样都有轻微划伤；第2次上卸扣之后在3根试样中有1根试样发生严重粘扣。说明该批套管抗粘扣性能存在问题。

偏斜对扣、不引扣或引扣不到位、快速上扣是导致套管在下井过程中粘扣的主要因素[2,3]，要保证该批套管正常上扣连接，就必须保证对扣和引扣质量，并严格控制上扣速度。使用对扣器是防止套管内螺纹和外螺纹偏斜对扣的有效方法；使用引扣钳是保证引扣到位、防止错扣的有效方法[4]。一般液压套管钳上扣速度有低挡和高挡，在挡位一定的情况下，上扣速度还与油门大小有关，油门越小，上扣速度越慢。为防止套管螺纹接头损伤和粘扣，在开始上扣时应当尽量采用低速[5]。

4 结论及建议

（1）由于套管外螺纹接头加工质量不合格，在检验紧密距过程中存在粘扣问题。
（2）第1次上卸扣之后3根套管试样均存在划伤问题，第2次上卸扣之后3根试样中有1根发生粘扣。
（3）建议该批套管下井时应使用对扣器和引扣钳，以防止错扣和粘扣。

参 考 文 献

[1] 吕拴录. API圆螺纹套管紧密距检验过程螺纹损伤原因分析[J]. 石油专用管 2001（3）：23-26.
[2] 吕拴录，常泽亮，吴富强，等. N80 LCSG套管上、卸扣试验研究[J]. 理化检验—物理分册，2006，42（12）：602～605.
[3] 吕拴录，刘明球，王庭建，等. J55平式油管粘扣原因分析[J]. 机械工程材料，2006，30（3）：61-63.
[4] 吕拴录. ϕ88.9×6.45mm UP TBG J55油管粘扣原因分析[J]. 石油专用管，2006（4）：18-21.
[5] 袁鹏斌，吕拴录，姜涛，等，进口油管脱扣和粘扣原因分析[J]. 石油矿场机械，2008，37（3）：74-77.

原载于《石油矿场机械》2008，Vol.37（10）：82-58.

非 API 油(套)管失效典型案例分析及综述

塔里木油田库车山前超高压气藏是世界上少有的气藏富集区域,其地质情况复杂,油气埋藏深(8882m),地层压力高(136MPa)、温度高(186℃)。天然气中 CO_2 平均含量为 0.97%(0.13%~4.86%),不同区块 H_2S 含量差异较大,地层水 Cl^- 含量高。部分气井为高温、超高压、超深气井,对油(套)管的气密封、连接强度等性能要求较高,加之开发过程应用的酸化/压裂等增产措施,对油、套管提出了更苛刻的要求,常规 API 油(套)管已无法满足钻完井技术发展对油(套)管的需求。因此,塔里木油田陆续应用及开发了非 API 特殊螺纹油(套)管。

目前,非 API 油(套)管已经在塔里木油田勘探开发过程中发挥了很大的作用,但同时在商检和使用过程中也发现了不少问题。通过对非 API 油(套)管典型案例分析,调查和研究商检过程及现场使用效果,总结塔里木油田订购的国产和进口的非 API 油(套)管普遍存在的问题及采取的预防措施,对于保证油田安全勘探开发生产,及国内外油气田非 API 油(套)管的应用指导有重要的价值。

塔里木油田特殊倒角接箍油管的应用分析

杨向同[1]　吕拴录[1,2]　闻亚星[2]　李　宁[1]　黄世财[1]　耿海龙[1]

（1. 塔里木油田油气工程研究院；

2. 中国石油大学（北京）材料科学与工程系）

摘　要：通过对塔里木油田油管使用情况进行调查研究，认为90°台肩接箍油管在起下作业过程中容易损坏封井器密封胶芯，在套管柱结构变化处、在水平井和大斜度井经常阻卡。对现有18°特殊倒角接箍油管和20°特殊倒角接箍油管使用效果进行调查研究，认为采用这两种特殊倒角接箍油管均可以避免上述问题。对18°特殊倒角接箍油管和20°特殊倒角接箍油管在使用过程中的受力状态进行了分析计算，认为18°特殊倒角接箍台肩承载面比20°特殊倒角接箍承载面受力更合理。为了减少油管品种，并保证油管使用性能，应当采用18°特殊倒角接箍油管。对如何从现有的90°台肩接箍油管和20°特殊倒角接箍油管过渡到18°特殊倒角接箍油管提出了具体的建议。

关键词：油管；接箍；特殊倒角；阻卡；塔里木油田

目前，大多数油田采用90°台肩接箍油管，但90°台肩接箍油管在起下作业过程中容易损坏封井器密封胶芯，在套管柱结构变化处、在水平井和大斜度井经常阻卡。为解决这些问题，塔里木油田采用了特殊倒角接箍油管，并取得了良好的效果。由于历史原因，塔里木油田现有90°台肩接箍油管、18°特殊倒角接箍油管和20°特殊倒角接箍油管。同一尺寸规格的油管采用3种台肩角度的接箍，这就增加了油管品种，给油管及吊卡订货带来麻烦，给油管使用管理增加了难度。为了减少油管品种，塔里木油田几年之前就试图统一油管接箍台肩形状，但由于技术人员对现有90°台肩接箍油管、18°特殊倒角接箍油管和20°特殊倒角接箍油管优缺点认识不同，无法达成一致意见。因此，应当对塔里木油田现有90°台肩接箍油管、18°特殊倒角接箍油管和20°特殊倒角接箍油管使用情况进行全面调查研究，分析不同角度台肩接箍受力状态和优缺点，最终优选结构合理、使用性能良好的油管品种。

1　90°吊卡台肩接箍油管存在的问题

1.1　对环形封井器密封胶芯摩擦损坏严重

在起下油管柱作业过程中，油管接箍90°台肩对环形封井器密封胶芯摩擦损坏严重，在冲砂等作业过程中易出现井喷问题，无法正常进行带压起下管柱作业。依据其他油田经验[1]，对于井口压力低于0.5MPa的油水井，液压系统压力保持在8MPa以下，可实现有效密封，但一口井一般要损坏1个胶芯。对于井口压力高于0.5MPa的油水井，损坏的胶芯更多。依据某油田统计结果，即使严格执行操作规程，单井平均损坏胶芯都达5个，个别井损坏的胶芯多达10余个。频繁更换胶芯不但非常麻烦，而且劳动强度大。这不仅增加了作业成本，而且严重影响了作业时效。为避免或减少胶芯损坏，有些作业服务公司不得不采用不带压作业修井。

采用带压作业装置的目的是保护油气藏,减少或避免压井作业对油气藏的影响或破坏。带压作业装置在接近常压的油井使用一年后,发现油管接箍90°台肩将胶芯摩擦损坏之后,胶芯残片落入油井,导致油泵入口不同程度堵塞,影响泵效,甚至导致卡泵停井。

1.2 在套管柱结构变化处容易阻卡

在套管柱回接喇叭口变径位置或者套管尺寸规格变化位置,由于套管内径发生了突变,在起下油管柱过程中接箍90°台肩位置容易挂卡。例如克深2井,油管柱下井到ϕ139.7mm喇叭口变径位置时遇阻,不得不旋转管柱下井,2小时才能下入1根油管。

1.3 容易磨损井口设备

在下油管柱过程中,受现场各种因素影响,游动滑车轻微摆动,或油管柱和井口不同心,经常发生油管接箍90°台肩与封井器和采油四通等碰撞,致使井口设备磨损[2,3],井口套管磨损、卷边和缩径,大工具难以下井。此外,油管接箍90°台肩位置也容易损伤。

1.4 水平井和大斜度井等容易阻卡

水平井和大斜度井套管下部不可避免存在沙泥淤积,特别是在裸眼水平井段起下油管柱作业过程中,本身就存在很大的摩阻,要求油管柱外壁不能有大的结构突变。水平井和大斜度井的裸眼井油管接箍90°台肩增加了起下油管阻力,台肩更容易挂卡,甚至易出现砂卡。此外,油管接箍90°台肩对套管内壁磨损严重。

2 特殊倒角接箍油管的应用

为了解决90°台肩接箍油管在使用过程中存在的问题,塔里木油田使用了API Spec 5CT规定的20°特殊倒角接箍油管和非API标准18°特殊倒角接箍油管。

2.1 技术创新

2.1.1 API油管接箍采用2种倒角

(1) API油管接箍两端采用API Spec 5CT规定的20°特殊倒角(图1)。

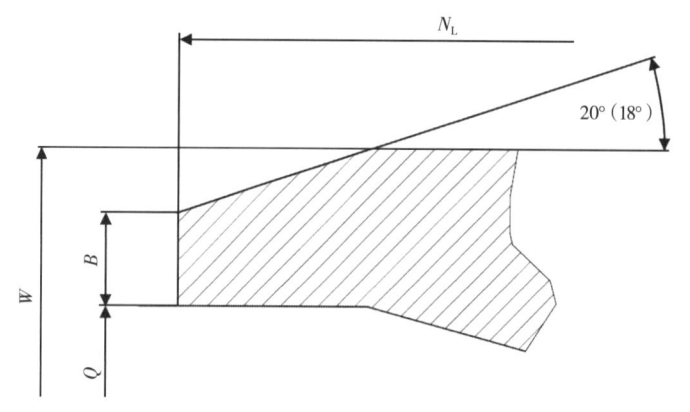

图1 API油管接箍两端采用API Spec 5CT规定的20°(18°)特殊倒角
N_L—接箍长度;W—接箍外径;Q—接箍镗孔直径;B—接箍台肩宽度

（2）API油管接箍两端也采用了非API标准的18°特殊倒角（图1），螺纹接头参数与API Spec 5CT和API Spec 5B要求相同。原因是塔里木油田曾经使用过90°台肩钻杆和18°台肩钻杆，发现18°台肩钻杆性能远远优于90°台肩钻杆[4]。依据油田多年使用18°台肩钻杆的成功经验，塔里木油田API油管接箍两端也采用了非API标准的18°特殊倒角。

2.1.2 特殊螺纹接头油管接箍

特殊螺纹接头油管接箍两端采用18°特殊倒角（图2）。特殊螺纹接头油管接箍螺纹参数与API油管接箍螺纹参数不同。

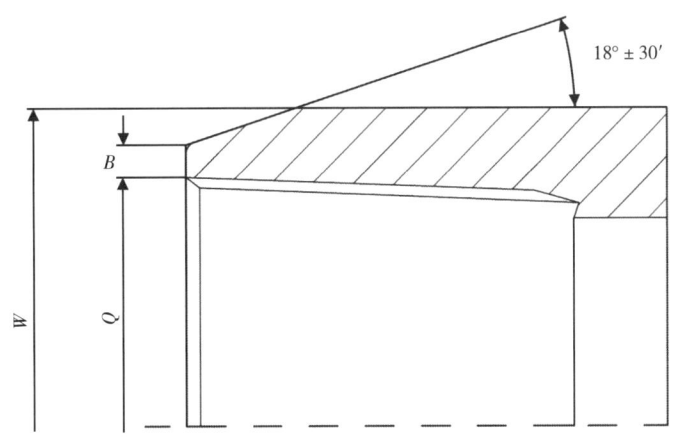

图2 特殊螺纹接头油管接箍特殊倒角要求
W—接箍外径；Q—接箍镗孔直径；B—接箍台肩宽度

2.2 应用效果

（1）特殊倒角接箍油管有利于带压起下管柱作业。特殊倒角接箍油管柱在起下作业过程中，接箍台肩不容易与封井器和采油四通等碰撞。特殊倒角接箍油管柱在起下作业过程中可以直接通过环形封井器，在一定压力范围内，有利于带压起下管柱作业。

（2）特殊倒角接箍油管柱可以顺利通过套管柱结构变化处。特殊倒角接箍油管柱在起下作业过程中，在套管柱尺寸规格变化位置不会挂卡，可以顺利通过。

（3）特殊倒角接箍油管柱在起下作业过程中摩阻小，有利于保证在斜井段、水平井段和裸眼水平井段起下管柱作业，同时也减轻了油管柱外壁与套管柱内壁磨损。

3 特殊倒角接箍油管受力分析及优选

3.1 特殊倒角接箍油管受力分析

20°特殊倒角接箍油管和18°特殊倒角接箍油管均能满足塔里木油田使用要求，那么这两种油管哪个更好呢？这就要对比分析两者的受力状态。

在使用过程中，油管接箍受力可以简化为图3所示的模型，接箍受管柱重力G作用，垂直斜面方向支持力F_N作用和摩擦力f作用。接箍特殊倒角垂直斜面方向应力可按照式（1）进行计算。

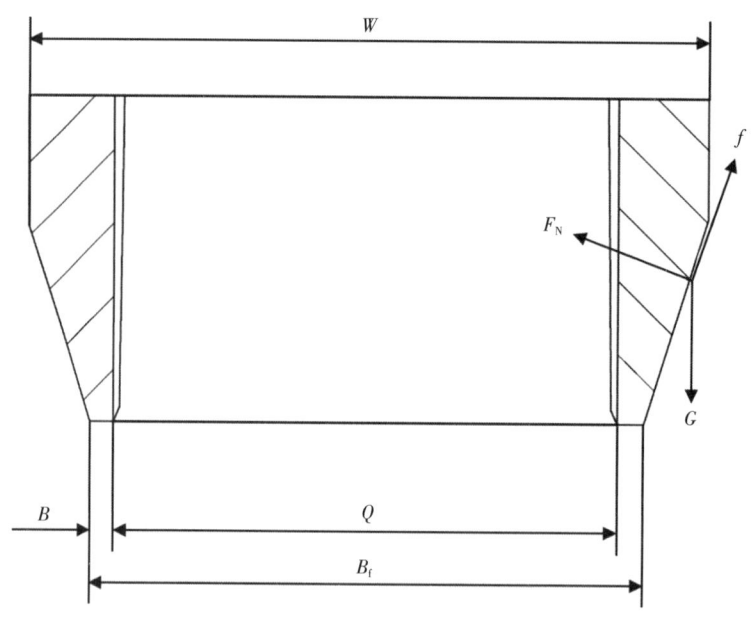

图3 API油管接箍受力示意图

垂直斜面方向支持力 F_N 计算如下：

$$\sigma_N = F_N/S = G \cdot \sin\alpha/S \tag{1}$$

式中 σ_N——接箍特殊倒角垂直斜面方向应力，MPa；
F_N——油管接箍特殊倒角垂直斜面方向的支持力，N；
α——油管接箍特殊倒角，API标准特殊倒角 α 为20°，非API标准特殊倒角 α 为18°；
S——接箍锥面接触面积，m²；
G——接箍受管柱重力，N。

对于20°特殊倒角接箍，接箍锥面接触面积 S 计算如下：

$$S = 0.25\pi(W^2 - B_f^2)/\sin\alpha \tag{2}$$

式中 W——接箍外径，m；
B_f——接箍倒角直径，m。

对于18°特殊倒角接箍，接箍锥面接触面积 S 计算如下：

$$S = 0.25\pi[W^2 - (Q + 2B)^2]/\sin\alpha \tag{3}$$

式中 W——接箍外径，m；
Q——接箍镗孔直径，m；
B——接箍台肩宽度，m。

按照以上公式对油管接箍2种特殊倒角垂直斜面方向支持力 σ_N 计算，结果见表1。

表1 油管接箍特殊倒角垂直斜面方向应力 σ_N 计算结果

管体外径 D (mm)	接箍特殊倒角垂直斜面方向应力 σ_N (MPa)				20°EU/18°EU (%)	20°EU/18°NU (%)
	API标准20° 特殊倒角接箍		非API标准18° 特殊倒角接箍			
	EU	NU	EU	NU		
73.02	114.1	110.7	116.3	101.1	98.1	109.5
88.90	71.4	75.8	65.6	69.6	108.8	108.9
101.60	64.0	67.5	58.8	62.0	108.8	108.9
114.30	52.9	65.7	44.5	66.1	118.9	99.4
平均值	75.6	79.9	71.3	74.7	106.0	107.0

3.2 计算结果对比

由表1可知，管体外径73.02mm油管采用API标准20°特殊倒角接箍或非API标准18°特殊倒角接箍时，外加厚油管接箍倒角垂直斜面方向应力比平式油管大。管体外径73.02mm外加厚油管采用API标准20°特殊倒角接箍比采用非API标准18°特殊倒角接箍倒角垂直斜面方向应力小，平式油管则相反。

管体外径88.9mm和101.60mm油管采用API标准20°特殊倒角接箍或非API标准18°特殊倒角接箍时，外加厚油管接箍倒角垂直斜面方向应力比平式油管小；管体外径88.9mm、101.60mm加厚油管和平式油管采用API标准20°特殊倒角接箍比采用非API标准18°特殊倒角接箍时接箍倒角垂直斜面方向应力大。

管体外径114.30mm油管采用API标准20°特殊倒角接箍或非API标准18°特殊倒角接箍时，外加厚油管接箍倒角垂直斜面方向应力比平式油管小；管体外径114.30mm外加厚油管采用API标准20°特殊倒角接箍比采用非API标准18°特殊倒角接箍倒角垂直斜面方向应力大，平式油管则接近；管体外径114.30mm外加厚油管采用非API标准18°特殊倒角接箍倒角垂直斜面方向应力最小。

管体外径114.3mm油管采用API标准20°特殊倒角接箍和非API标准18°特殊倒角接箍倒角垂直斜面方向应力差别不超过18.9%，其余规格油管采用API标准20°特殊倒角接箍和非API标准18°特殊倒角接箍倒角垂直斜面方向应力差别不超过10.0%。采用非API标准18°特殊倒角接箍时，4种规格油管特殊倒角垂直斜面方向应力平均值比API标准20°特殊倒角接箍小，两者之差不超过7.0%。总体来看，非API标准18°特殊倒角接箍比API标准20°特殊倒角接箍受力更合理。

3.3 油管特殊倒角接箍优选

目前，API标准20°特殊倒角接箍和非API标准18°特殊倒角接箍油管在塔里木油田使用效果均很好，但是油管品种和吊卡品种增加了一倍。这对于油田订货、使用管理带来不少麻烦，应尽快统一特殊倒角接箍油管标准。从油管接箍特殊倒角位置所受应力方面考虑，非API标准18°特殊倒角接箍油管比API标准20°特殊倒角接箍油管更好，且两者加工成本没有多大差异，今后应统一订购非API标准18°特殊倒角接箍油管。另外，考虑到现有特殊螺纹接头油管接箍为18°特殊倒角，API油管采用非API标准18°特殊倒角接箍之后，特殊螺纹接头油管和 API 螺纹接头油管可以统一使用 18°台肩吊卡。因此，塔里木油田应统一采用 18°特殊倒角接箍油管。

4 现有两种特殊倒角接箍油管和吊卡的处理

（1）对于现有的 API 标准 20°特殊倒角接箍油管，使用 20°台肩吊卡，使用完为止。

（2）非 API 标准 18°特殊倒角接箍油管可否使用剩余的 20°台肩吊卡，应依据下面受力分析结果来定。

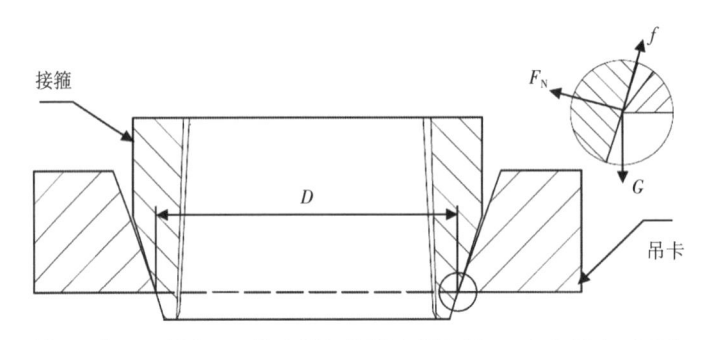

非 API 标准 18°特殊倒角接箍油管使用 20°台肩吊卡时受力如图 4 所示。由于 18°特殊倒角接箍和 20°台肩吊卡不匹配，使用后吊卡对接箍的作用力并不是分布在斜面上，而是吊卡台肩下沿圆周边界与接箍台肩线接触，随着管柱质量增加，吊卡与接箍由线接触变为面接触。

图 4 非 API 标准 18°特殊倒角接箍油管使用 20°台肩吊卡时受力

依据 API Spec 8C 规定的特殊倒角接箍油管吊卡示意图（图 5）。

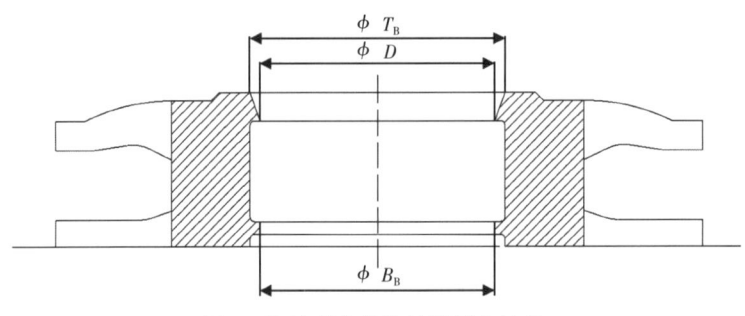

图 5 特殊倒角接箍油管吊卡结构

由式（1）可得 18°特殊倒角接箍和 20°台肩吊卡匹配，两者接触宽度为 x 时的接箍特殊倒角垂直斜面方向应力 σ_N：

$$\sigma_N = F_N/S = G \cdot \sin\alpha/S = G \cdot \sin\alpha/(\pi D x) \tag{4}$$

式中 G——接箍受管柱重力，N；

D——吊卡下孔直径，m；

x——接箍锥面与吊卡锥面接触长度，m。

计算结果表明，非 API 标准 18°特殊倒角接箍油管使用 20°台肩吊卡时，接箍斜面应力集中严重[5]，接箍斜面上应力急剧上升，故非 API 标准 18°特殊倒角接箍油管不宜使用 20°

台肩吊卡。

（3）可将剩余的 20°台肩吊卡机加工改为 18°台肩吊卡。

5 结论及建议

（1）API 标准 20°特殊倒角接箍和非 API 标准 18°特殊倒角接箍两种形式油管在塔里木油田使用效果均很好，有效地解决了 90°台肩接箍油管在使用过程中存在的问题。

（2）油管采用非 API 标准 18°特殊倒角接箍比 API 标准 20°特殊倒角接箍受力更合理，且两者加工成本没有多大差异。建议：将现有库存的 API 标准 20°特殊倒角接箍油管使用完为止，今后订货统一采用非 API 标准 18°特殊倒角接箍油管和 18°台肩吊卡；可将剩余的 20°台肩吊卡机加工改为 18°台肩吊卡。

参 考 文 献

[1] 朱文琪，沈路，韩守连，等．油水井管柱台肩的改进［J］．石油矿场机械，2014，43（9）：100-102.
[2] 许峰，吕拴录，康延军，等．井口套管磨损失效原因分析及预防措施研究［J］．石油钻采工艺，2011，33（2）：140-142.
[3] 吕拴录，滕学清，李晓春，等．（KS203 井）某井口设备偏磨原因分析［J］．石油钻采工艺，2013，35（1）：118-121.
[4] 吕拴录，袁鹏斌，姜涛，等．钻杆 NC50 内螺纹接头裂纹原因分析［J］．石油钻采工艺，2008，30（6）：104-107.
[5] 吕拴录，秦宏德，江涛，等．73.0mm×5.51mm J55 平式油管断裂和弯曲原因分析［J］．石油矿场机械，2007，36（8）：47-49.

原载于《石油钻采工艺》2015，37（4）：127-130.

套压异常升高现状调查研究及原因分析

冯广庆[1] 吕拴录[1,2] 王振彪[2] 李元斌[2] 周理志[2]
刘明球[2] 彭建云[2] 邱 军[2] 黄世财[2]

(1. 中国石油大学（北京）材料科学与工程系；2. 塔里木油田)

摘 要：对塔里木油田套压升高的情况进行了系统调查和统计分析，认为完井管柱内流体温度变化导致套压升高量很小，且维持时间很短；一旦正常生产，完井管柱内流体温度变化导致套压升高的现象会自动消失。完井管柱接头不密封是导致套压升高的真正原因，完井管柱接头的密封性能与接头设计特性、上扣扭矩、对扣和引扣等有关。

关键词：套压；完井管柱；密封；泄漏

套压升高是指完井作业之后，油管和生产套管环空压力自动升高，或者技术套管内压升高的现象。近年来，塔里木油田多口高压油气井套压升高，造成了巨大的经济损失，并潜藏了严重的事故隐患。高压油气井套压升高涉及许多因素，是一个很复杂的系统工程问题。

1 套压升高现状

塔里木油田不同区块高压油气井套压升高现状调查结果如下。

迪那 2 气田所用的油管全是 13Cr 特殊螺纹接头油管，9 口井已经出现套压升高现象，套压升高的井占总井数的 81.8%。其中，套压与油压之比超过 50% 的井有 5 口，占 55.6%。DN2-8 井第一次下的完井管柱泄漏，套压高达 78.7MPa，该井不得不进行修井作业，起出油管柱，重新下新油管柱。DN2-6 井使用的 13Cr 特殊螺纹接头油管刚开始试采，油压 88.2MPa，套压达到 62.1MPa，只得停产关井，更换管柱。

YM 气田所用的全是 13Cr 特殊螺纹接头油管，投产 1 年后就有 34 口井出现套压升高现象，套压升高的井占总井数的 75.6%。其中，16 口井套压与油压之比大于等于 50%，YT3 井套压和油压相等。

YH 气田所用的油管投产 1 年之后有 18 口井出现套压升高现象，套压升高的井占总井数的 94.7%（18/19）。其中，15 口井用的是 13Cr 特殊螺纹接头油管，1 口井用的是 N80NU 油管，2 口井用的是 PSST 涂层特殊螺纹接头油管；11 口井套压与油压之比超过 50%，占 61.1%。YH23-1-H26 井油压为 30MPa，套压达到 36.5MPa。YH7X-1 井油压为 25.9MPa，套压达到 25.8MPa。YH301 井油压 21.2MPa，套压 26.5MPa。

KL2 气田所用的全是 13Cr 和超级 13Cr 特殊螺纹接头油管，投产 1 年后有 17 口井出现套压升高现象，套压升高的井占总井数的 94.4%。其中，套压与油压之比大于 50% 的井有 10 口。KL203 井油压为 55.64MPa，套压达到 56MPa。

2 套压升高原因分析

2.1 温度变化对套压的影响

在完井投产初期，由于井底地层流体温度高于地面，当地层流体经过完井管柱到达地面的过程中，其热量会传导和辐射到完井管柱和生产套管之间的环空，导致环空温度升高。当环空介质受热膨胀，会使环空压力升高。由于温度变化导致的套压变化不大，其值远小于套管抗内压强度，且套压变化时间很短，不会产生任何安全隐患，一般不予考虑。

2.2 完井管柱泄漏对套压的影响

完井管柱里边的高压天然气等流体泄漏之后会串入套管，导致套压升高。由于完井管柱泄漏导致的套压升高已经接近油管内压强度，存在安全隐患，应予以高度重视。

3 实例分析

完井管柱泄漏不仅与油管质量有关，也与管柱设计、使用操作不当有关[1-6]。

3.1 YH7-X1井套管压力升高原因分析

2006年5月YH7-X1井套管压力异常升高，不得不进行修井作业。对井内起出的油管逐根检查，发现大多数油管接头扭矩台肩部位严重变形（图1）。

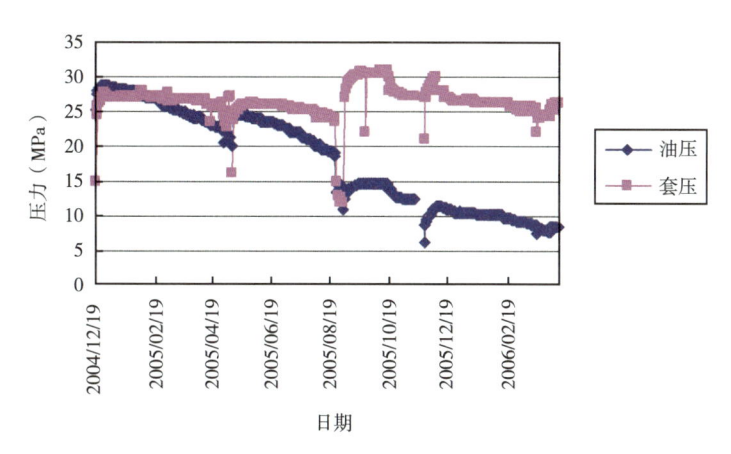

图1 YH7-X1井油管压力和套管压力随时间变化情况

YH7X-1井所用的油管为普通材质特殊螺纹接头油管。该特殊螺纹接头是靠外螺纹接头球面与内螺纹接头的锥面弹性过盈配合来实现金属密封的。当拉伸载荷达到一定程度时，油管接头扭矩台肩会脱开，内螺纹和外螺纹接头金属密封面会产生相对位移，容易导致内螺纹和外螺纹接头金属密封面接触压力降低，最终发生泄漏。上扣扭矩是保证接头密封的主要参数之一。油管柱在井下受到轴向载荷时接头金属密封面接触压力会发生变化，为保证油管柱在井下受到轴向载荷时油管接头仍然具有一定的密封性能，上扣扭矩既要保证接头密封面有一定接触压力，又要保证台肩部位有足够的接触压力。上扣扭矩过大，扭矩台肩会发生变形，使接头失去密封性能；上扣扭矩不足，金属密封面接触压力不足，也不能保证接头密封性能。

YH7X-1井所用的大多数油管特殊螺纹接头已经严重变形，内螺纹和外螺纹接头已经处于非正常的配合状态。油管接头变形之后失去密封，最终导致完井管柱油管接头多处泄漏，套压升高。油管接头严重变形的原因主要是上扣扭矩过大所致（图2，图3）。

图2 YH7-X1井油管外螺纹接头端变形形貌

图3 YH7-X1井内螺纹接头变形形貌

3.2 DN2-8井油管柱泄漏原因分析

DN2-8井2008年3月19日8:00开始酸化作业，20日8:00用10mm油嘴控制放喷求产，油压88.25MPa，套压78.7MPa，为保证套管安全，不得不间断地释放套压（图4）。

DN2-8井所用的油管为13Cr特殊螺纹接头油管。酸化之后套压一直处于上升趋势，这说明油管柱在酸化过程中受到交变载荷之后，泄漏接头越来越多，泄漏通道越来越大，

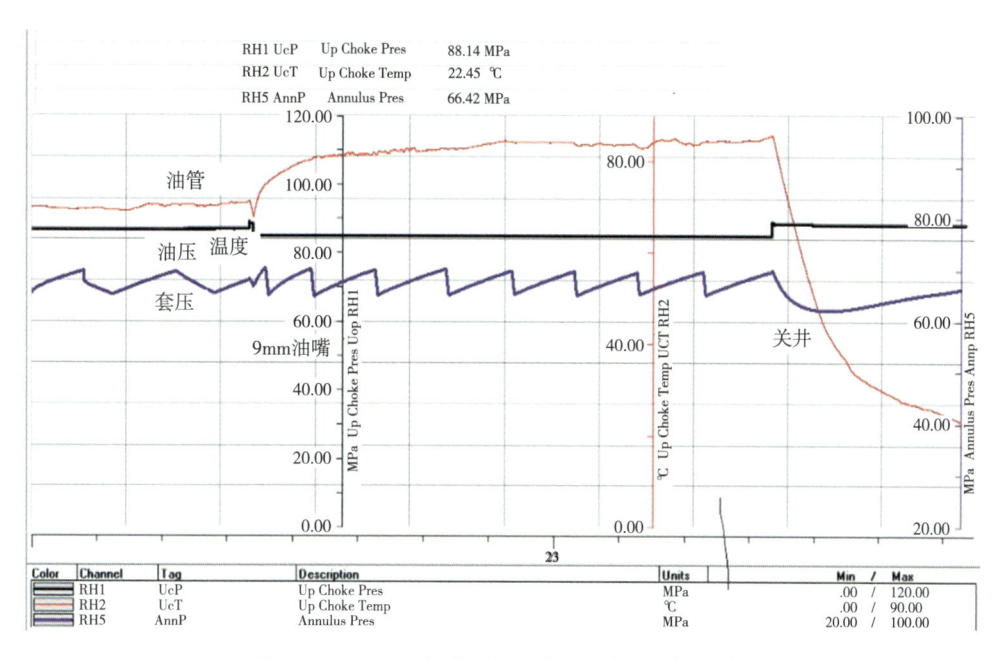

图4 DN2-8井关井之后油压、套压和温度变化

泄漏速度越来越快。DN2-8井套压升高已经威胁到套管的安全，最终不得不马上进行修井作业。

对DN2-8井起出的完井管柱检查结果，91根油管接头现场端泄漏，其中，壁厚为6.45mm的油管现场端86根泄漏，壁厚为7.34mm的油管现场端有5根泄漏。而接头工厂端泄漏的11根油管壁厚全部是6.45mm，7.34mm的油管没有泄漏。同一油管接箍工厂端接头和现场端接头在井下受力条件差别很小，但接头现场端泄漏的比例远大于工厂端（图5，图6）。这与油管接头现场端上扣扭矩小于工厂端上扣扭矩有关。上扣扭矩小，接头金属密封面接触压力不足，容易发生泄漏事故。壁厚为7.34mm的油管虽然处在受拉伸载荷大的井口位置（0~499.29m），但却很少泄漏，这说明适当增加壁厚有利于保证接头密封。

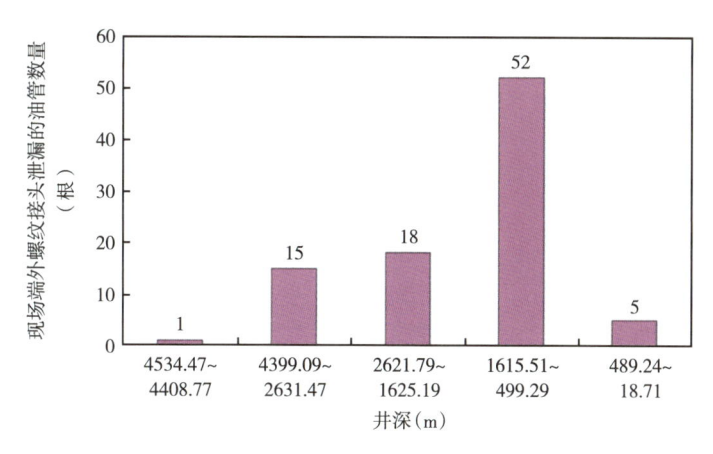

图5 不同井段现场端外螺纹接头泄漏的油管数量

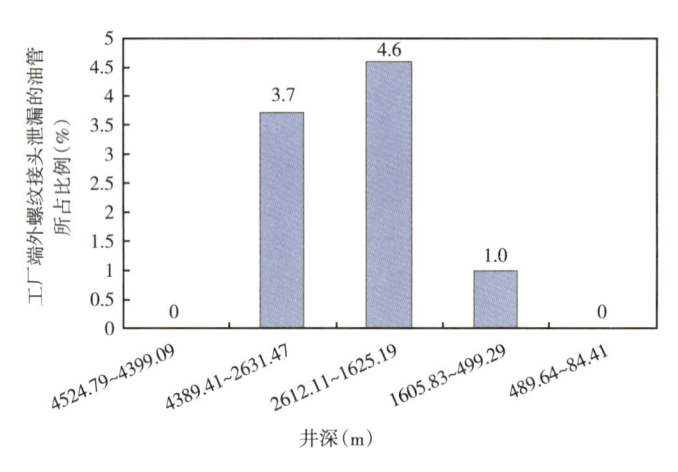

图 6 不同井段工厂端外螺纹接头泄漏的油管所占比例

DN2-8 第 2 次下完井管柱时适当提高了上扣扭矩，严格执行对扣、引扣和上扣等操作规程，完井管柱没有泄漏，套压为零。

4 结论及建议

（1）塔里木油田套压升高的井占的比例很高，套压升高主要是完井管柱油管接头泄漏所致。完井管柱油管接头泄漏与接头本身的密封能力、完井管柱设计和使用操作等有关。

（2）井底流体通过完井管柱流到地面产生的温度效应对套压影响很小，可以不予考虑。

（3）建议对高压气井使用的油管进行严格试验评价。建议在油管下井过程中严格执行油管下井作业规程。

参 考 文 献

[1] 吕拴录，韩勇．特殊螺纹接头油．套管使用及展望 [J]．石油工业技术监督，2003（3）：1-4.
[2] 吕拴录．特殊螺纹接头油套管选用注意事项 [J]．石油技术监督．2005，21（11）：12-14.
[3] 吕拴录，张福祥，李元斌，等．塔里木油气田非 API 油井管使用情况统计分析 [J]．石油矿场机械，2009 年第 7 期：70-74.
[4] 刘卫东，吕拴录，韩勇，等．特殊螺纹接头油、套管验收关键项目及影响因素 [J]．石油矿场机械，2009，38（12）：23-26.
[5] 吕拴录，康延军，刘胜，等．井口套管裂纹原因分析 [J]．石油钻探技术，2009，37（5）：85-88.
[6] 吕拴录，王震，骆发前，等．某气井完井管柱泄漏原因分析 [J]．油气井测试，2010，19（4）：58-60.

原载于《油气井测试》，2012，Vol. 25（5）43-44.

塔里木油气田非 API 油井管使用情况统计分析

吕拴录[1,2]　张福祥[2]　李元斌[2]　周理志[2]
冯广庆[2]　余冬青[3]　历建爱[2]　彭建新[2]

(1. 中国石油大学（北京）；2. 塔里木油田公司
3. 塔里木油田第六勘探公司)

摘　要：对塔里木油田非 API 油井管使用情况进行了统计分析，调查研究了油井管在商检和使用过程中发现的问题，列举了大量失效案例。在总结使用效果的基础上，指出了使用非 API 油井管中存在的问题，提出了应当开展的工作和研究目标。

关键词：API；油管；套管；钻具；统计分析

目前，非 API 油井管已经在塔里木油田勘探开发过程中发挥了很大的作用，但在商检和使用过程中也发现了不少问题。对塔里木油田订购的国产和进口非 API 油井管品种、数量、商检过程中发现的质量问题和使用效果进行调查研究，总结非 API 油井管存在的问题和采取的预防措施，对于用好非 API 油井管，保证塔里木油田正常的勘探开发很有必要。

1　油井管品种统计分析

近 2 年油井管使用情况统计结果显示，API 油管占 38.4%，非 API 油管占 61.6%。API 套管占 40.4%，非 API 套管占 59.6%。

2008 年不同品种钻具订货数量统计结果如图 1 所示。

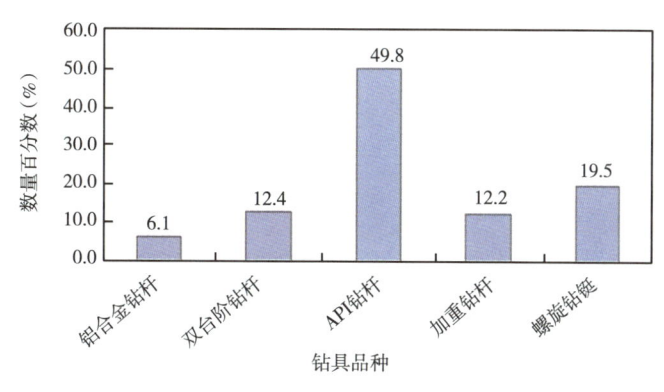

图 1　2008 年钻具订货数量统计

2 使用和商检中出现的问题

2.1 油(套)管粘扣

油(套)管粘扣会降低油、套管的密封性能和承载能力，甚至导致脱扣，最终使油(套)管柱寿命大幅度降低。塔里木油田已经发生多起油(套)管粘扣事故。大量的新油管经过一次作业就因粘扣而报废，造成巨大的经济损失。

1996—1997年，一批国产油管在多口井使用时发生粘扣。经过失效分析认为，该批油管的抗粘扣能力较差，与使用操作不当也有一定关系。2000年，轮南11井的进口油管在试油作业时发生了严重粘扣事故。调查结果是由于作业时的上扣速度（100r/min）远远超过了API RP 5C1规定的上扣速度（<25r/min），油管严重粘扣与上扣速度太快有很大关系。对该批进口油管进行上扣、卸扣试验，结果是油管本身抗粘扣性能不符合API标准。

截至2005年底，大二线料场库存1900t回收的损坏油管。近年来每年回收100t损坏油管（主要来自勘探）。这些回收的废旧油管大多数为粘扣损坏。据2003—2005年初不完全统计结果，从井队回收的损坏油管共337024根，仅2005年就有TZ4-7-56、DH1-5-8、DH1-5-7、LG4等多口开发井发生油管粘扣事故。

2005年3月至2006年10月18日，在西气东输的井中已有12口井油管发生粘扣，其中英买力气田群的完井作业过程中，送井的3900根 ϕ88.9mm×6.45mm 油管中有86根油管发生粘扣和错扣；送井的2800根 ϕ73.0mm×5.51mm 油管中有56根油管发生粘扣和错扣；有2根油管短节发生粘扣。

塔里木油田套管粘扣问题实际上非常严重，但并没有引起人们的高度重视。因为在大多数情况下，套管上扣后一般不卸扣，套管粘扣后往往不容易被发现，除非下套管遇阻后出井检查才能发现粘扣；或由于粘扣非常严重，上扣之后外露扣太多，卸扣检查才能发现粘扣。2003年大北2井下 ϕ127.0mm 尾管遇阻，检查发现所有套管严重粘扣。2006年11月对套管粘扣事故调查发现个别井套管粘扣非常严重。

塔里木油田在到货检验过程发现，有些套管从工厂上扣端就能看到接箍内螺纹粘扣形貌（图2）。有些国产套管和进口套管在商检过程中检查紧密距时产品螺纹接头与螺纹量规旋合就已发生粘扣（图3）。2004年塔里木油田对到货套管随机抽样进行上扣、卸扣试验，结果国产套管每一根都粘扣。面对国产套管和进口套管的质量现状，如果再加上使用操作因素，套管粘扣问题必然会更加严重。

图2 外观检查时发现套管工厂上扣端接箍内螺纹粘扣形貌

图3 套管外螺纹接头工厂检验紧密距后粘扣形貌

导致油(套)管粘扣的一个重要原因是油(套)管的抗粘扣性能差。与油(套)管产品质量有关的粘扣因素涉及螺距、锥度、齿高、牙型半角、紧密距、表面光洁度等螺纹参数的公差控制，以及内螺纹和外螺纹参数匹配，是一个很复杂的系统工程问题[1-7]。目前，国内大多数生产厂还没有完全解决粘扣问题，国外有部分生产厂还没有完全解决粘扣问题。

2.2 油套管泄漏和腐蚀

塔里木油田井况对油套管密封性能和抗腐蚀性能有很高的要求。近年来已有多口高压油气井完井管柱泄漏、套压升高，造成了巨大的经济损失，并潜藏了严重的事故隐患[8-16]。特别是最近在DN2-8井发生的完井管柱泄漏问题，已经严重影响了正常的油气生产。失效分析结果表明，有多种原因造成了DN2-8井油管泄漏。

（1）油管接头泄漏原因是其使用性能不能满足DN2-8井实际工况。

（2）工厂规定的现场端上扣扭矩低于工厂端上扣扭矩，使得油管接头现场端泄漏数量大大高于工厂端。

（3）油管经过酸化之后已经产生局部腐蚀，在天然气所含的CO_2、凝析水和Cl^-共同作用下，局部腐蚀进一步加剧。腐蚀对油管接头泄漏起到了促进作用。

2.3 钻具疲劳断裂

经过大量试验研究和失效分析[17-25]，塔里木油田在预防钻具疲劳断裂方面已经取得了可喜的成绩。由于塔里木油田钻井条件十分苛刻，预防和减少钻具疲劳断裂仍然是一项长期而又艰巨的任务。

3 采用非API油井管解决的问题

3.1 套管挤毁及预防

由于塔里木油田多个区块含有蠕变地层，已经有多口井发生套管挤毁和变形事故。例如，阳霞1井由于套管挤毁[26]，导致全井工程报废（图4）。为解决套管挤毁问题，已经采用了多种非API抗挤套管。

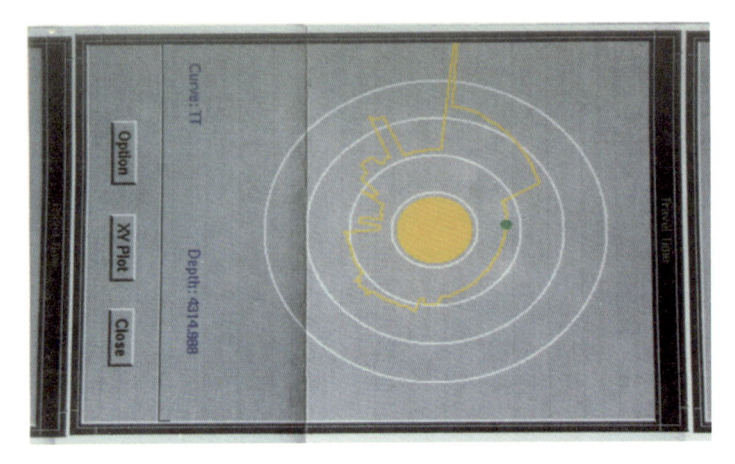

图4　阳霞1井 ϕ244.5mm 套管横截面挤毁形貌

3.2　油井管SSC及预防

塔里木油田多个区块含有 H_2S，已经发生了多起钻杆SSC（硫化物应力裂纹）失效事故。例如，塔中83井发生2起 ϕ88.9mm 钻杆SSC事故（图5）。为解决油井管SSC失效问题，已经使用了多种非API防硫油管、套管和钻杆，并准备使用防硫铝合金钻杆。

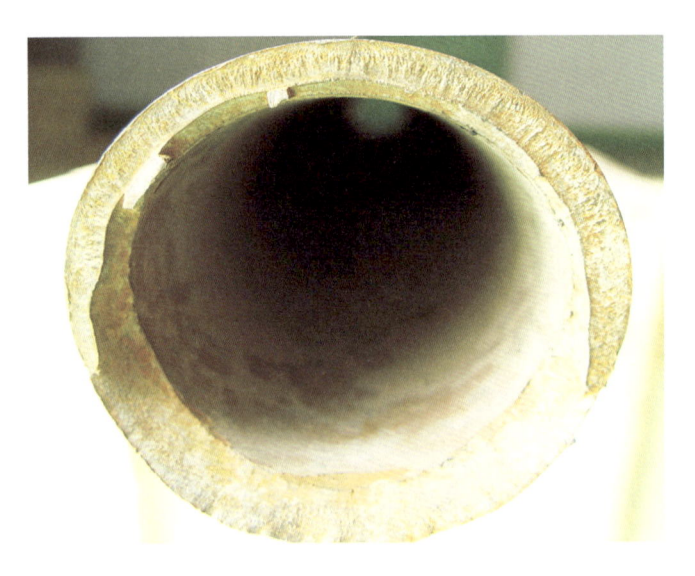

图5　塔中83井钻杆SSC断口平坦区形貌

3.3　油(套)管泄漏及预防

塔里木高压油气井对油(套)管密封性能有很高的要求。目前，多口井因完井管柱泄漏而套压升高。为解决油套（管）柱泄漏问题，从1990年就开始使用特殊螺纹接头油(套)

管，并收到了良好的效果，但还存在一些问题。目前，正在通过评价试验和制定订货补充技术条件的方式，优选适合塔里木油田的特殊螺纹接头油(套)管。

3.4 推广应用 LET 螺纹接头钻具

LET 螺纹接头的设计原理是通过改变钻具外螺纹接头大端螺纹形状，降低外螺纹接头大端的应力集中，从而延长钻具使用寿命。为延长钻具使用寿命，塔里木油田从 1998 年试用 LET 螺纹接头钻具，钻具寿命成倍增加。从 2003 年开始全面推广应用 LET 螺纹接头钻具。推广应用 LET 螺纹接头是塔里木油田减少钻具失效事故、提高钻具使用寿命的成功经验。

3.5 采用双台肩螺纹接头 ϕ120.7mm 钻铤

由于塔里木油田深井钻井钻具承受的扭矩过大，ϕ120.7mm 钻铤发生了多起外螺纹接头断裂事故，其中，哈 6 井在 6944.11～7074.16m 井段连续发生 4 起 ϕ120.7mm 钻铤断裂事故。为解决 ϕ120.7mm 钻铤抗扭能力不足问题，塔里木油田采用了双台肩螺纹接头钻铤。120 根双台肩螺纹接头 ϕ120.7mm 钻铤在 8 口井使用后，只发生一起断裂事故，其中，在哈 6 井使用了 30 根双台肩螺纹接头 ϕ120.7mm 钻铤，没有发生一起断裂事故。

3.6 填补 API 钻具提升短节空白

塔里木油田曾经 1 年内发生了 5 起提升短节脱扣失效事故，其中，轮南 208 井，因提升短节脱扣导致 2 名钻工残废。设计的新型提升短节在塔里木油田使用后，没有出现过问题，保证了钻井生产。在发展为行业标准后，已被 API SPEC 7 采纳（图 6）。

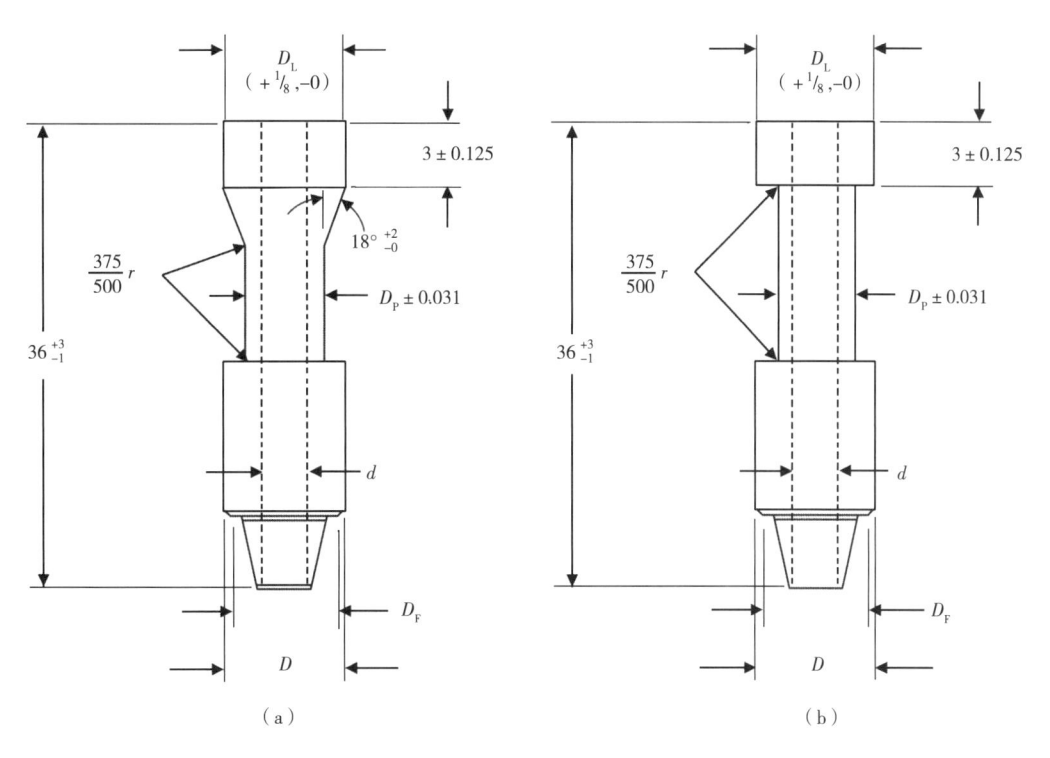

图 6 列入 API SPEC 7 的新型提升短节

4 非 API 钻具存在问题及解决办法

由于历史原因，我国油田使用的部分钻具螺纹接头与 API 标准不一致（表1），发生了多起失效事故。为减少钻具失效，塔里木油田从 1995 年已经全面执行 API 标准，从根本上解决了 φ120.7mm（4¾in）钻铤内螺纹接头胀大失效和 φ203.2mm（8in）、φ228.6mm（9in）钻铤外螺纹接头断裂问题。

表 1 部分钻铤螺纹接头及 API 标准规定

钻具接头外径（in）	API 规定	国内其他油田 螺纹接头	国内其他油田 存在问题	塔里木油田
4¾	NC35	NC38	内螺纹接头胀大失效	NC35
8	NC56	6⅝REG	外螺纹接头断裂失效	NC56
9	NC61	7⅝REG	外螺纹接头断裂失效	NC61

5 非 API 油井管亟待解决的问题

5.1 验收标准

目前，特殊螺纹接头油（套）管都是生产厂的专利，验收标准由生产厂制定。塔里木油田使用的特殊螺纹接头油（套）管发生过多起泄漏事故，但依据生产厂的标准，油（套）管质量却合格[27-28]。应解决特殊螺纹接头油（套）管验收标准问题。

5.2 评价试验

应尽快制定对非 API 油井管进行现场模拟试验的试验评价规范。

6 结论及建议

（1）非 API 油井管已经在塔里木油田勘探开发中发挥了很大的作用，但在商检和使用过程中也发现了不少问题。

（2）建议油田在订购非 API 油井管时应依据自己的使用工况提出订货补充技术条件。

参 考 文 献

[1] 吕拴录，常泽亮，吴富强，等. N80 LCSG 套管上、卸扣试验研究 [J]. 理化检验—物理分册，2006，42（12）：602-605.

[2] 吕拴录，刘明球，王庭建，等. J55 平式油管粘扣原因分析 [J]. 机械工程材料，2006，30（3）：69-71.

[3] 袁鹏斌，吕拴录，姜涛，等. 进口油管脱扣和粘扣原因分析 [J]. 石油矿场机械，2008，37（3）：78-81.

[4] 吕拴录，康延军，孙德库，等. 偏梯形螺纹套管紧密距检验粘扣原因分析及上卸扣试验研究 [J]. 石油矿场机械，2008，37（10）：82-58.

[5] 练章华，杨龙，韩建增，等. 套管偏梯形螺纹接头泄漏机理的有限元分析 [J]. 石油矿场机械，2004，33（5）：53-56.

[6] 段敬黎，祝效华，童华，等．139.7 mm套管偏梯形螺纹接头的有限元分析［J］．石油矿场机械，2008，37（11）：59-62．

[7] 肖建秋，彭嵩，程方强，等．API偏梯形套管螺纹接头极限抗拉能力分析［J］．石油矿场机械，2008，37（3）：53-56．

[8] 吕拴录，卫遵义，葛明君．油田套管水压试验结果可靠性分析［J］．石油工业技术监督，2001（11）：11-16．

[9] 吕拴录，宋治，韩勇，等．套管抗内压强度试验研究［J］．石油矿场机械，2001，30（增刊）：51-55．

[10] LÜ SL, ZHANG GZ, LU MX, et al. Analysis of N80 BTC Downhole Tubing Corrosion［J］. Material Performance, 2004, 43, 10: 35.

[11] 赵国仙，严密林，陈长风，等．影响碳钢CO_2腐蚀速率的研究［J］．石油矿场机械，2001，30（增刊）：72-75．

[12] 吕拴录，赵国仙，王新虎，等．特殊螺纹接头油管腐蚀原因分析［J］．腐蚀与防护，2005，26（4）：179-181．

[13] 吕拴录，骆发前，相建民，等．API油管腐蚀原因分析［J］．腐蚀科学与防护技术，2007（5）：64-66．

[14] 吕拴录，相建民，常泽亮，等．牙哈301井油管腐蚀原因分析［J］．上海腐蚀与防护，2008，29（11）：706-709．

[15] LÜ Shuanlu, XIANG Jianmin, CHANG Zeliang, et al. Analysis of Premium Connection Downhole Tubing Corrosion, 2008 Material Performance：66-69.

[16] 吕拴录，骆发前，陈飞，等．牙哈7X-1井套管压力升高原因分析［J］．钻采工艺，2008（1）：129-132．

[17] 吕拴录，王新虎．WS1井ϕ88.9mm四方钻杆断裂原因分析［J］．石油钻采工艺，2004，26（5）：47-P49.

[18] LU Shuanlu, FENG Yaorong, ZHANG Guozheng, et al., Failure Analysis of IEU Drill Pipe Wash Out［J］. Fatigue, 2005, 27: 1360-1365.

[19] 吕拴录，骆发前，高林，等．钻杆刺穿原因统计分析及预防措施［J］．石油矿场机械，2006，35（增刊）：12-16．

[20] 吕拴录，邝献任，王炯，等．钻铤粘扣原因分析及试验研究［J］．石油矿场机械，2007，36（1）：46-48．

[21] 王文云，汤云霞，朱明峰．钻铤螺纹失效分析及解决措施［J］．石油矿场机械，2007，36（12）：45-48．

[22] 吕拴录，骆发前，周杰，等．塔中83井钻杆SSC断裂原因分析及预防措施［J］．腐蚀科学与防护技术，2007，19（6）：451-453．

[23] 吕拴录，骆发前，周杰，等．钻杆接头纵向裂纹原因分析［J］．机械工程材料，2006（4）：99-101．

[24] 吕拴录，高林，迟军，等．石油钻柱减震器花健体外筒断裂原因分析［J］．机械工程材料，2008，32（2）：71-73．

[25] 袁鹏斌，吕拴录，孙丙向，等．在空气钻井过程中钻杆断裂原因分析［J］．石油钻采工艺，2008，30（5）：34-37．

[26] LÜ Shuanlu, LI Zhihou, HAN Yong. High dogleg severity, wear ruptures casing string［J］., OIL&GAS, 2000/Volume 98. 49.

[27] 吕拴录，杨龙，韩勇，等．特殊螺纹接头油套管选用注意事项［J］．石油技术监督，2005（11）：12-14．

[28] 高连新，史交齐．油套管特殊螺纹接头的研究现状及展望［J］．石油矿场机械，2008，37（2）：15-19．

原载于《石油矿场机械》，2009，Vol.38（7）：70-74．

塔里木油田非 API 油(套)管失效分析及预防

刘建勋[1]　吕拴录[1,2]　高运宗[1]　杨向同[1]
朱金智[1]　彭建云[1]　白晓飞[1]　饶文艺[1]

(1. 塔里木油田；2. 中国石油大学（北京）材料科学与工程系)

摘　要：对塔里木油田油(套)管使用情况进行了调查研究，找出了存在的具体问题。对非 API 油(套)管失效案例进行了分析，找出了油(套)管失效原因。认为油管接头泄漏原因主要是其气密封性能不能满足油田实际工况条件，套管挤毁失效主要与套管磨损地层蠕变有关，套管断裂和开裂既与套管材质有关，也与套管磨损有关。依据失效分析结论，及时采取了有效预防措施。

关键词：油管；套管；特殊螺纹接头；泄漏；挤毁；断裂

1　塔里木油田工况

塔里木油田气藏集中在天山南坡条带状的构造上，是世界上少有的超高压气藏的富集区域。塔里木油田的超高压气藏地质情况复杂，储层埋藏最深可达 7800m，地层压力高可达 150MPa，地层温度最高可达 176℃。天然气中 CO_2 平均含量为 0.97%（0.13%～4.86%），不同区块 H_2S 含量差异较大，地层水 Cl^- 含量高。依据国际高温超高压协会规定，塔里木油田多数气井属超高压、超深气井，部分气井为高温、超高压、超深气井。塔里木油田油气井主要分布在山前、沙漠和台盆区。

2　油(套)管存在的主要问题及失效分析案例

2.1　高压气井油管泄漏[1-4]和套压升高

迪那 2 气田 11 口气井所用特殊螺纹接头 13Cr 油管，在投产之前 9 口井已经出现套压异常升高现象，套压升高的井占总井数的 81.8%。

YXML 气田所用的全是特殊螺纹接头 13Cr 油管，投产 1 年后就有 34 口井出现套压异常升高现象，套压异常升高的井占总井数的 75.6%。其中，16 口井套压与油压之比大于 50%。

KXL2 气田所用的全是 13Cr 和超级 13Cr 特殊螺纹接头油管，投产 1 年后有 17 口井出现套压异常升高现象，套压升高的井占总井数的 94.4%。

牙哈气田所用的油管投产 1 年之后有 18 口井出现套压异常升高现象，套压升高的井占总井数的 94.7%。

DXN2-8井套压升高原因分析结果表明，完井管柱有91个接头现场端泄漏，11个接头工厂端泄漏。套压升高原因是油管接头泄漏（图1）。油管接头泄漏原因主要是其气密封性能不能满足油田实际工况条件。

图1 油管泄漏后外螺纹接头密封面位置冲刷腐蚀及锥面发黑形貌

2.2 套管磨损、变形和挤毁[5,6]

多口井套管变形。例如YXX1井φ244.5mm SM110TT套管因为磨损挤毁。失效分析结果表明，YXX1井套管挤毁原因如下：

（1）开始不知道φ244.5mm套管严重磨损，φ177.8mm套管未回接至井口；

（2）存在蠕变地层，刚通径，6根φ244.5mm套管下不去；

（3）试油过程中，用1.0g/m³的清水替换1.51g/m³的钻井液，4300m位置套管内液柱平衡压力降低，在蠕变地层作用下套管挤毁。

2.3 高钢级套管开裂[7,8]

（1）KXS2井套管纵向开裂。

KXS2井在钻井过程中发现套管泄漏。井周成像测井发现套管磨损并存在裂纹（图2）。失效分析结果表明，该批套管材料横向韧性只有国外优质套管横向韧性的65%。套管横向韧性偏低，对缺口比较敏感，在钻井工程中套管磨损之后诱发了纵向裂纹。

（2）AK1-1套管管体断裂导致挂卡。

AXK1-1井在钻井过程中发生卡钻事故。失效分析结果表明，140钢级套管管体断裂（图3）导致钻具被卡。套管断裂原因可能是由于存在原始缺陷，加之高钢级套管对缺陷特别敏感，最终在井下腐蚀环境和复杂的受力条件下发生了断裂。

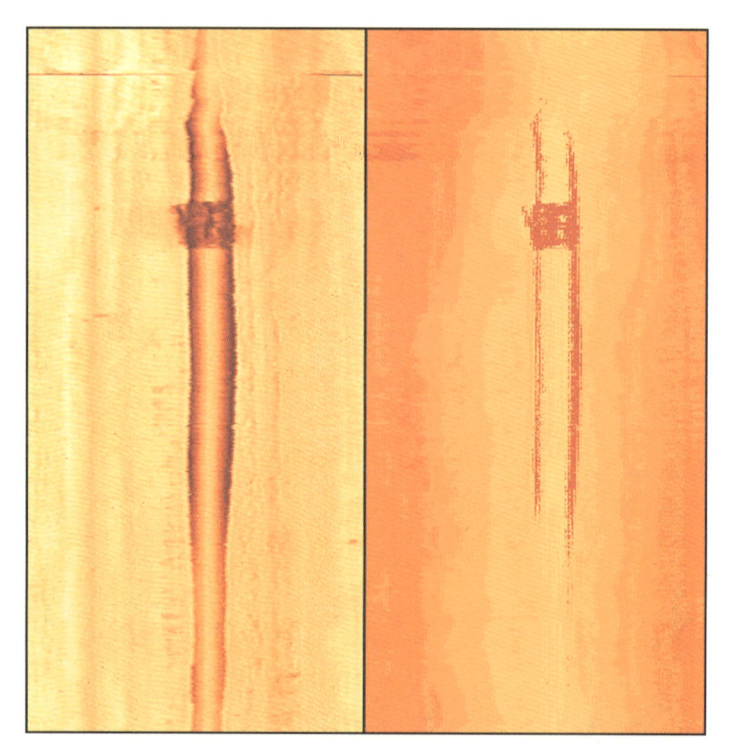

图 2　KXS2 井套管磨损裂纹形貌

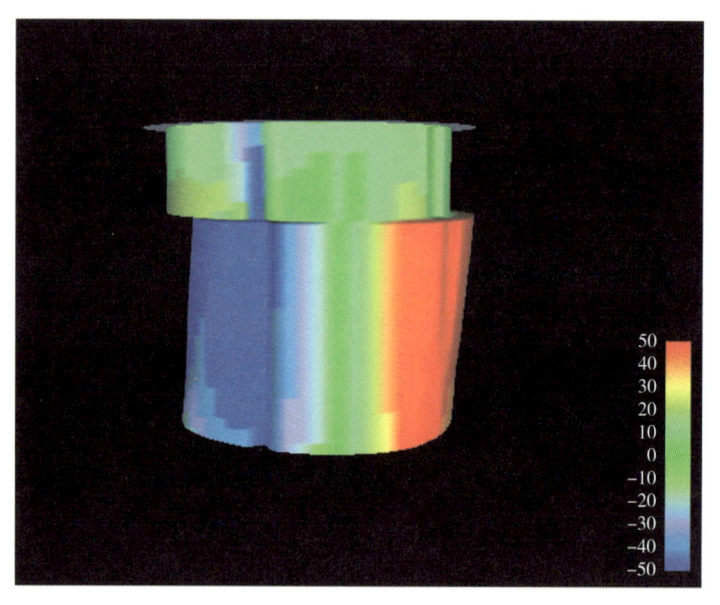

图 3　AK1-1 井套管管体断裂及磨损形貌

塔里木油田苛刻的工况条件对油井管有特殊要求，大量的失效分析结果表明，API 油井管已经不能完全满足使用要求。为了保证油气勘探和开发安全生产，必须采用优质非 API 油井管。

3 预防措施

3.1 油(套)管柱泄漏预防

特殊螺纹接头油(套)管具有良好的密封性能和连接强度。特殊螺纹接头油(套)管的性能是否能满足使用要求,应通过订货技术标准来体现[9-12]。要保证特殊螺纹接头油(套)管质量,必须制订特殊螺纹接头油(套)管订货技术标准。到货的特殊螺纹接头油(套)管产品是否达到了订货技术要求,应通过严格的验收标准和到货检查来验证。因此,在特殊螺纹接头油(套)管订货及验收标准中一定要对特殊螺纹接头油(套)管关键项目提出严格要求。

塔里木油田所用的特殊螺纹接头油(套)管全部通过了 API RP 5C5(第 1 版)Ⅱ接头应用等级试验和 API RP 5C5—2003(ISO 13679—2002)接头应用等级Ⅱ试验,但目前多口井套压异常升高,多口井油管接头工厂端和现场端均有泄漏。有些井开始投产正常,投产时间不长套压异常升高。这就对特殊螺纹接头油(套)管的评价、选择和订货技术标准提出了更高的要求。

API RP 5C5—2003(ISO13679—2002)依据油(套)管实际服役条件确定了 4 个(Ⅰ、Ⅱ、Ⅲ和Ⅳ)油(套)管接头应用等级,其中Ⅳ级最苛刻,适合于高压气井。随着试验参数和试样数量的增加,油(套)管接头应用等级提高,试验条件趋于苛刻。通过试验来证明油(套)管接头性能是否达到选择的接头应用等级。

为预防油(套)管发生泄漏事故,塔里木油田采取了如下措施。

(1)在订货标准中要求油(套)管必须通过 API RP 5C5—2003 Ⅳ试验和依据实际工况提出的附加试验。

(2)严格油(套)管到货检验,防止因产品质量问题导致油、套管失效事故。

(3)合理设计管柱,气井完井油管柱和生产套管全部采用特殊螺纹接头(套)管。

(4)严格执行塔里木油田油(套)管下井作业规程,确保油、套管对扣、引扣和上扣质量。

(5)对每根入井的油管接头逐根经过氦气泄漏检测,确认油管接头没有发生泄漏。

(6)生产厂和油田有关技术人员对整个完井管柱下井作业过程进行监督。

(7)依据发现的问题,及时开展失效分析和科学研究,并及时采取预防措施。例如,经过对 DN2-8 完井管柱泄漏原因进行分析,找出了泄漏原因,采取预防措施之后,重新下入的完井管柱没有泄漏。

3.2 套管挤毁预防

套管抗挤强度与套管材料强度、外径、壁厚和套管尺寸精度有关。套管外径越小,抗挤强度越高;反之,抗挤强度越低。套管壁厚越大,抗挤性能越好;反之,抗挤强度越低。但套管外径和壁厚受制于井身结构设计。套管材料强度越高,抗挤强度越高;反之,抗挤强度越低。套管尺寸精度越高,抗挤强度越高;反之,抗挤强度越低。套管磨损会大幅度降低其抗挤强度。为了提高套管抗挤强度,防止套管挤毁变形,采取了如下措施。

(1)在蠕变地层井段和高压盐水层井段采用高钢级、厚壁高抗挤套管。

(2) 在订货技术标准中对套管尺寸精度提出严格要求。

(3) 采用 POWER-V 垂直钻井技术，防止或减轻套管磨损。

3.3 油、套管开裂预防

油、套管内在的微小缺陷是难以避免的，其临界值与 (K_{IC}/σ_y) 有关（K_{IC} 为材料断裂韧度，σ_y 为材料屈服强度），即油(套)管强度越高，需要匹配的韧性也越高。钢的强度与韧性、塑性通常表现为互为消长的关系，强度高的韧性、塑性就低；反之，为求得高的韧性、塑性，必须牺牲强度。套管材料韧性偏低，其抗裂纹萌生和扩展的能力必然降低。GB/T 9711.3—2005/ISO3183—3：1999《石油天然气工业 输送钢管交货技术条件 第 3 部分：C 级钢管》规定，压力钢管横向最低 C_{VN} 按下式计算：

$$C_{VN} = \sigma_y/10$$

因此，140 钢级（$\sigma_y = 980\text{MPa}$），$C_{VN} \geq 98\text{J}$（圆整为 100J）；150 钢级（$\sigma_y = 1050\text{MPa}$），$C_{VN} \geq 105\text{J}$（圆整为 110J）。

塔里木油田多起套管开裂失效分析结果已经证明，韧性不足容易导致套管开裂事故。

为防止套管开裂，采取了如下措施。

(1) 在订货技术标准中对油(套)管材料韧性和有害元素提出了更严格的要求，提高了油(套)管质量；

(2) 对套管材料韧性提出了严格要求；

(3) 对套管表面质量做了严格规定；

(4) 采用 POWER-V 垂直钻井技术，防止磨损诱发套管开裂。

4 结语

(1) 油管接头泄漏原因主要是其气密封性能不能满足油田实际工况条件；套管挤毁失效主要与套管磨损地层蠕变有关；套管断裂既与套管材质有关，也与套管磨损有关。

(2) 依据油(套)管失效分析结论，制订了严格的油(套)管订货技术标准，有效预防和减少了油(套)管失效事故。

参 考 文 献

[1] 吕拴录，骆发前，陈飞，等. 牙哈 7X-1 井套管压力升高原因分析 [J]. 钻采工艺，2008，31（1）：129-132.

[2] 吕拴录，王震，康延军，等. 某气井完井管柱泄漏原因分析 [J]. 油气井测试，2010，19（4）：58-60.

[3] 张福祥，吕拴录，王振彪，等. 某高压气井套压升高及特殊螺纹接头不锈钢油管腐蚀原因分析 [J]. 中国特种设备安全，2010，26（5）：65-68.

[4] 吕拴录，李元斌，王振彪，等. 某高压气井 13Cr 油管柱泄漏和腐蚀原因分析 [J]. 腐蚀与防护，2010，31（11）：902-904.

[5] LÜ Shuanlu，LI Zhihou，HAN Yong. High dogleg severity，wear ruptures casing string [J]. OIL&GAS，2004，98（49）：74-80.

[6] 许峰，吕拴录，康延军，等. 井口套管磨损失效原因分析及预防措施研究 [J]. 石油钻采工艺，2011，

Vol. 33（2）：140-142.

［7］LÜ Shuan, TENG Xueqing, KANG Yanjun, et al. Analysis on Causes of a Well Casing Coupling Crack [J]. MATERIALS PERFORMANCE, 2012, 51（4）：58-62.

［8］吕拴录，李鹤林. V150套管接箍破裂原因分析［J］. 理化检验, 2005, 41（Sl）：285-290.

［9］吕拴录，张福祥，李元斌，等. 塔里木油气田非API油井管使用情况统计分析［J］. 石油矿场机械, 2009, 38（7）：70-74.

［10］吕拴录，韩勇. 特殊螺纹接头油，套管使用及展望［J］. 石油工业技术监督, 2003,（3）：1-4.

［11］吕拴录. 特殊螺纹接头油套管选用注意事项［J］. 石油技术监督. 2005, 21（11）：12-14.

［12］刘卫东，吕拴录，韩勇，等. 特殊螺纹接头油、套管验收关键项目及影响因素［J］. 石油矿场机械, 2009, 38（12）：23-26.

原载于《理化检验—物理分册》, 2013, Vol.49（6）：416-418.

DN2-6 井套管压力升高原因及油管接头粘扣原因分析

吕拴录[1,2]　黄世财[2]　李元斌[2]　王振彪[2]　周理志[2]
盛树彬[2]　刘明球[2]　彭建云[2]　李　江[3]

（1. 中国石油大学（北京）机电工程学院材料系；
2. 塔里木油田；3. 西安摩尔石油工程实验室）

摘　要：对 DN2-6 井套管压力升高现象进行了系统调查研究，对起出的油管接头逐根进行了检查，发现 1 根油管穿孔、多根油管粘扣，并对油管粘扣原因进行了分析。结果表明：套管压力升高主要是油管穿孔所致；油管粘扣主要是对扣操作不当所致。粘扣会降低油管接头的密封能力，该井粘扣的油管接头并没有泄漏，其原因是油管穿孔泄漏之后，油管柱所受的内压很小，没有达到粘扣油管接头的泄漏抗力。

关键词：油管；接头；套管压力；泄漏；粘扣

DN2-6 井井身结构如图 1 所示。该井在 2008 年 4 月 12 日巡井时观察到的 ϕ177.8mm 生产套管压力、ϕ244.5mm 套管压力和 ϕ339.7mm 技术套管压力均正常为零，油管压力为 88.2MPa。2008 年 11 月 7 日检查发现 ϕ244.5mm 技术套管压力为 69.1MPa。2008 年 11 月 9 日检查发现，ϕ177.8mm 生产套管压力升为 64.1MPa，ϕ244.5mm 技术套管压力进一步升高为 70.3MPa。2009 年 1 月 6 日，该井释放技术套管压力，放出的气体点火可燃，说明已经有天然气进入技术套管内。2009 年 1 月 7 日关井，该井技术套管压力又恢复至原来水平。DN2-6 井 2009 年 6 月 29 日至 10 月 3 日三层套管压力变化情况如图 2 所示。

DN2-6 井 0～998.03m 井段为 ϕ88.9mm×7.34mm 的 110 特殊螺纹接头不锈钢油管，998.03～4688.57m 井段为 ϕ88.9mm×6.45mm 的 110 特殊螺纹接头不锈钢油管。

2009 年 1 月，对 DN2-6 实施了修井作业。2009 年 2 月 4 日至 10 日，对该井起出的油管进行了螺纹外观及接头内径检验。该井共下油管 478 根，共检验 439 根油管。结果发现部分油管出现穿孔及粘扣现象。为查明该井套管压力升高及油管接头产生粘扣的原因，笔者对其进行了检验和分析。

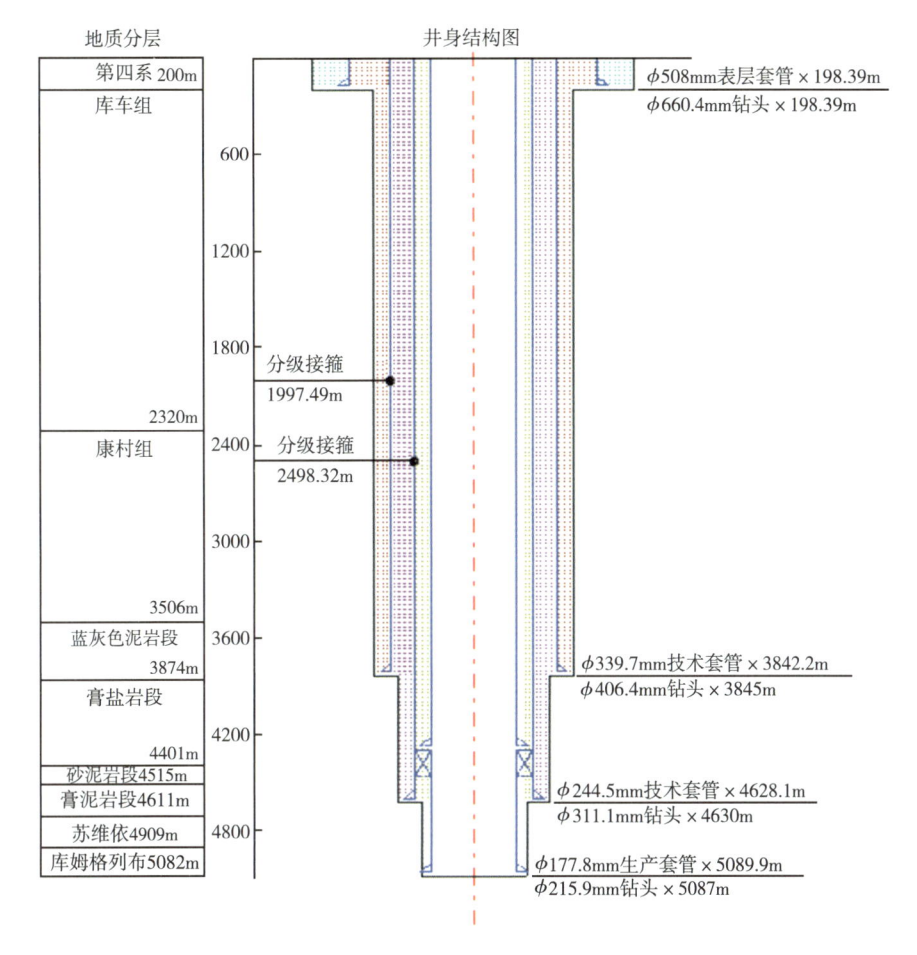

图 1　DN2-6 井井身结构

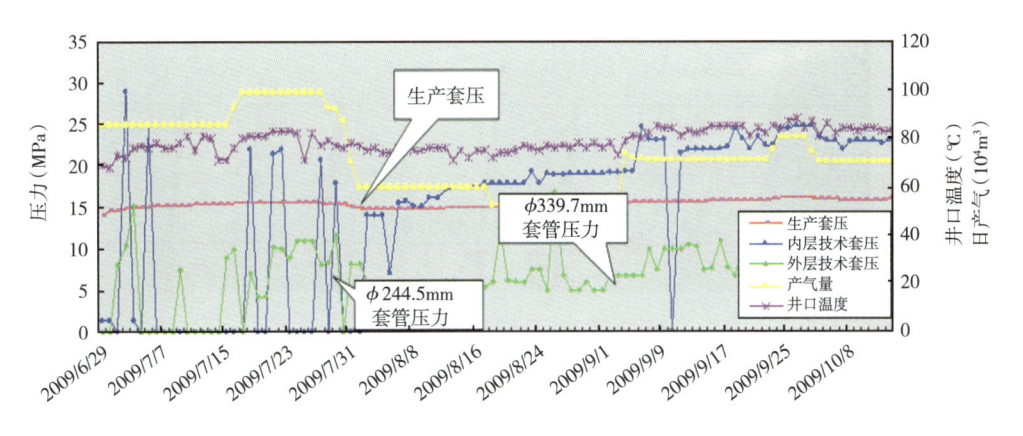

图 2　DN2-6 井三层套管压力变化情况（与图之间应留足够间隙）

1 检查结果

1.1 油管穿孔情况

起出油管发现第 236 根油管在距外螺纹接头端面 133mm 的位置有一不规则孔洞。肉眼观察可见油管孔洞表面有明显的冲刷痕迹，这说明完井管柱里的高压气体在孔洞位置发生了泄漏。

1.2 油管接头内径测量结果

对油管接头内径的测量结果表明，共有 12 根油管的外螺纹接头内径小于技术规定，占检验总油管数量 2.7%；共有 28 根油管的内螺纹接头内径小于技术规定，占检验总油管数 6.4%。

1.3 油管粘扣检查结果

对起出的油管内螺纹和外螺纹接头检查结果表明，共有 408 根油管内螺纹接头粘扣，312 根油管外螺纹接头粘扣（图3），10 根油管外螺纹接头密封面粘结（图4）。图 5 和图 6 分别为外螺纹和内螺纹接头粘扣位置统计分布图。

图 3　第 26 号油管螺纹粘扣形貌

从图 5 和图 6 可知，外螺纹接头粘扣主要集中在接头小端，而粘扣位置则几乎全在螺纹导向面和齿顶；内螺纹接头粘扣主要集中在接头大端，粘扣位置则几乎全在螺纹导向面和齿底。

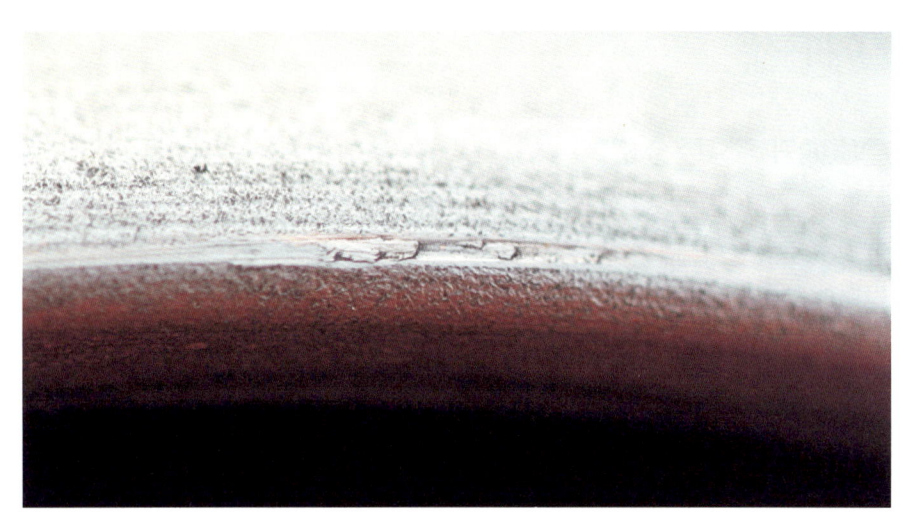

图 4　第 150 号油管接头密封面粘结形貌

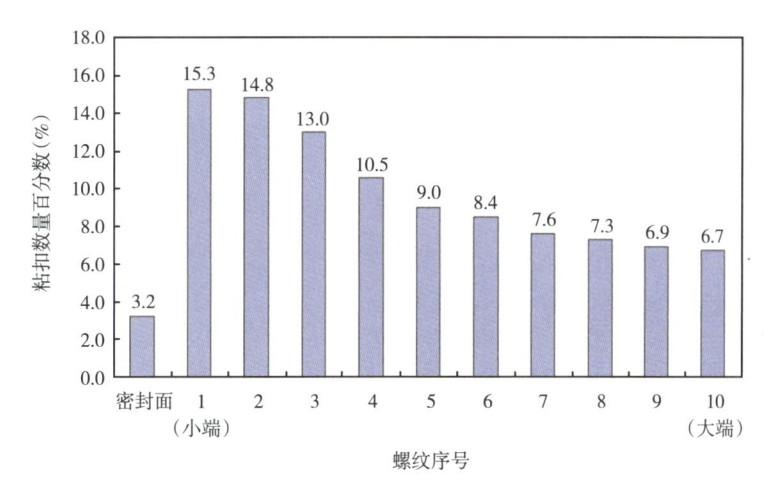

图 5　外螺纹接头不同部位粘扣统计结果

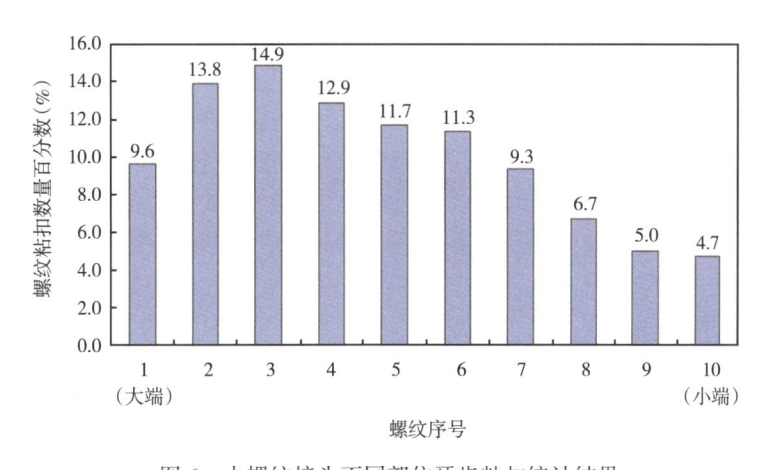

图 6　内螺纹接头不同部位牙齿粘扣统计结果

2 综合分析

2.1 套管压力升高原因分析

生产套管压力升高一般与完井管柱泄漏和热效应有关,如果经过释放套管压力之后,生产套管压力又很快恢复,则生产套管压力为持续套管压力,持续套管压力是完井管柱泄漏之后与环空串通所致[1-3]。完井管柱泄漏通道越大,泄漏速度越快,套管压力上升速度也就越快,最终油管内外压差也就越小。完井管柱泄漏一般与管柱上存在孔洞和接头渗漏有关。

DN2-6井生产套管压力和技术套管压力均有升高。释放技术套管压力关井之后,技术套管压力很快恢复,且放出的气体可点燃,这说明油管、生产套管和技术套管已经串通。油管起出检查结果发现有一油管发生穿孔,这说明套管压力升高与油管穿孔泄漏有很大关系。

除油管穿孔会导致完井管柱泄漏之外,螺纹接头渗漏也会导致完井管柱泄漏。一般螺纹接头泄漏之后,会在螺纹接头表面留下泄漏痕迹。检测结果表明,该井螺纹接头上不存在泄漏痕迹[4],这说明螺纹接头没有泄漏,也即该井完井管柱泄漏是由油管穿孔引起的。在完井管柱穿孔泄漏的情况下,高压天然气将优先从穿孔位置泄漏,完井管柱内外压差为88.2-64.1=24.1MPa,即完井所受内压实际仅为24.1MPa,并没有一直承受88.2MPa的内压。换言之,该井油管螺纹接头没有泄漏,只能说明油管接头所受内压很小,并不能说明螺纹接头抗泄漏性能良好。

粘扣会降低油管接头的密封能力[5,6]。该井粘扣的油管接头并没有泄漏,其原因是在油管穿孔泄漏之后,油管柱所受的内压很小,没有达到粘扣油管接头的泄漏抗力。

2.2 油管接头粘扣原因分析

内螺纹和外螺纹配合面金属由于摩擦干涉,表面温度急剧升高,使内螺纹和外螺纹表面发生粘结的现象称为粘扣。由于在上扣、卸扣过程中内螺纹和外螺纹表面有相对位移,因而粘扣常伴有金属迁移。粘扣通常表现为粘着磨损,但是如果有沙粒、铁屑等硬质颗粒夹在内螺纹和外螺纹之间,也会形成磨料磨损。油(套)管粘扣失效事故涉及的因素很多,它不仅与油田使用操作有关,也与设计选用和工厂的加工质量密切有关,是一个很复杂的系统工程[7-10]。

对扣不当会导致外螺纹接头小端几扣螺纹导向面和齿顶碰伤。当外螺纹接头小端在对扣过程碰伤之后,内螺纹和外螺纹旋合至两者螺纹直径相近时,外螺纹小端碰伤位置会与内螺纹小端发生干涉,并产生粘扣。在对扣过程中,如果靠近接箍端面的大端内螺纹导向面碰伤,内螺纹和外螺纹旋合至两者螺纹直径相近时,内螺纹大端碰伤位置会与外螺纹大端发生干涉,并产生粘扣。该井外螺纹接头粘扣位置主要集中在小端螺纹导向面和齿顶位置,内螺纹接头粘扣位置主要集中在大端螺纹导向面和齿底位置,可见粘扣原因主要是对扣不当。

油管接头密封面粘结主要与接头过盈干涉设计和上扣扭矩有关。该井共有10根油管外螺纹接头密封面粘结,这主要与该油管接头抗粘扣性能差有关。

3 结论

(1) DN2-6井套管压力升高是由其中一根油管穿孔泄漏所致。

（2）油管接头发生了严重粘扣，粘扣原因主要是对扣操作不当。

（3）该井粘扣的油管接头并没有泄漏，其原因是油管穿孔泄漏之后，油管柱所受的内压很小，没有达到粘扣油管接头的泄漏抗力。

参 考 文 献

[1] 吕拴录.特殊螺纹接头油套管选用注意事项［J］.石油技术监督，2005，21（11）：12-14.

[2] 吕拴录，韩勇，赵克枫，等.特殊螺纹接头油、套管使用及展望［J］.石油工业技术监督，2003，(3)：1-4.

[3] 吕拴录，骆发前，陈飞，等.牙哈7X-1井套管压力升高原因分析［J］.钻采工艺，2008，31（1）：129-132.

[4] 张福祥，吕拴录，王振彪，等.某高压气井套管压力升高及特殊螺纹接头不锈钢油管腐蚀原因分析［J］.中国特种设备安全，2010，26（5）：65-68.

[5] 吕拴录，常泽亮，吴富强，等.N80 LCSG套管上、卸扣试验研究［J］.理化检验—物理分册，2006，42（12）：602-605.

[6] 吕拴录，刘明球，王庭建，等.J55平式油管粘扣原因分析［J］.机械工程材料，2006，30（3）：69-71.

[7] 袁鹏斌，吕拴录，姜涛，等.进口油管脱扣和粘扣原因分析［J］.石油矿场机械，2008，37（3）：74-77.

[8] 吕拴录，康延军，孙德库，等.偏梯形螺纹套管紧密距检验粘扣原因分析及上卸扣试验研究［J］.石油矿场机械，2008，37（10）：82-85.

[9] LÜShuanglu，KANG yanjun，SUN Deku，et al. Cause analysis and make up test investigation on casing galling during inspection［J］.Oil Field Equipment，2008，37（10）：82-85

[10] 吕拴录，骆发前，赵盈，等.防硫油管粘扣原因分析及试验研究［J］.石油矿场机械，2009，38（8）：37-40.

原载于《理化检验—物理分册》，2010，46（12）：794-797.

克深 201 井特殊螺纹接头油管粘扣原因分析

杨向同[1] 吕拴录[1,2] 彭建新[1] 王 鹏[3] 宋文文[1]
李金凤[3] 耿海龙[1] 文志明[1] 徐永康[1] 石桂军[1]

(1. 塔里木油田；2. 中国石油大学（北京）材料科学与工程系；
3. 中国石油集团石油管工程技术研究院)

摘 要：克深201井特殊螺纹接头油管粘扣现象频繁发生，通过对井下起出的油管螺纹接头粘扣形貌进行检查和统计分析，并对该型未使用油管取样进行了螺纹检验和上扣、卸扣试验，分析了油管接头粘扣的原因。结果表明：油管抗粘扣性能符合标准要求，油管粘扣原因主要是卸扣操作不当。最后给出了预防油管粘扣的具体措施。

关键词：特殊螺纹接头油管；粘扣；上扣、卸扣试验

引 言

2012年9—10月，克深201井实施修井作业。为避免井控风险，快速起出完井管柱。其中，编号为B92-B148的ϕ88.9mm×7.34mm、钢级758MPa（110ksi）特殊螺纹接头油管以及编号为T1-T128和T129-T302的ϕ88.9mm×6.45mm、钢级758MPa（110ksi）特殊螺纹接头油管直接卸单根；编号为B1-B91的ϕ88.9mm×7.34mm、钢级758MPa（110ksi）特殊螺纹接头油管；编号为T304-T468的ϕ88.9mm×7.34mm、钢级758MPa（110ksi）特殊螺纹接头油管和Z1-Z39的ϕ93.2mm×10.00mm、钢级758MPa（110ksi）直连型特殊螺纹接头油管起立柱后再卸单根。油管队开始将油管立柱（3根油管）卸单根时，将立柱插入鼠洞，先卸最上部的油管接头，卸扣特别困难。后改为先卸立柱下部的油管接头，卸扣相对容易。

该井起出的油管粘扣严重，为了确定油管接头粘扣原因，对起出的油管进行了宏观检验及螺纹检验，并对油管取样进行了上扣、卸扣试验。

1 理化检验

1.1 宏观检验

对该井起出的油管逐根进行宏观检验，检验结果表明：148根（编号B1-B148）ϕ88.9mm×7.34mm特殊螺纹接头油管中，128根油管内螺纹接头发生粘扣，135根油管外螺纹接头发生粘扣；468根（编号T1-T468）ϕ88.9mm×6.45mm特殊螺纹接头油管中，260根油管内螺纹接头粘扣，303根油管外螺纹接头粘扣；39根（编号为Z1-Z39）ϕ93.2mm×10.00mm 110直连型特殊螺纹接头油管中，35根油管内螺纹接头粘扣，34根油管外螺纹接

头粘扣。

油管外螺纹导向面和承载面粘扣数量统计结果如图 1 所示。油管外螺纹接头粘扣位置统计如图 2 所示。

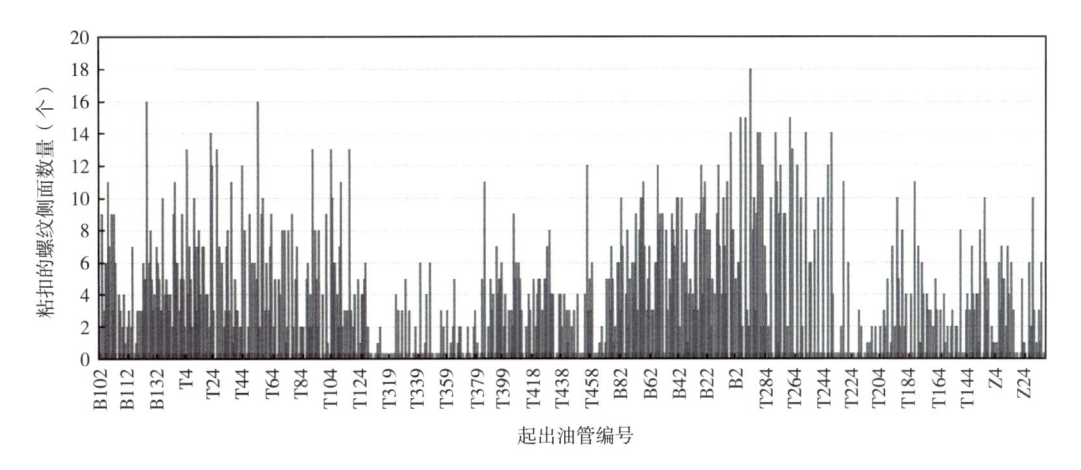

图 1 油管外螺纹导向面和承载面粘扣数量总计

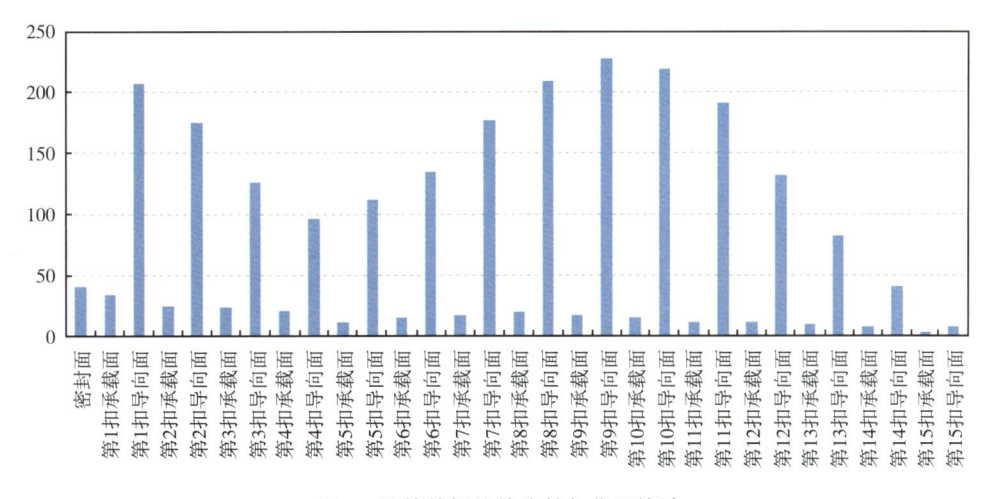

图 2 油管外螺纹接头粘扣位置统计

从图 1 可知，起油管直接卸扣的油管粘扣程度与起油管柱后再单根卸扣的油管粘扣程度差异不大。从图 2 可知，粘扣位置主要在外螺纹导向面，在外螺纹接头第 1 扣至第 2 扣螺纹导向面和第 7 扣至第 11 扣螺纹导向面位置粘扣最多。

油管粘扣形貌如图 3 和图 4 所示，可见油管螺纹导向面粘扣非常严重。

1.2 螺纹检验

从该批 ϕ88.9mm×6.45mm 110 特殊螺纹接头新油管中随机抽取 6 根试样进行螺纹检验，检验结果见表 1、表 2，由结果可见该批油管的螺纹符合工厂技术规范。

图 3　外螺纹接头粘扣形貌

图 4　内螺纹接头粘扣形貌

表 1　ϕ88.9mm×6.45mm 110 特殊螺纹油管外螺纹接头检验结果

编号 \ 检测项目	紧密距（mm）	锥度（mm/m）	螺距偏差（mm/m）	牙型高度偏差（mm）
1A	4.42	1.62	−0.01	−0.01
2A	4.20	1.62	0	0
3A	3.92	1.59	0	−0.01
4A	4.00	1.62	−0.01	0
5A	4.50	1.63	0	−0.01
6A	4.36	1.61	−0.01	−0.01

表2 φ88.9mm×6.45mm 110 特殊螺纹油管内螺纹接头检验结果

编号 检测项目	紧密距（mm）	锥度（mm/m）	螺距偏差（mm/m）	牙型高度偏差（mm）
1B	19.32	1.60	+0.01	+0.02
2B	20.10	1.60	0	+0.02
3B	19.94	1.62	+0.01	+0.01
4B	19.58	1.61	+0.01	+0.03
5B	19.24	1.61	+0.01	+0.03
6B	18.94	1.62	+0.02	+0.02

1.3 上卸扣试验

依据 ISO 13679—2002 的要求，采用上、卸扣试验机对上述 6 根 φ88.9mm×6.45mm 特殊螺纹接头油管试样进行了上、卸扣试验，试验所用螺纹脂型号为 SHELL TYPE 3。上扣采用工厂规定的最大扭矩。上扣、卸扣试验结果表明，6 根油管试样经过 9 次上扣、卸扣试验之后没有发生粘扣。

2 油管粘扣原因分析

2.1 油管抗粘扣性能

内螺纹和外螺纹配合面金属由于摩擦干涉，表面温度急剧上升达到了焊接相变温度，使内螺纹和外螺纹表面发生粘结，如图 5 所示。上扣和卸扣过程中内螺纹和外螺纹有相对位移，粘扣常伴有金属迁移。粘扣通常表现为粘着磨损，但是如果有砂粒、铁屑夹在内外螺纹之间，也会形成磨料磨损[1-3]。

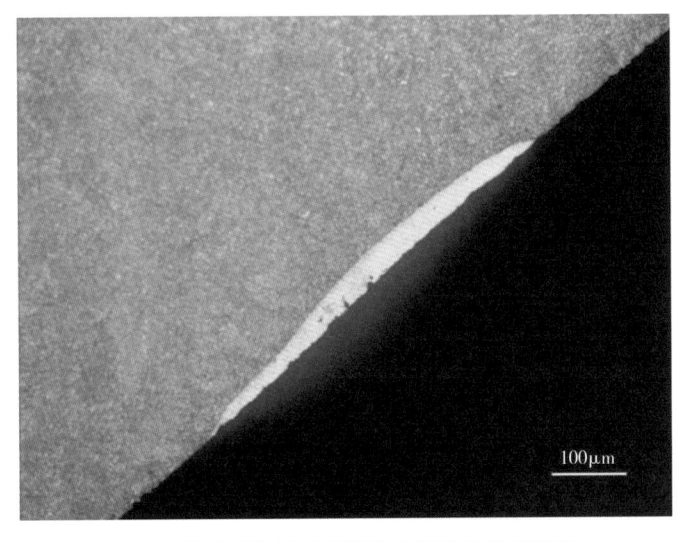

图5 螺纹牙齿侧面摩擦发生马氏体相变形貌

根据上扣、卸扣试验结果表明，油管在实验室采用最大扭矩上扣、卸扣9次都没有发生粘扣，这说明油管本身抗粘扣性能符合标准要求，即油管粘扣与产品质量关系不大。

2.2 使用操作对粘扣的影响

该批油管抗粘扣性能合格，如果该批油管在井上起下油管上扣、卸扣操作方式与试验室上扣、卸扣操作方式相同，则在上扣、卸扣过程中不应当发生粘扣。

该井修井时有些油管采用立柱方式起出，然后再将油管立柱插入鼠洞卸单根油管后甩下钻台；有些油管采用直接在井口卸单根方式起出。

该井鼠洞到井口的距离为2.09m，井口距游车的距离为28.42m，如图6所示。在鼠洞里卸扣时油管立柱与轴线之间的夹角$\beta=\mathrm{atan}(2.09/28.42)\times180/\pi=4.2°$。将油管柱插入鼠洞卸扣时为偏斜卸扣，在偏斜卸扣过程中内螺纹接头与外螺纹接头不同轴，两者之间不是正常的配合状态，局部位置会产生严重的干涉应力，故起立柱后从鼠洞里再卸单根的油管螺纹接头容易粘扣。实际起油管在井口卸扣的油管也发生粘扣，直接卸扣的油管粘扣程度与起油管柱后再从鼠洞单根卸扣的油管粘扣程度没有明显差别。这说明由于油管卸扣操作不当，在这两种情况下油管均会发生粘扣。

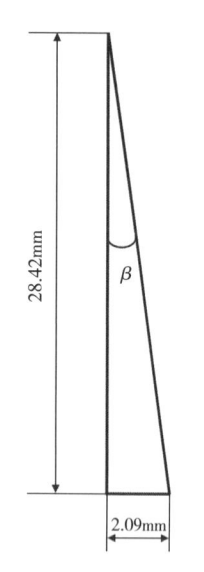

图6 油管立柱卸扣时倾斜角度示意图

正常卸扣时内螺纹和外螺纹导向面接触，但此时导向面仅承担1根油管的重量，不会发生粘扣。如果操作不当，如内螺纹和外螺纹接头不同轴、螺纹接头受冲击载荷损伤等，会导致螺纹导向面承受异常应力，最终发生粘扣[4-11]。该井螺纹接头粘扣位置主要分布在螺纹导向面，其原因是卸扣操作不当。

3 预防措施

为防止油管在卸扣过程中发生粘扣，油田在油管下井作业规程中应遵循下列要求。

（1）在油管从接箍中提出之前，应松开全部螺纹。应将油管缓慢地从接箍中提出，避免损伤螺纹接头。

（2）起出的油管应戴好螺纹保护器。

（3）排放在井架上的油管应当适当支撑，以避免过度的弯曲。油管立柱应稳固地放置在油管立柱盒内。

（4）所有油管在存放之前应清洗螺纹，涂敷适宜于储存、运输的螺纹脂，并戴上干净的螺纹保护器，防止螺纹接头腐蚀。

（5）油管在存放或重新使用之前，应检查管体和螺纹接头，对有缺陷的油管应作标记。

（6）应设法回收已经失效的油管样品，并对失效原因进行分析，便于进一步改进。

4 结论与建议

（1）依据ISO13679—2002要求进行的上卸扣试验结果表明，油管抗粘扣性能符合标准要求。

（2）油管起立柱后放入鼠洞内再卸单根时发生粘扣，油管粘扣原因主要是卸扣操作不当。

（3）建议严格按照油田油管下井作业规程进行操作。

参 考 文 献

[1] 吕拴录，常泽亮，吴富强，等．N80 LCSG套管上、卸扣试验研究［J］．理化检验—物理分册，2006，42（12）：602-605．

[2] 吕拴录，刘明球，王庭建，等．J55平式油管粘扣原因分析［J］．机械工程材料，2006，30（3）：69-71．

[3] 袁鹏斌，吕拴录，姜涛，等．进口油管脱扣和粘扣原因分析［J］．石油矿场机械，2008，37（3）：74-77．

[4] 吕拴录，康延军，孙德库，等．偏梯形螺纹套管紧密距检验粘扣原因分析及上卸扣试验研究［J］．石油矿场机械，2008，37（10）：82-85．

[5] 吕拴录，骆发前，赵盈，等．防硫油管粘扣原因分析及试验研究［J］．石油矿场机械，2009，第8期：37-40．

[6] 吕拴录，张锋，吴富强，等．进口P110EU油管粘扣原因分析及试验研究［J］．石油矿场机械，2010，39（6）：55-57．

[7] 盛树彬，吕拴录，李元斌，等．DN2-12井不锈钢油管柱酸化作业后粘扣及腐蚀原因分析分析［J］．理化检验—物理分册，2010，46（8）：529-532．

[8] 姜涛，吕拴录，张伟文，等．139.7mm J55圆螺纹套管上、卸扣试验研究［J］．理化检验—物理分册，2010，46（9）：604-607．

[9] 滕学清，吕拴录，黄世财，等．DN2-6井套压升高原因及不锈钢完井管柱油管接头粘扣原因分析［J］．理化检验—物理分册，2010，46（12）：794-797．

[10] 吕拴录，骆发前，周杰，等．API油套管粘扣原因分析及预防［J］．钻采工艺，2010，33（6）：80-83．

[11] 刘德英，吕拴录，丁毅，等．塔里木油田套管粘扣预防及标准化［J］．理化检验—物理分册，2012，48（11）：773-775．

原载于《理化检验—物理分册》，2016，Vol.52（5）：320-323．

油(套)管关键技术参数研究

通过分别对 API 和非 API 油(套)管失效情况的系统分析,发现管材失效主要原因除了油(套)管使用或装配不当等现场因素外,还存在油(套)管关键技术参数选择不当及非 API 特殊螺纹油(套)管的关键验收项目不明确等原因。本章节概述了特殊螺纹接头油、套管验收关键项目、影响因素及使用注意事项,分析了偏梯形螺纹接头套管连接强度、L_4 长度公差、高强钢韧性等油、套管关键技术参数,解析了 API 标准中有关圆螺纹 J 值含义、套管抗内压标准、偏梯形螺纹接头设计原理及各螺纹参数的含义,并结合相关案例分析,提出了油(套)管关键技术参数优化设计及控制要素。对油(套)管加工和检验技术人员,以及油田从事油(套)管柱设计人员有一定指导意义。

特殊螺纹接头油(套)管验收关键项目及影响因素

刘卫东[1]　吕拴录[2,3]　韩　勇[4]　康延军[3]　赵　盈[3]　张　锋[3]

(1. 胜利油田高原石油装备有限责任公司钻杆分公司；2. 中国石油大学（北京）机电工程学院；3. 塔里木油田；4. 西安摩尔石油工程材料实验室)

摘　要：通过对特殊螺纹接头油(套)管试样尺寸测量结果及试验结果进行对比分析，认为特殊螺纹接头油(套)管验收的关键项目有接头密封面尺寸精度、螺纹紧密距、表面处理方式及质量等。各种表面处理层引起的接头密封直径和螺纹紧密距变化量不同，表面处理层对螺纹紧密距的影响还与螺纹本身的结构有关，表面处理方式对油(套)管接头性能影响很大。

关键词：特殊螺纹接头；油管；套管；密封直径；紧密距

特殊螺纹接头油(套)管具有密封性能好、连接强度高等特点。我国许多油田，例如塔里木油田、四川油田、中原油田、辽河油田、长庆油田、大港油田、西北石油管理局、青海油田等已经使用过特殊螺纹接头油(套)管。我国使用的特殊螺纹接头油(套)管品种有NK3SB、NS-CC、NS-CT、FOX、TM、VAM、VAM MUST、VAM TOP、VAM FJ、NKEL等。由于特殊螺纹接头油(套)管是各厂家的专利产品，在到货验收中通常按厂家提供的标准或用户与厂家共同商定的标准进行验收。近年来，我国油田依据这些标准在到货验收中遇到了许多问题，在使用特殊螺纹接头油、套管过程中发生了多起失效事故[1-9]。例如，四川油田按照厂家提供的标准验收特殊螺纹接头套管，不合格率很高，为此双方谈判了很长时间，厂家从中吸取了教训，为保证其产品合格率，尽量将现场验收标准放宽。后来，我国许多油田，例如中原、长庆、辽河、塔里木等油田采用自己提出的订货补充技术条件，按用户与生产厂共同协商的标准进行验收，在双方协商订货技术条件过程中往往要经过多次谈判，但很难达成一致意见，最终采用折中的办法。按照用户与生产厂折中的标准验收是否可以保证特殊螺纹接头油(套)管质量，很难定论。因为特殊螺纹接头的性能既与其本身结构设计有关，也与其加工精度有关；现场验收标准又与其表面处理方式、镀层厚度及测量误差等有关，是一个非常复杂的问题，需要经过大量试验研究和统计分析才能解决。为此，本文提出在进行特殊螺纹接头油、套管评价试验的过程中应注重试样的验收检验，并对特殊螺纹接头验收关键技术项目及影响因素进行了分析，以便为制订到货验收标准作好准备。

1　试样验收

按照API RP 5C5要求，试样机加工后尺寸必须符合图1要求。图1中 H 表示试样公差上限要求的尺寸范围，L 表示试样公差下限要求的范围。最终试样必须与产品一样进行表面处理。所有试样机加工之后的尺寸是在工厂测量的，评价试验之前所有试样是在厂家技术人员指导下由用户测量的。与厂家测量结果相比，用户测量的结果含有表面处理层厚度。二者测量结果差别除表面处理层厚度之外，还有测量误差。

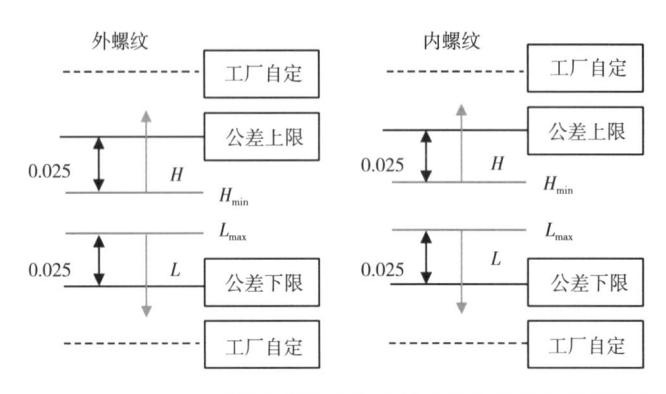

图 1 API RP 5C5 对特殊螺纹接头密封直径和螺纹中径的要求

2 关键验收项目

2.1 密封面尺寸精度

特殊螺纹接头油套管之所以有很好的密封性能是因为其有径向金属对金属密封。金属对金属密封实际上是靠内螺纹和外螺纹接头金属密封面相互接触产生弹性过盈配合，形成一定接触面压来实现的[10-12]。因此，对密封面的尺寸精度要求很高。

（1）密封面外观质量。要保证密封性能，密封面粗糙度必须要有一定的要求。密封面处的机械损伤、划痕，特别是纵向划痕、锈蚀等很易形成泄漏通道，在验收中应特别注意。例如，某油田在进行特殊螺纹接头套管评价试验时，由于堵头密封面有因磷化层本身不匀形成的纵向沟痕，结果发生了泄漏。

（2）密封直径。密封直径的大小直接影响密封面过盈干涉量，特殊螺纹接头密封干涉量就是靠内螺纹和外螺纹接头密封直径的差值来实现的。干涉量过大易发生塑性变形甚至粘结；干涉量过小接触面压不足，容易发生泄漏。

（3）密封锥度。内螺纹和外螺纹密封面锥度是否一致直接影响密封接触面积，在接触面压不变的情况下，接触面积越大，密封性能越好，如果内螺纹和外螺纹接头密封面锥度不匹配，接触面积就会减小，从而降低接头密封性能。

（4）椭圆度。椭圆度大小直接影响密封性能。超差的椭圆度轻则使内螺纹和外螺纹接头密封面沿周向的接触压力分布不匀，降低接头泄漏抗力，重则在密封面沿轴向形成通道，使接头发生泄漏。

2.2 螺纹紧密距

在锥度、螺距、齿高、牙型半角等螺纹参数精度很高的情况下，测量螺纹紧密距实际上是对螺纹中径的间接测量，同时又是对螺纹参数的综合度量。螺纹连接配合状态如何，直接与紧密距有关。同时，对于具有金属密封的特殊螺纹接头而言，如果螺纹紧密距不合格，接头上扣不到位，也不能保证其密封性能。因此，为保证接头连接强度和密封性能，必须保证紧密距尺寸。

3 关键验收项目的影响因素

3.1 镀层厚度对关键尺寸的影响

3.1.1 密封直径

表面处理层导致的密封直径变化量如图 2 所示。

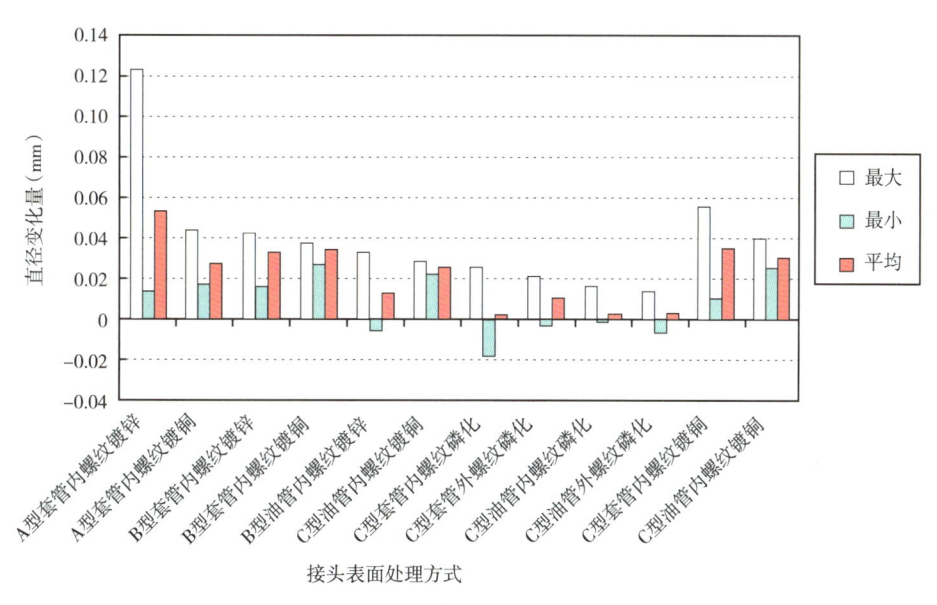

图 2 表面处理层导致密封直径变化量

由图 2 可知，接头镀锌后，A 型套管接头变化范围最大，变化量平均值也最大；B 型套管接头密封直径变化量平均值大于 B 型油管接头，但油管接头变化范围大于套管接头；接头镀铜后，C 型套管接头变化量范围稍大，C 型油管接头变化范围及平均值均很接近；接头磷化后，C 型套管接头变化范围大于 C 型油管接头，磷化后的变化量平均值小于镀锌和镀铜后的变化量平均值。

图 2 表明，B 型油管接头镀锌和 C 型油、套管接头磷化后其变化量均出现有负值，即镀锌或磷化后内径反而变大，外径反而变小，从理论上讲这是不可能的。产生这种现象的原因主要是测量误差引起的，但这种测量误差并不像厂家宣传得那样大。以 C 型接头密封直径测量结果为例予以说明。

C 型接头密封直径试验实测上偏差值，外螺纹为厂家标准偏差值的 2/5，内螺纹为厂家标准偏差值的 5/6；试验实测下偏差值，外螺纹仅为厂家标准偏差值的 2/15，内螺纹仅为厂家标准偏差值的 2/7。这说明厂家为了提高合格率故意夸大了镀层厚度的影响。

由以上分析可知，不同表面处理层导致接头密封直径变化量不同，在订货验收时应区别对待。

3.1.2 螺纹紧密距

表面处理层导致螺纹紧密距变化量如图 3 所示。由图 3 可知，接头镀锌后紧密距变化范围最大的是 B 型油管接头，变化量平均值最大的是 A 型套管接头，变化范围及平均值最小的是 B 型套管接头；镀铜后 B 型油管接头紧密距变化范围最大，A 型油管接头变化量平均值最大，B 型套管接头变化平均值最小；磷化后 C 型油、套管接头内螺纹紧密距变化量大于外螺纹紧密距变化量。

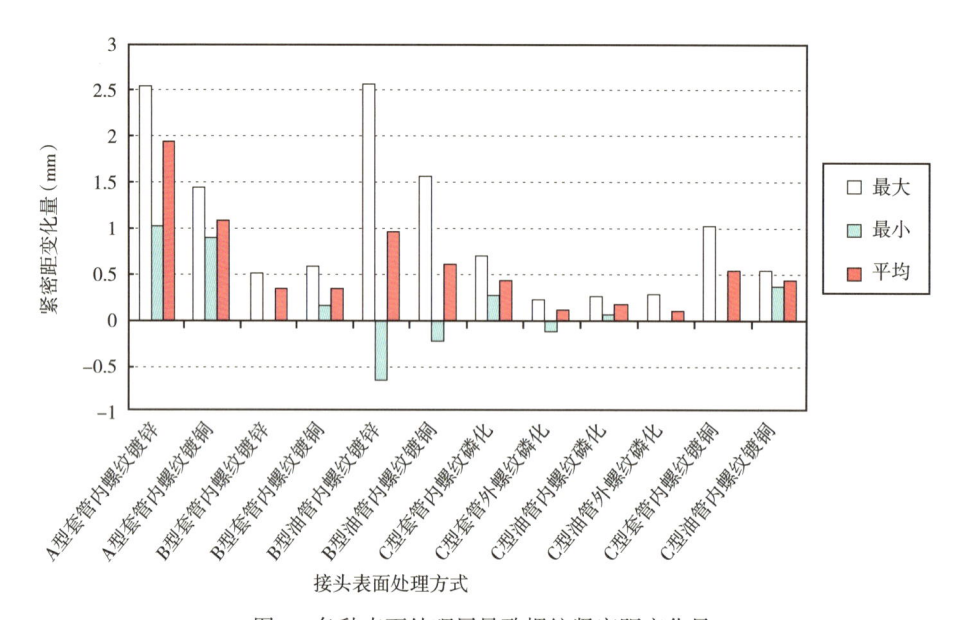

图 3 各种表面处理层导致螺纹紧密距变化量

图 3 中的负值也是由测量误差引起的。仍以 C 型套管接头螺纹紧密距测量结果为例予以说明。

C 型套管接头螺纹紧密距试验实测上偏差值，外螺纹为工厂标准偏差值的 1/3，内螺纹与工厂标准偏差值接近；试验实测下偏差值，外螺纹不到工厂标准偏差值的 2/5，内螺纹与工厂标准偏差值接近。

分析结果表明，不同的表面处理层对螺纹紧密距的影响不同，订货验收时要区别对待。

3.1.3 密封直径和螺纹紧密距变化关系

表面处理之后，同一接头密封直径和螺纹紧密距换算到径向的变化量相差很大，且各接头变化趋势明显不同。这说明同一接头密封直径与紧密距换算到径向的变化量不同的原因与接头螺纹本身结构形状有关，不能简单地认为密封直径变化量乘以锥度就是螺纹紧密距变化量。以 A 型套管接头为例予以说明。

A 型套管接头螺纹紧密距换算到中径方向的变化量大于密封直径的变化量，镀锌试样前者是后者的 2.4 倍，镀铜试样前者是后者的 2.6 倍。产生这种现象的原因分析如下。

设镀层厚度为 δ，因镀层厚度引起螺纹塞规径向位置变化量可从内螺纹的直角边（承载面）和 45°斜边（导向面）分别考虑（图 4）。

（1）直角边。

因内螺纹直角边镀层厚度 δ（DE）导致螺纹塞规径向移动的距离为

$$AG = AB = DE = \delta$$

（2）45°斜面。

因内螺纹 45°斜面镀层厚度 δ 引起螺纹塞规径向移动的距离为

$$BF = BC = \sqrt{2}\delta$$

镀层引起的紧密距变化量换算到径向的变化量为

$$\Delta = AG + BF = (1+\sqrt{2})\delta = 2.4\delta$$

此值与密封部位镀层厚度之比为 2.4，这与实际测量结果非常接近。

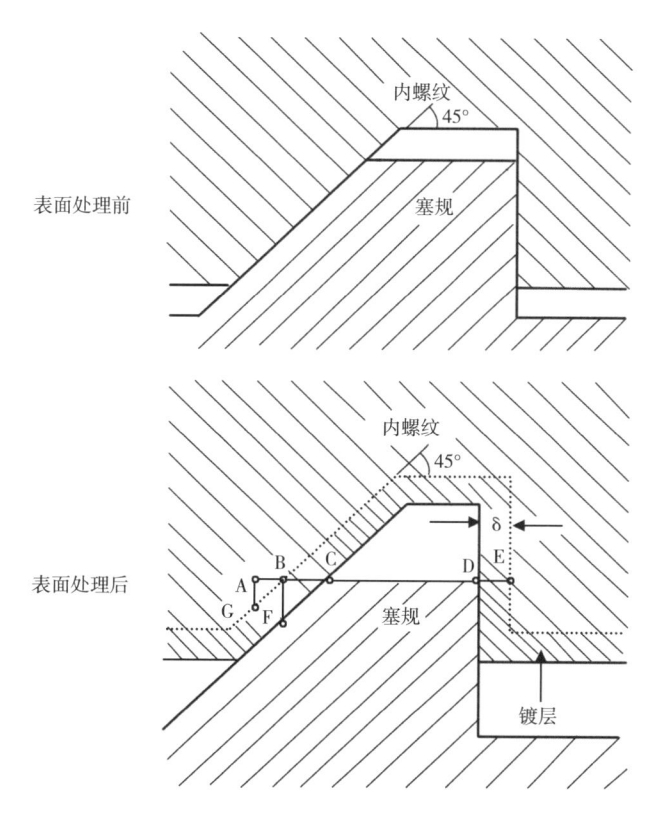

图 4　镀层厚度引起紧密距变化值折算到径向的变化量示意图

3.2　镀层对使用性能的影响

镀层的作用是保护油（套）管接头不生锈，防止接头粘扣，改善接头密封性能。镀层材料对油（套）管接头性能影响很大，针对不同的井况应选用不同的镀层材料。

本次评价试验中只有镀铜的接头通过了热采井模拟试验，其余镀锌、磷化的接头均未通过此项试验。C 型套管接头开始选用磷化处理没有通过此项试验，厂家认为其原因是尺寸精度不足，后将公差缩小了 1/2 仍未通过此项试验，最终接头采用镀铜处理之后才通过了此项试验。

3.3　测量误差

除 C 型接头之外，本次评价的其他接头外螺纹均未进行表面处理，工厂测量数据与试验测量数据之差实际上反映了两家的测量误差（图 5 和图 6）。

由图 5 和图 6 可知，所有接头密封直径误差小于 0.05mm，误差平均值小于 0.021mm；除 B 型套管接头之外，接头螺纹紧密距误差小于 0.41mm，所有接头误差平均值小于 0.05mm。

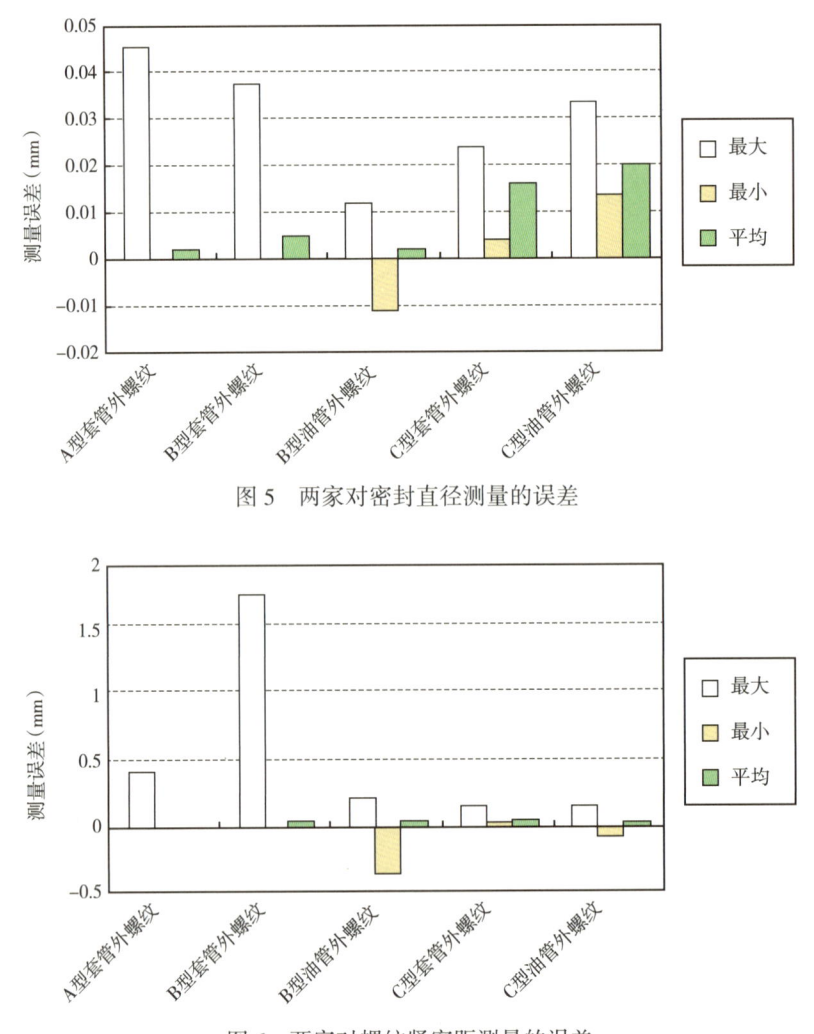

图 5 两家对密封直径测量的误差

图 6 两家对螺纹紧密距测量的误差

4 结论

（1）特殊螺纹接头验收的关键项目有密封面尺寸精度、螺纹紧密距及表面处理方式质量。

（2）不同的表面处理层引起接头密封直径和螺纹紧密距的变化量不同，表面处理层对螺纹紧密距的影响还与螺纹本身的结构有关。

（3）镀层材料对油(套)管接头性能影响很大，针对不同的井况应选用不同的镀层材料。

参 考 文 献

[1] 吕拴录. 特殊螺纹接头油套管选用中存在的问题及使用注意事项 [J]. 石油技术监督，2005，21（11）：12-14.

[2] 吕拴录，康延军，孙德库，等. 偏梯形螺纹套管紧密距检验粘扣原因分析及上扣试验研究 [J]. 石油矿场机械，2008，37（10）：82-85.

[3] 高连新, 史交齐. 油套管特殊螺纹接头连接技术的研究现状及展望 [J]. 石油矿场机械, 2008, 37 (2): 15-19.
[4] 吕拴录, 赵国仙, 王新虎, 等. 特殊螺纹接头油管腐蚀原因分析 [J]. 腐蚀与防护, 2005, 26 (4): 28.
[5] 汤云霞, 王立军, 王文云. 钻铤连接螺纹断裂失效分析及结构优化 [J]. 石油矿场机械, 2009, 38 (6): 25-28.
[6] 赵大伟, 赵国仙, 赵映辉, 等. ϕ88.9mm×ϕ9.35mmG105钻杆内螺纹接头胀扣失效分析 [J]. 石油矿场机械, 2009, 38 (6): 56-60.
[7] 王文云, 汤云霞, 朱明峰. 钻铤螺纹失效分析及解决措施 [J]. 石油矿场机械, 2007, 36 (12): 45-48.
[8] 袁鹏斌, 吕拴录, 姜涛, 等. 进口油管脱扣和粘扣原因分析 [J]. 石油矿场机械, 2008, 37 (3): 78-81.
[9] 吕拴录, 张福祥, 李元斌, 等. 塔里木油气田非API油管使用情况分析 [J]. 石油矿场机械, 2009, 38 (7): 70-74.
[10] 吕拴录, 韩勇. 特殊螺纹接头油、套管使用及展望 [J]. 石油工业技术监督, 2003 (3): 1-4.
[11] 吕拴录, 骆发前, 陈飞, 等. 牙哈7X-1井套管压力升高原因分析 [J]. 钻采工艺, 2008, 31 (1): 129-132.
[12] LV Shuanlu, Xiang Jianmin, Chang Zeliang, et al. Analysis of Premium Connection Downhole Tubing Corrosion [J]. Material Performance, 2008, 47 (5): 66-69.

原载于《石油矿场机械》, 2009, 38 (12) 23-26.

特殊螺纹接头油(套)管验收关键项目及使用注意事项

吕拴录

(中国石油天然气集团公司管材研究所)

摘　要：本文通过对特殊螺纹接头油(套)管评价过程中尺寸测量结果及试验结果进行对比分析，认为特殊螺纹接头验收的关键项目有接头密封面尺寸精度、螺纹紧密距、表面处理方式及质量等。各种表面处理引起的接头密封直径和螺纹紧密距变化量不同，但有一定规律。在验收标准和到货检验过程中应严格要求。同时，笔者通过深入油田进行大量调查研究，分析总结了近年在特殊螺纹油(套)管使用中存在的问题，并提出了使用特殊螺纹油(套)管的注意事项。认为特殊螺纹接头油(套)管设计特点、加工精度和最终下井时螺纹接头配合状态是决定其优良的密封性能和连接强度的关键。要用好特殊螺纹油(套)管，应从螺纹类型选择做起，制订合理的验收标准，把好到货验收关，并应配备专门的特殊螺纹接头油(套)管下井设备、工具及上扣控制系统，严格执行特殊螺纹接头油(套)管下井操作规程。

关键词：特殊螺纹接头；油管；套管；密封直径；紧密距

　　特殊螺纹接头油(套)管设计有金属密封结构和特殊的螺纹形状以及严格的尺寸公差配合，因而具有密封性能好、连接强度高等特点。许多油田如四川油田、中原油田、辽河油田、塔里木油田、长庆油田、大港油田、西北局、青海油田等已经使用了特殊螺纹接头油(套)管。我国使用的特殊螺纹接头油(套)管品种有 NK3SB、NS-CC、NS-CT、FOX、TM、VAM、VAM MUST、VAM TOP、VAM FJ、NKEL 等。由于特殊螺纹接头油(套)管是各厂家的专利产品，在到货验收中通常按厂家提供的标准或用户与厂家共同商定的标准进行验收。油田依据这些标准在到货验收中遇到了许多问题。如某油田按照厂家提供的标准验收特殊螺纹套管，不合格率很高，为此双方僵持了很长时间。后来，为保证其产品合格率高，厂家尽量将现场验收标准放宽。以后许多油田如中原油田、长庆油田、辽河油田、塔里木油田等采用自己提出的订货补充技术条件，按用户与生产厂家共同协商的标准进行验收。在双方协商订货技术条件过程中往往要经过多次谈判，但很难达成一致意见，最终不得不采用折中的办法。按照这些用户与生产厂家折中的标准验收是否可以保证特殊螺纹接头油(套)管质量呢？这很难定论。因为特殊螺纹接头的性能既与其本身结构设计有关，也与其加工精度有关。现场验收标准又与其表面处理方式、镀层厚度及测量误差等有关，是一个非常复杂的问题，需要经过大量试验研究、统计分析才能解决。为此，在进行特殊螺纹油、套管接头评价试验过程中注重了试样的验收检验，并对特殊螺纹接头验收关键技术项目及影响因素进行了分析，为制订到货验收标准打下了一定的基础。

　　另一方面，特殊螺纹接头油(套)管的优良性能还要靠正确的上扣连接来保证。如果下井操作不规范，内外螺纹配合连接位置达不到设计要求，就不能保证特殊螺纹接头油(套)

管的密封性能和连接强度,甚至达不到 API 油(套)管的密封性能和连接强度。近年来,油田使用的特殊螺纹接头油(套)管已发生过多起粘扣、泄漏、刺穿、脱扣、腐蚀等失效事故。其原因与使用操作、运输保管、管柱设计、材料选择等有一定的关系。

特殊螺纹接头油(套)管的优良性能是靠科学的设计和精密的加工质量以及严格的使用操作来保证的。因此,对特殊螺纹接头油(套)管验收标准应高度重视,对验收标准中的关键项目应严格把关。要充分发挥特殊螺纹接头油(套)管的优越性能,除从订货标准方面严格要求螺纹接头加工质量之外,还应在使用中严格执行下井操作规程,对我国油田在使用特殊螺纹油(套)管中存在的问题应及时进行总结分析,对使用特殊螺纹接头油(套)管过程中应注意的事项提出具体要求。做好以上工作对确保特殊螺纹接头油(套)管的订货质量和使用性能很有必要,也十分迫切。

1 特殊螺纹接头油(套)管验收关键项目

1.1 试样验收

按照 API RP 5C5 要求,试样加工后尺寸必须符合图 1 要求,即试样尺寸应处在图 1 的条带范围,而最终试样必须同产品一样进行表面处理。评价试验的所有试样加工之后的尺寸是在工厂测量的。评价试验之前所有试样是在工厂技术人员指导下由油田测量的。与厂家测量结果相比,测量的结果含有镀层厚度。两家的测量结果差别,除镀层厚度外还有两家的测量误差。

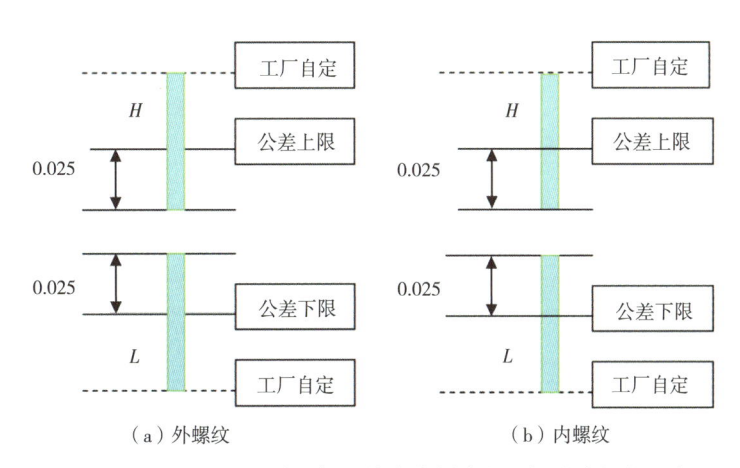

（a）外螺纹　　　　　（b）内螺纹

图 1　API RP 5C5 对特殊螺纹接头密封直径和螺纹中径的要求

1.2 特殊螺纹接头油(套)管关键验收项目

1.2.1 密封面尺寸精度

特殊螺纹接头油(套)管之所以有很好的密封性能是因为其设计有径向金属对金属密封。金属对金属密封实际上是靠内螺纹和外螺纹接头金属密封面相互接触产生弹性过盈配合,形成一定接触面压来实现的。因此,对密封面的尺寸精度要求很高。在验收中应特别注意密封面的尺寸精度。

（1）密封面外观质量。

要保证密封性能，密封面粗糙度必须要有一定的要求。密封面处的机械损伤、划痕，特别是纵向划痕、锈蚀等很易形成泄漏通道。例如，某油田在进行特殊螺纹接头套管评价试验时，由于堵头密封面有因磷化层本身不匀形成的纵向沟痕，结果发生了泄漏。

（2）密封直径。

密封直径的大小直接影响密封面过盈干涉量，特殊螺纹接头密封干涉量就是靠内螺纹和外螺纹接头密封直径的差值来实现的。干涉量过大易发生塑性变形，甚至粘结；干涉量过小接触面压不足，容易发生泄漏。

（3）密封锥度。

内螺纹和外螺纹密封面锥度是否一致直接影响密封接触面积。在接触面压不变的情况下，接触面积越大，密封性能越好。如果内螺纹和外螺纹接头密封面锥度不匹配，接触面积就会减小，从而降低接头密封性能。

（4）椭圆度。

椭圆度大小直接影响密封性能。超标准的椭圆度，轻则使内螺纹和外螺纹接头密封面沿周向的接触压力分布不匀，降低接头泄漏抗力，重则在密封面沿轴向形成通道，使接头发生泄漏。

1.2.2 螺纹紧密距

在锥度、螺距、齿高、牙形半角等螺纹参数精度很高的情况下，测量螺纹紧密距实际上是对螺纹中径的间接测量，同时又是对螺纹参数的综合度量。螺纹连接配合状态如何，直接与紧密距有关。同时，对于具有金属密封的特殊螺纹接头而言，如果螺纹紧密距不合格，接头上扣不到位，也不能保证其密封性能。因此，为保证接头连接强度和密封性能，必须保证紧密距尺寸合理。

1.3 影响关键验收项目的各种因素

1.3.1 镀层厚度对关键尺寸的影响

接头表面处理后其尺寸要发生变化。各种表面处理层究竟会对接头尺寸，特别是关键尺寸，如密封直径、螺纹紧密距等产生多大影响，这方面以前油田没有作大量统计分析，在验收标准中一般都是工厂说了算。那么工厂说的是否符合实际呢？项目组这次对各种表面处理层对密封直径及螺纹紧密距的影响做了认真分析和研究。

（1）密封直径。

各种表面处理层导致的密封直径变化量如图2所示。从图2可知，接头镀锌后 A 型套管接头变化范围最大，变化量平均值也最大。B 型套管接头密封直径变化量平均值大于 B 型油管接头，但油管接头变化范围大于套管接头。接头镀铜后，C 型套管接头变化量范围稍大，其余变化范围及平均值均很接近。接头磷化后，C 型套管接头变化范围大于 C 型油管接头。磷化后的变化量平均值小于镀锌和镀铜后的变化量平均值。

图2中 B 型油管接头镀锌和 C 型油（套）管接头磷化后其变化量均出现有负值。即镀锌或磷化后内径反而变大，外径反而变小。从理论上讲这是不可能的。产生这种现象的原因主要是测量误差引起的。但这种测量误差并不是厂家宣传的那样大。下面以 C 型接头为例（表1）予以说明。

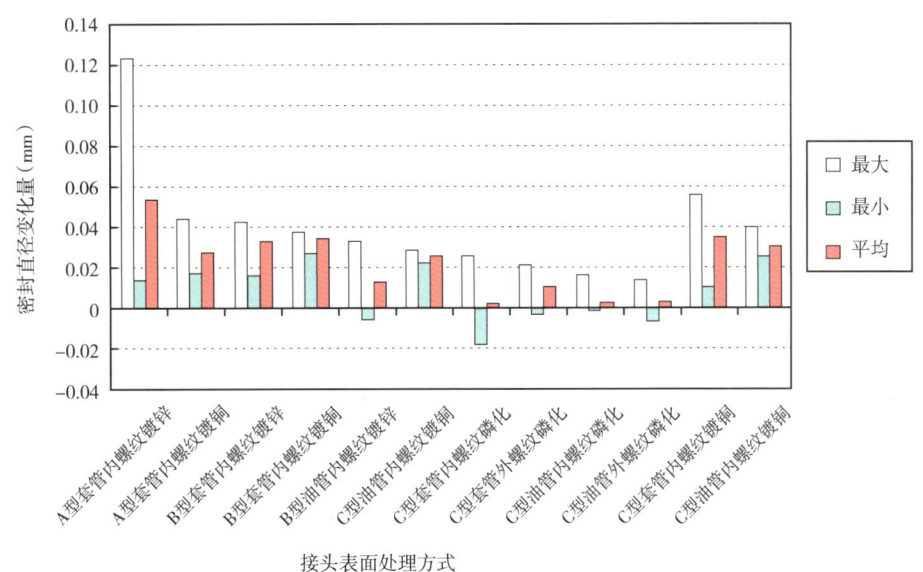

图 2 表面处理层导致密封直径变化量

表 1 磷化层厚度导致 C 型接头密封直径变化量　　　　　　　　　　单位：mm

项目	外螺纹		内螺纹	
工厂标准公差	上偏差	+0.050	上偏差	+0.030
	下偏差	−0.030	下偏差	−0.070
石油管材研究所（TGRC）实测偏差	上偏差	+0.021	上偏差	+0.025
	下偏差	−0.004	下偏差	−0.020

从表 1 可知，TGRC 实测上偏差值，外螺纹不到厂家标准值的½，内螺纹为厂家标准偏差值的⅚；TGRC 实测下偏差值，外螺纹仅为厂家标准偏差的⅐，内螺纹仅为厂家标准偏差的²⁄₇。这说明表面处理之后厂家给出的公差范围偏大。

（2）螺纹紧密距。

各种表面处理导致螺纹紧密距变化量如图 3 所示。

由图 3 可知，接头镀锌后紧密距变化范围最大的是 B 型油管接头，变化量平均值最大的是 A 型套管接头，变化范围及平均值最小的是 B 型套管接头。镀铜后 B 型油管接头紧密距变化范围最大，A 型油管接头变化量平均值最大，B 型套管接头变化量平均值最小。磷化后 C 型油套管接头内螺纹紧密距变化量大于外螺纹紧密距变化量。

图 3 中的负值也是由测量误差引起的。下面仍以 C 型套管接头为例（表 2）予以说明。

从表 2 可知，TGRC 实测上偏差值，外螺纹不到工厂标准偏差值的⅓，内螺纹与工厂标准偏差值接近；TGRC 实测下偏差值，外螺纹不到工厂标准偏差值的½，内螺纹与工厂标准偏差值接近。

从以上分析可知，不同表面处理导致接头密封直径变化量不同，各种表面处理对螺纹紧密距的影响不同，在订货验收时要区别对待。

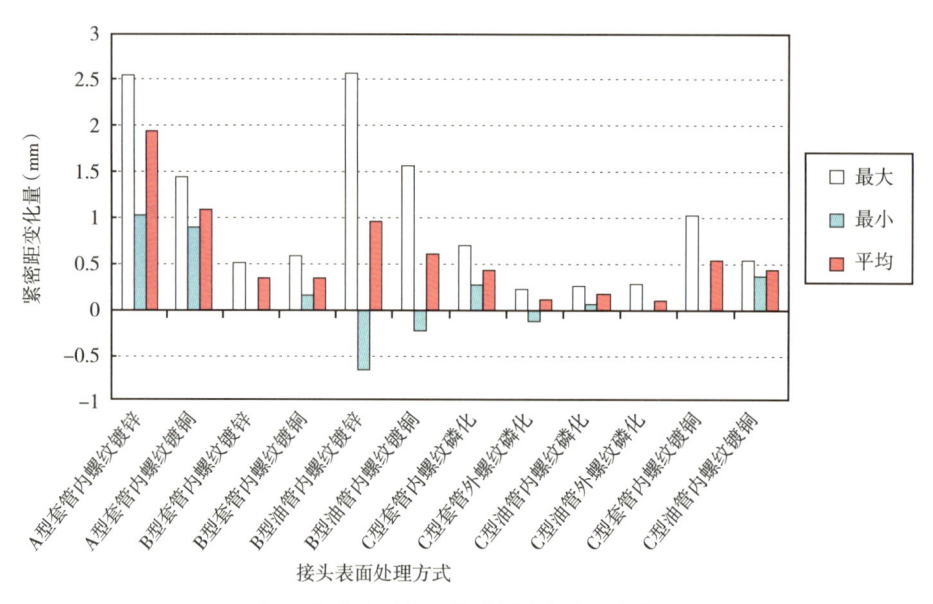

图3 各种表面处理导致螺纹紧密距变化量

表2 磷化层厚度导致 C 型套管接头螺纹紧密距变化量　　　　　　　　单位：mm

项目	外螺纹		内螺纹	
工厂标准公差	上偏差	+0.7	上偏差	+0.3
	下偏差	-0.3	下偏差	-0.7
TGRC 实测偏差	上偏差	+0.23	上偏差	+0.29
	下偏差	-0.12	下偏差	-0.75

1.3.2 镀层对使用性能的影响

镀层的作用是保护接头不生锈，防止接头粘扣，改善接头密封性能。镀层材料对接头性能影响很大，不同的井况应选用不同的镀层材料。

这次评价试验中只有镀铜接头通过了热采井模拟试验（TGRC2），其余镀锌、磷化的接头均未通过此项试验。C 型套管接头开始选用磷化处理没有通过此项试验。厂家认为其原因是尺寸精度不足，后将公差缩小了一半仍未通过此项试验。最终接头采用镀铜处理之后才通过了此项试验。

1.3.3 测量误差

除 C 型接头之外，这次评价的其他接头外螺纹均未进行表面处理。工厂测量数据与我们测量数据之差实际上反映了两家的测量误差（图4，图5）。

从图4和图5可知，所有接头密封直径误差范围没有超过0.05mm，误差平均值没有超过0.021mm。接头螺纹紧密距误差范围，除 B 型套管接头之外，没有超过0.41mm，所有接头误差平均值没有超过0.050mm。

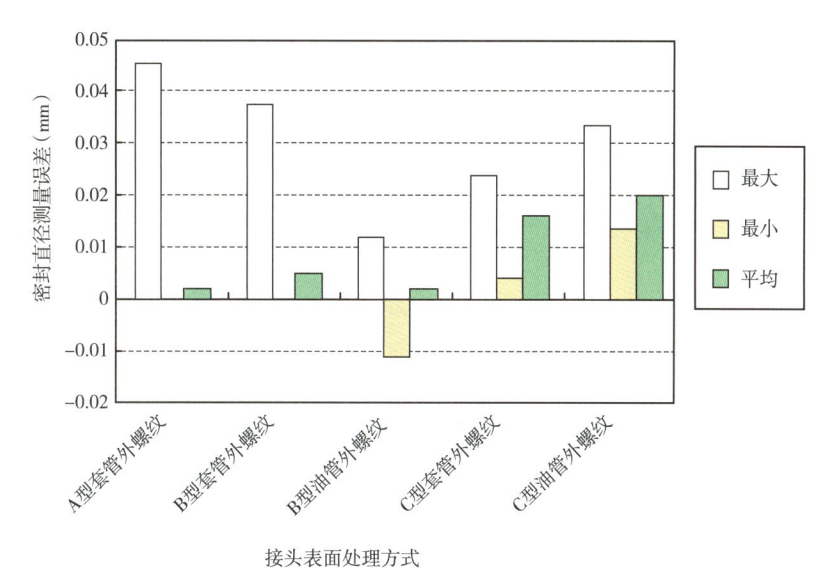

图4 密封直径测量误差

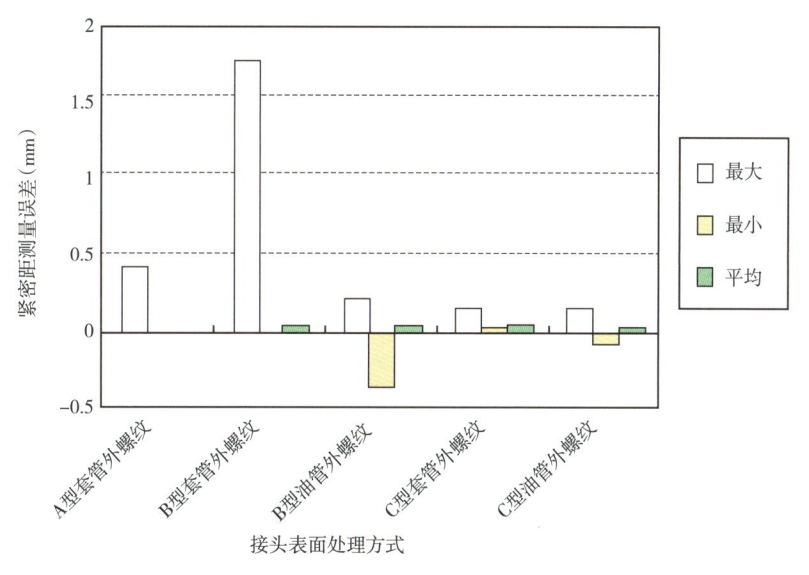

图5 螺纹紧密距测量误差

2 特殊螺纹接头油(套)管使用存在问题及注意事项

2.1 存在问题

2.1.1 运输途中套管里进水，导致特殊螺纹接头锈蚀

特殊螺纹接头油(套)管从国外漂洋过海运到油田要经过许多环节，如果在运输或者保管环节不注意防护，油(套)管里进水之后容易导致接头锈蚀。某油田在商检时发现特殊螺纹接头套管锈蚀（图6），究其原因是在运输途中套管里进水（图7，图8）。

图6 套管里进水后导致特殊螺纹接头锈蚀形貌

图7 套管进水情况

图8 套管进水后护丝形貌

2.1.2 螺纹脂选用不当

特殊螺纹接头油(套)管对螺纹脂的质量和用量有严格要求。如果螺纹脂选用不当，会导致粘扣，并破坏接头密封性。例如，88.9mm NK3SB 油管接头螺纹脂用量仅 8g。螺纹脂过量会在接头径向密封位置附近的空隙产生高压，降低接头密封性能。某油田因螺纹脂选用不当曾导致特殊螺纹油管粘扣。

2.1.3 不使用对扣器

不使用对扣器下套管，很容易碰伤密封面和扭矩台肩（图9）。一旦密封面破坏，或者扭矩台肩碰坏，螺纹接头将失去密封性能。

图 9 下特殊螺纹接头套管未使用对扣器

2.1.4 缺少配套的特殊螺纹接头油(套)管下井用液压大钳和上扣控制系统

特殊螺纹接头油(套)管对上扣速度、上扣扭矩和上扣位置有特殊要求。要保证特殊螺纹接头油(套)管的使用性能，下井作业必须配置专门的上扣液压大钳和上扣控制系统。而国内油田在这方面做的不是非常理想。有些油田虽然配备有专门的上扣液压大钳和上扣控制系统，但下油(套)管时习惯采用高档速度上扣，实际下井的每根油(套)管上扣控制曲线并没有全部达到上扣要求，且容易发生粘扣。如果油(套)管柱中有一根上扣位置不符合要求或者发生粘扣，将会影响整个管柱的密封性能和连接强度。有些油田根本就没有配置专门的上扣液压大钳和上扣控制系统。例如，某油田下特殊螺纹套管所用的套管钳最大扭矩只有工厂推荐值的68%，实际上扣扭矩只有工厂推荐扭矩的50%；上扣控制系统只能记录扭矩值，而不能显示上扣过程中螺纹吸收扭矩、密封吸收扭矩、台肩吸收扭矩等各阶段的扭矩实际变化，也不能反映和记录上扣圈数和转速。最终无法判定上扣质量是否合格。

2.1.5 上扣不到位

受现场条件和设备的限制，有些特殊螺纹接头油(套)管上扣不到位，内外螺纹接头台肩位置没有接触，留下的缝隙可以将钢板尺插入（图10）。由于上扣不到位，上扣扭矩小，产生了如下后果。

（1）不能保证接头的密封性能，导致管柱泄漏。

（2）套管扭矩台肩部位留有缝隙，容易产生缝隙腐蚀。

（3）油管扭矩台肩部位留有缝隙，会产生冲刷腐蚀（图11，图12）。

图10 接头台肩上扣不到位

图11 扭矩台肩位置冲刷腐蚀穿孔形貌

图12 外螺纹接头扭矩台肩位置冲刷腐蚀穿孔形貌

（4）卸扣扭矩小，抗倒扣能力差，在后续作业过程中受到倒扣载荷、震动载荷、内压载荷等容易倒扣，最终发生脱扣。

2.1.6 材质选用不当

特殊螺纹接头油（套）管特殊之处在于其螺纹接头不同于 API 油（套）管螺纹，其材质并没有特殊之处。如果油田腐蚀介质特别严重，应对材料的抗腐蚀性能提出专门要求。有些油田认为只要使用特殊螺纹接头油（套）管就可以保证不出问题，结果在含有 CO_2、Cl^- 等腐蚀介质的井中选用特殊螺纹接头油管后，油管管体严重腐蚀（图13）。原因是实际订购的特殊螺纹接头油管为普通材质，不具有抗 CO_2、Cl^- 等腐蚀的能力。

图 13 特殊螺纹接头油管内壁腐蚀形貌

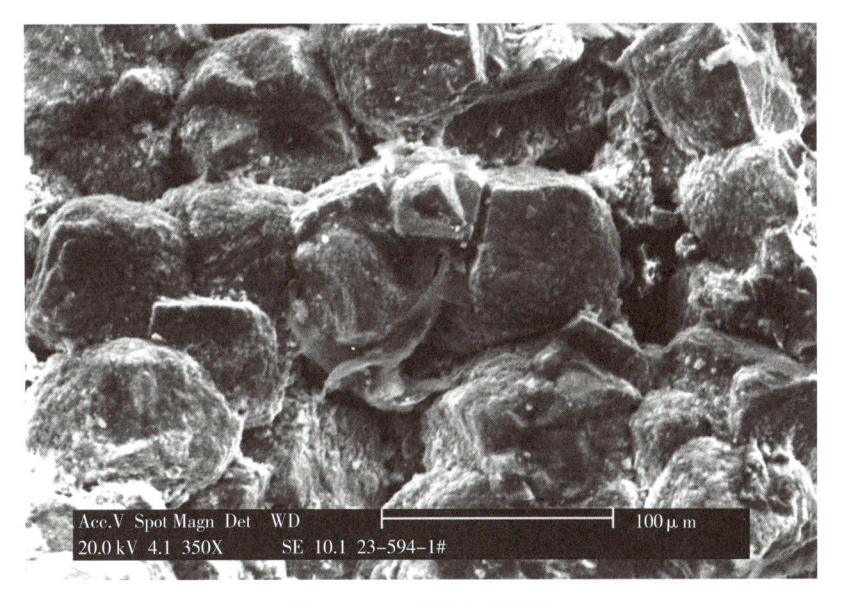

图 14 CO_2 腐蚀产物形貌

2.1.7 扣型选择不当

每种特殊螺纹接头都具有一定的优缺点和适用范围。有些油田在选用特殊螺纹接头油（套）管时缺乏全面调查研究和评价试验，结果所选的特殊螺纹接头使用性能不能满足自己油田的实际需要，造成了不应有的浪费。

2.1.8 特殊螺纹接头油（套）管品种过多

目前，特殊螺纹接头油（套）管为各厂家的专利产品，不同的特殊螺纹接头不能相互连接和互换。因此，各油田所选的扣型应尽可能得少，以免造成浪费和管理困难。近年来，有些油田选用了多种特殊螺纹接头油（套）管，由于特殊螺纹接头油（套）管不能互换，剩余的各种特殊螺纹接头油（套）管只能存在库房，或者当作 API 普通油（套）管使用。

2.1.9 附件不配套

各厂家的特殊螺纹接头油（套）管都是依据自己的标准加工的。油田一旦选定扣型，管柱系统所有附件的螺纹也必须与其一致。在推销产品的初级阶段，厂家一般都采用免费提供附件的策略。一旦油田大量使用，厂家不可能再免费提供附件。因从国外进口附件价格特别昂贵，油田一般委托国内厂家加工附件。但是附件加工质量不合格，往往导致特殊螺纹接头油（套）管管柱达不到应有的性能。例如，由于套管头质量问题导致井口漏气。由于没有特殊螺纹接头浮箍浮鞋，将最下面的一根套管的特殊螺纹改为 API 螺纹，最终导致特殊螺纹接头套管柱只达到了 API 螺纹接头的密封能力。曾经对国内某单位加工的特殊螺纹接头油（套）管附件进行抽查，结果大多数不合格。因此应加强对特殊螺纹接头油（套）管附件的质量监督检验工作。

2.2 注意事项

2.2.1 依据油田实际工况选择特殊螺纹接头油（套）管

目前世界上已有近百种特殊螺纹接头油（套）管，每一种特殊螺纹接头油（套）管都具有自己的优缺点。各油田应当根据自己的井况选用特殊螺纹接头油（套）管。近年来，经过油田使用和试验研究，发现并非每种特殊螺纹接头油（套）管都具有连接强度高、密封性能好等特点。不同的特殊螺纹接头油（套）管具有不同的使用性能，有些特殊螺纹接头油（套）管密封性能、抗粘扣性能很差。而特殊螺纹接头油（套）管使用性能评价需要在专门的全尺寸油套管试验机上，按严格的试验评价程序进行评价试验之后才能确定。有些厂家宣传得很好，但实际产品使用性能与试验结果差别很大。因此，油田在选择特殊螺纹接头油（套）管时应经过严格评价试验。

2.2.2 配备下井专用工具和上扣控制系统

（1）液压钳上扣速度、上扣扭矩符合要求。

（2）上扣控制系统能有效地控制上扣速度、上扣扭矩、上扣位置。

2.2.3 严格下井操作规程

（1）使用对扣器。

使用对扣器可以防止偏斜对扣，防止碰伤接头螺纹、密封面和扭矩台肩，减少或防止粘扣（图15）。

（2）螺纹脂质量和用量符合要求。

螺纹脂具有润滑、填充密封等特点。但不同的特殊螺纹接头的特殊结构设计对螺纹脂的

图 15 对扣器使用示范

质量和数量有严格要求，螺纹脂使用过量或过少均会产生不良后果，而并不是用量越多越好。

（3）上扣速度符合要求。

上扣速度快，容易产生冲击载荷，导致螺纹损伤或粘扣（图16）。

（4）上扣到位。

上扣到位是保证特殊螺纹接头油(套)管密封性能和连接强度的关键。上扣到位包括：①扭矩符合要求；②上扣位置符合要求；③上扣记录曲线有明确显示（图17）。

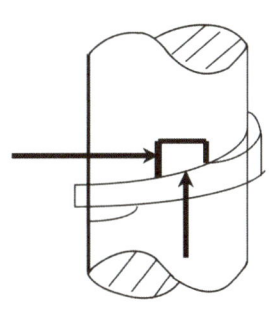

图 16 上扣速度影响示意图

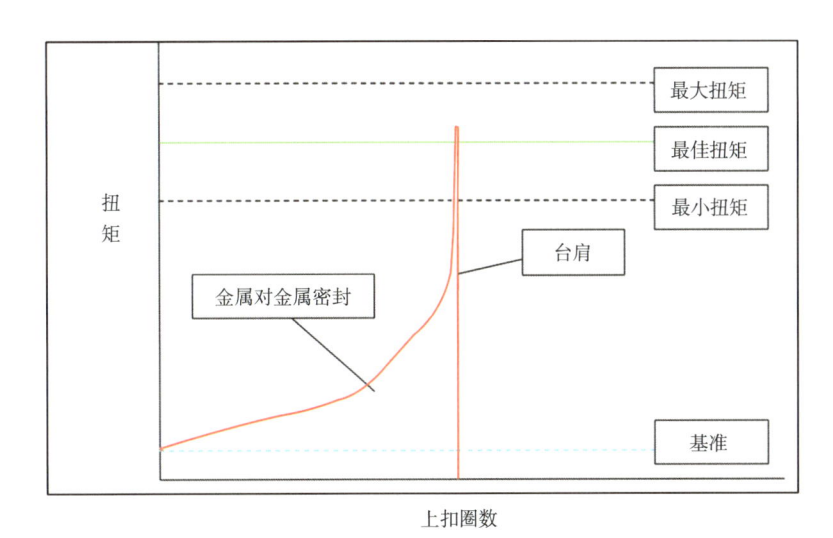

图 17 特殊螺纹接头油(套)管上扣控制示意图

3 结论

(1) 特殊螺纹接头验收的关键项目有密封面尺寸精度、螺纹紧密距、表面处理方式及质量等，应对这些关键项目严格检验。

(2) 各种表面处理层引起接头密封直径和螺纹紧密距的变化量不同，在验收标准中应当提出具体要求。

(3) 配备特殊螺纹接头油(套)管下井专用工具和上扣扭矩控制系统，严格执行特殊螺纹接头油(套)管下井操作规程。

原载于《石油技术监督》2005年第11期．

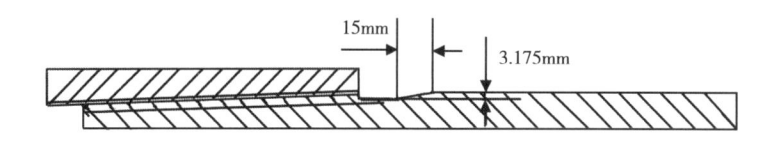

非 API 规格偏梯形螺纹接头套管连接强度计算

姬丙寅[1] 吕拴录[2,3] 张 宏[2]

(1. 西安摩尔石油工程实验室;2. 中国石油大学(北京)机电工程学院;
3. 塔里木油田钻井技术办公室)

摘 要:通过对塔里木油田 ϕ250.83mm 套管使用情况调研,发现目前使用的 ϕ250.83mm 套管采用 ϕ244.48mm API 偏梯形螺纹接头,其连接强度远低于管体。设计了与 ϕ250.83mm 套管管体匹配的 ϕ250.83mm 非 API 规格偏梯形螺纹套管接头。通过力学计算和有限元分析,证实 ϕ250.83mm 管体配 ϕ250.83mm 非 API 规格偏梯形螺纹接头套管比现有 ϕ250.83mm 管体配 ϕ244.48mm API 标准偏梯形螺纹接头的套管连接强度大幅度提高。通过对 API 标准套管接头连接强度公式进行分析,得出了既可满足 API 套管连接强度计算,又可满足非 API 标准套管接头连接强度计算的公式。

关键词:偏梯形螺纹;套管接头;连接强度

塔里木油田地质条件复杂,油气井大多数属于深井或超深井,在钻井过程中经常碰到蠕变地层井壁封固问题。为了防止套管发生变形和挤毁,塔里木油田选用了管体尺寸为 ϕ250.83mm×15.88mm 抗挤性能良好的套管,并收到了预期的效果。由于 API 标准中没有 ϕ250.83mm 规格的套管接头,塔里木油田现有 ϕ250.83mm×15.88mm 套管配的接头主要有 3SB、VOMTOP 和偏梯形螺纹套管接头三种接头。3SB 和 VOMTOP 接头与管体完全匹配,但由于这些进口套管价格昂贵,且受国外专利限制,不利于国产化,通常只在高压油气井中使用。由于 ϕ250.83mm×15.88mm 规格的套管属于非标准套管,API 套管标准没有该种规格套管螺纹接头量规和产品结构尺寸,油田只能在 ϕ250.83mm 管体上采用相近的 ϕ244.48mm API 标准偏梯形螺纹套管接头(图1)。在 ϕ250.83mm 套管管体上加工 ϕ244.48mmAPI 标准偏梯形螺纹套管接头,接头规格小于管体,接头部位壁厚减小,这必然导致接头连接强度降低。为了保证 ϕ250.83mm 偏梯形螺纹套管接头连接强度,塔里木油田提出采用与 ϕ250.83mm 管体匹配的非 API 规格偏梯形螺纹接头套管(图2)。现有的 API 连接强度计算公式存在问题,本文提出了非 API 偏梯形螺纹连接强度计算方法。

图1 ϕ250.83mm 管体上加工 ϕ244.48mm API 偏梯形螺纹接头示意图(方法一)

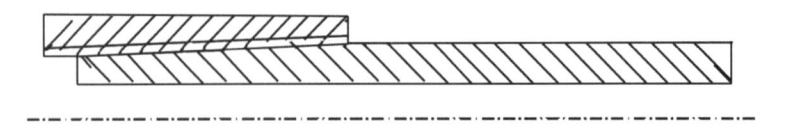

图2 φ250.83mm管体上加工非API规格偏梯形螺纹接头示意图（方法二）

1 偏梯形螺纹接头套管连接强度解析计算

1.1 现有API标准偏梯形螺纹接头套管

目前，API规格偏梯形螺纹接头套管连接强度已经在API Bul 5C2中给出，即式（1）和式（2）。该计算公式是根据 W. O. Clinedist 的报告《偏梯形连接强度》中的公式提出的。这些公式当时是根据151根外径 φ114.3~508.0mm，钢级为 276~1034MPa 的偏梯形螺纹接头套管试验结果回归分析得出的，偏梯形螺纹接头套管连接强度取接箍内螺纹连接强度和外螺纹连接强度的最小值（注：API标准偏梯形螺纹接头套管连接强度公式中的系数是根据英制单位线性回归得出的，为了与回归的系数匹配，文中公式量值单位为特定的英制单位，最后把计算的偏梯形螺纹接头套管连接强度值转化为国际单位。

外螺纹连接强度：

$$P_G = 0.95 A_P U_P [1.008 - 0.0396(1.083 - Y_P/U_P)D] \tag{1}$$

式中 P_G——套管管体螺纹连接强度，lb；
Y_P——套管管体材料最小屈服强度，psi；
U_P——套管管体材料最小抗拉强度，psi；
A_P——平端管的横截面积，$A_P = 0.7854(D^2 - d^2)$，in；
D——管体外径，in；
d——管体内径，in。

套管接箍内螺纹连接强度：

$$P_j = 0.95 A_C U_C \tag{2}$$

式中 P_j——套管接箍螺纹连接强度，lb；
U_C——套管接箍材料最小抗拉强度，psi；
A_C——接箍的横截面积，$A_C = 0.7854(W^2 - d_1^2)$，in²；
d_1——机紧状态下与外螺纹端面处对应的接箍螺纹根部的直径，$d_1 = E_7 - (L_7 + I)T + 0.062$，in；

其中 I——规格为 4½in 时为 0.4，规格为 5~13⅜in 时为 0.5，规格大于为 13⅜in 时为 0.375；
T——规格小于等于 13⅜in 时为 0.0625，规格大于 13⅜in 时为 0.0833；
L_7——完整螺纹长度。

1.2 φ250.83mm偏梯形螺纹接头套管

对于API标准规格尺寸和钢级套管，公式（1）至公式（2）是在试验基础上回归分析得到的,并没有疑问。然而,对于非 API 规格尺寸套管连接强度是否可以采用此公式,目前并没有文献对其进行分析。在此,对非 API 规格偏梯形螺纹套管接头连接强度进行分析讨论。

1.2.1 接箍内螺纹连接强度

在 φ250.83mm 套管管体上加工 φ244.48mm 偏梯形螺纹接头(方法一),采用的接箍仍是标准 φ244.48mm 接箍。因此,采用公式(2)计算套管接箍连接强度是合理的;对于 φ250.83mm 非 API 规格偏梯形螺纹套管(方法二),接头规格虽然不是 API 标准规格,但尺寸介于 114.3~508.0mm 之间,而且螺纹牙型参数与 API 标准相同。因此,采用公式(2)计算 φ250.83mm 非 API 规格偏梯形螺纹套管接箍连接强度是合理的。

1.2.2 外螺纹连接强度

式(1)是以平端管管体截面为基础来计算套管外螺纹接头连接强度的。采用式(1)计算 API 标准偏梯形螺纹套管管体螺纹连接强度应该没问题,但计算非 API 规格偏梯形螺纹接头套管外螺纹连接强度就会出现问题。按理说,φ250.83mm 管体加工 φ250.83mm 非 API 标准偏梯形螺纹套管接头连接强度比用 φ250.83mm 管体管加工 φ244.48mmAPI 标准偏梯形螺纹套管接头的连接强度高,但按照 API 公式(1)计算结果却是相同的。产生上述问题的原因是 API 公式(1)在计算外螺纹接头连接强度时只考虑管体外径和内径,而未把套管接头螺纹参数或者是台肩考虑进去。本文将公式(1)中套管外径 D 用螺纹参数代替,推导出既可计算 API 标准规格偏梯形螺纹接头(图 3)套管连接强度,也可计算非 API 规格规格偏梯形螺纹接头(图 4)套管连接强度的公式。

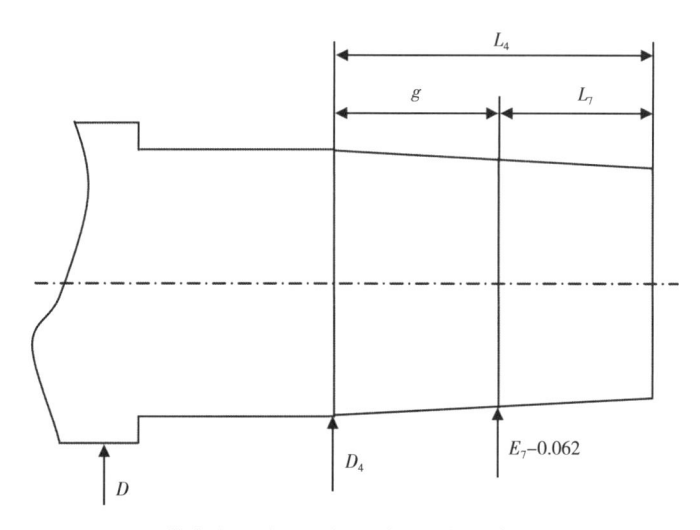

图 3 带台肩的非 API 规格偏梯形螺纹套管示意图

公式推导过程:

1)规格不大于 339.7mm (13⅜in) 时
大端直径:

$$D_4 = D + 0.016 \tag{3}$$

式中 D——管体直径,in;
D_4——大端直径,in。

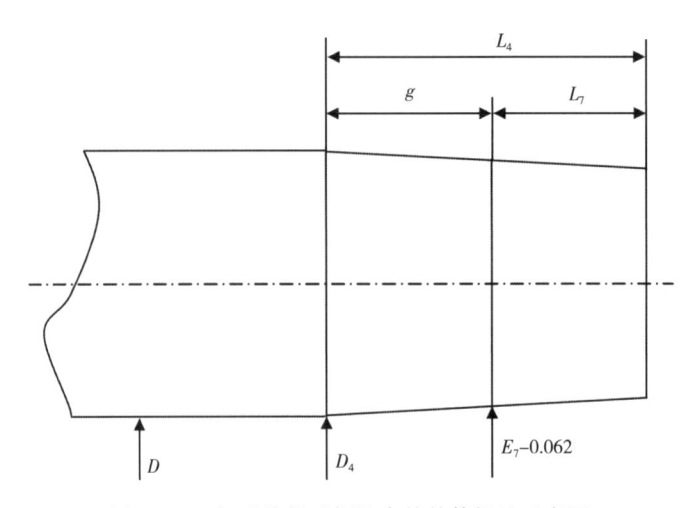

图 4 API 标准偏梯形螺纹套管管体螺纹示意图

不完整螺纹长度：

$$g = [(D + 0.016) - (E_7 - 0.062)]/T \tag{4}$$

式中　g——不完整螺纹长度；
　　　D——管体直径；
　　　E_7——中径；
　　　T——锥度。

$$D = E_7 + gT - 0.078 \tag{5}$$

将式（5）代入公式（1）得

$$P_j = 0.95A_P U_P [1.008 - 0.0396(1.083 - Y_P/U_P)(E_7 + gT - 0.078)] \tag{6}$$

其中

$$A_P = 0.7854[(E_7 + gT - 0.078)^2 - d^2]$$

2）当规格不小于 406.4mm（16in）时
大端直径：

$$D_4 = D \tag{7}$$

不完整螺纹：

$$g = (D - (E_7 - 0.062))/T \tag{8}$$

$$D = E_7 + gT - 0.062 \tag{9}$$

将式（9）代入公式（1）得

$$P_j = 0.95A_P U_P [1.008 - 0.0396(1.083 - Y_P/U_P)(E_7 + gT - 0.062)] \tag{10}$$

其中

$$A_P = 0.7854[(E_7 + gT - 0.062)^2 - d^2]$$

按照 API 公式（1）和修改后的公式（6），取 API P110 钢级材料屈服强度，对偏梯形螺纹接头套管连接强度进行计算，结果见表1。

表1 偏梯形螺纹套管接头连接强度计算结果

套管管体与套管接头组合	管体壁厚（mm）	钢级	接头连接强度（kN） API 公式（1）	修改公式（6）
ϕ244.48mm 管体+ϕ244.48mmAPI 标准偏梯形螺纹套管接头	15.88	P110	8684	8685
ϕ250.83mm 管体+ϕ244.48mmAPI 标准偏梯形螺纹套管接头			8906	7045
ϕ250.83mm 管体+ϕ250.83mm 非 API 偏梯形螺纹套管接头			8906	8904

由表1，对于 API 标准规格的套管，式（1）和式（6）计算的连接强度基本相同；ϕ250.83mm 套管管体加工 ϕ250.83mm 偏梯形螺纹套管接头连接强度比 ϕ250.83mm 套管管体加工 ϕ244.48mm 偏梯形螺纹套管接头连接强度提高了 24.7%。在修改公式计算过程中，充分考虑了螺纹参数之间的关系，把公式（1）中的管体直径用不完整螺纹长度、中径和锥度表示，这样在计算带台肩的偏梯形螺纹套管接头连接强度时，就可以避开管体直径，直接用螺纹参数表示，从理论上讲修改的公式（6）和式（10）是正确的。

2 有限元验证计算

2.1 计算模型

偏梯形螺纹接头套管接箍有 2 个内螺纹接头，2 个内螺纹接头是关于套管接箍中间截面对称的。建立有限元分析模型时从接箍端面沿轴向取到中间截面位置，忽略偏梯形螺纹接头螺旋升角的影响，建立偏梯形螺纹接头的二维轴对称模型，采用弹塑性非线性有限元模型进行分析，选用的单元类型为轴对称四边形单元[1]。由于轴对称性，各节点的环向位移为零，每个节点只有轴向位移和径向位移两个自由度。依据塔里木油田 ϕ250.83mm 套管管体配 ϕ244.48mmAPI 标准偏梯形螺纹接头和 ϕ250.83mm 套管管体配 ϕ250.83mm 非 API 规格偏梯形螺纹套管接头的两种情况确定计算模型（图5至图7）。应用 ANSYS 大型有限元软件提供的直接接触算法，接触表面的摩擦采用库仑摩擦模型，摩擦因数取 0.02[2,3]。材料模型以 P110 钢级的应力应变曲线为例进行计算。API 标准规定偏梯形螺纹接头套管机紧圈数为 1.0~2.5 圈。此处取 2 圈计算过盈量，径向过盈量为 0.3175mm。套管工作环境复杂，有 3 种情况可能引起套管接头的破坏。

图5 ϕ250.83mm 套管管体上加工 ϕ244.48mmAPI 标准偏梯形螺纹接头网格图（方法一）

图6 ϕ250.83mm 套管管体配 ϕ250.83mm 非 API 规格偏梯形螺纹接头网格图（方法二）

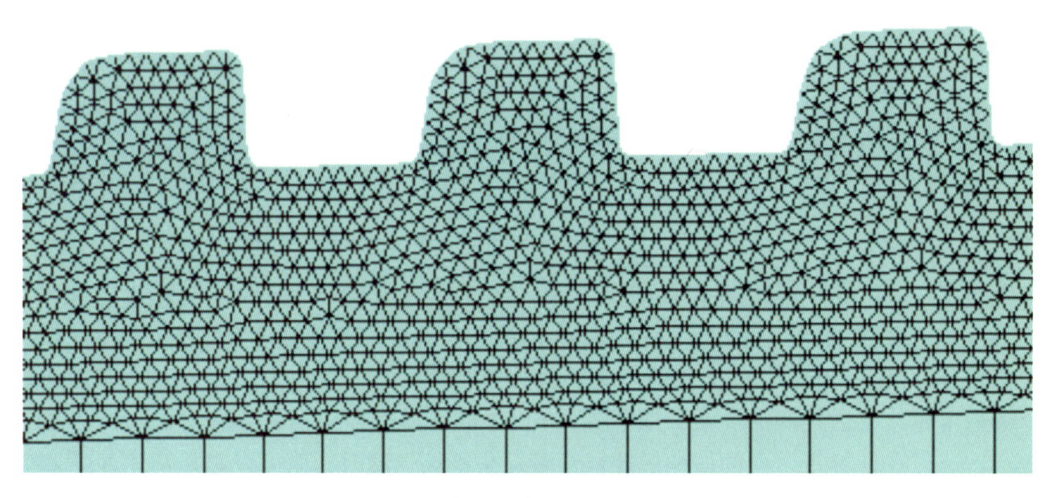

图 7　螺纹局部网格放大图

（1）管体或接箍的筒体在整个截面完全屈服。

（2）内螺纹和外螺纹间的相对径向位移过大导致脱扣，脱扣表明接头的承载能力小于套管本体。

（3）所有螺纹在根部屈服。通常情况下不会出现所有螺纹在根部屈服，SY/T 5322—2000 套管柱设计方法中指出套管接头连接强度是使套管接箍螺纹滑脱或断裂的最小轴向载荷[4]。在本文中计算时将套管接箍内螺纹起始螺纹脱扣作为接头失效的极限载荷。

2.2　接强度有限元分析

螺纹接头连接强度有限元分析如图 8 和图 9 所示。

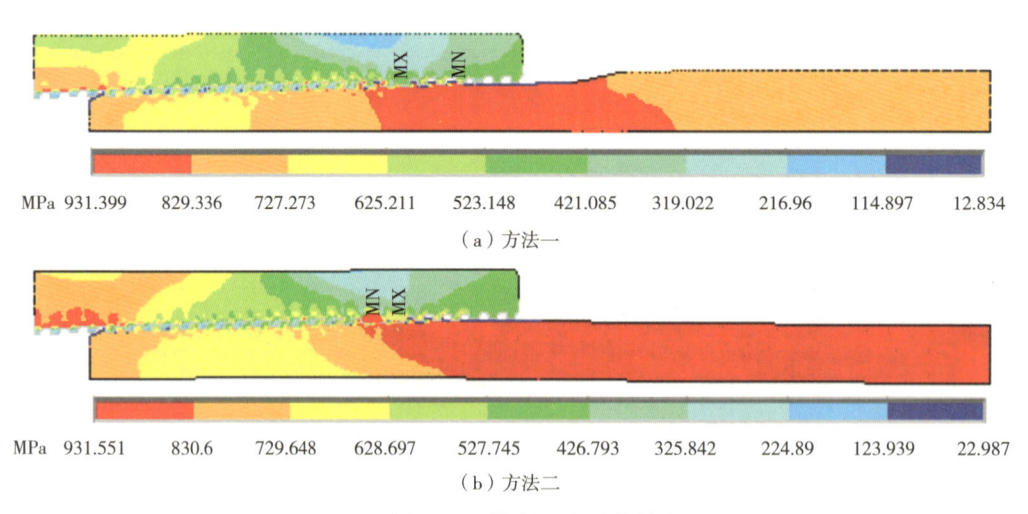

（a）方法一

MPa　931.399　829.336　727.273　625.211　523.148　421.085　319.022　216.96　114.897　12.834

（b）方法二

MPa　931.551　830.6　729.648　628.697　527.745　426.793　325.842　224.89　123.939　22.987

图 8　两种方法达到抗拉强度时等效应力图

从图 8 可知，内螺纹应力水平比外螺纹应力水平低，方法一在接箍端部对应的外螺纹接头大端应力水平明显比外螺纹接头小端和管体处高，该处为方法一最薄弱环节。方法二接箍端部对应的螺纹接头大端和管体整体应力水平基本一致，二者的承载能力基本相同。随着拉

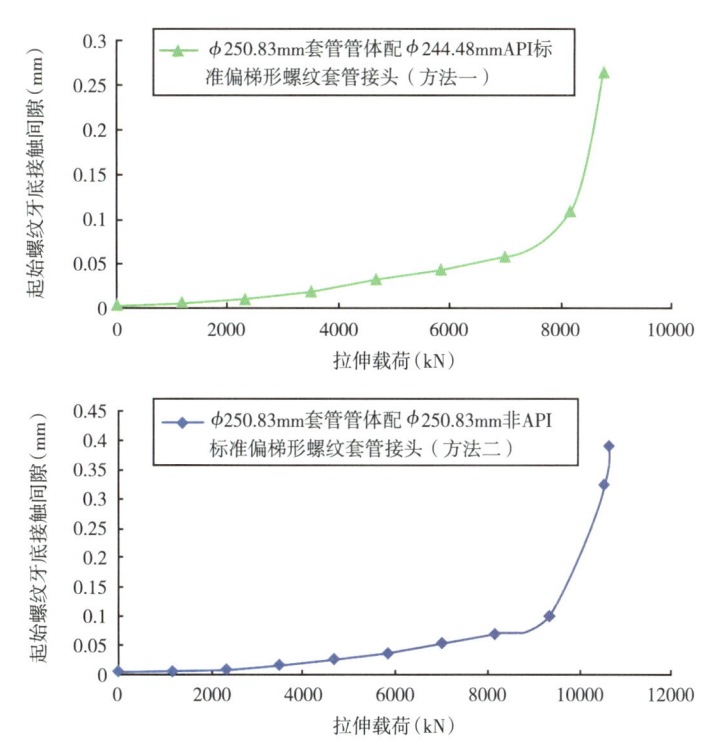

图9 外螺纹接头大端螺纹牙底与内螺纹接头起始螺纹牙顶间的配合间隙随拉伸载荷变化图

伸载荷的增大，起始螺纹牙底接触间隙逐渐增大，由于螺纹承载面还处于接触状态，因此还有进一步承载能力。从图9可知，当拉伸载荷小于6000kN，2种方法内螺纹接头起始螺纹牙底接触间隙基本一致；当拉伸载荷达到8000kN时，方法一外螺纹接头大端螺纹牙底与内螺纹接头起始螺纹牙顶间的配合间隙快速增大，方法二的拉伸载荷达到10000kN时，外螺纹接头大端螺纹牙底与内螺纹接头起始螺纹牙顶间的配合间隙才快速增加。方法二比方法一提高约21%，与修改的连接强度公式计算值（24.7%）比较接近，因此修改的公式从理论上讲是正确的。套管失效主要是在套管接头处[5-11]，从连接强度方面考虑，ϕ250.83mm套管管体配ϕ250.83mm非API规格偏梯形螺纹接头的套管连接强度远高于ϕ250.83mm套管管体上加工ϕ244.48mmAPI标准偏梯形螺纹接头的套管的连接强度，即，使用方法二可以减少或防止因连接强度不足而造成的失效事故。

3 结论

（1）ϕ250.83mm管体加工ϕ250.83mm偏梯形螺纹接头的套管连接强度高于ϕ250.83mm管体管端加工ϕ244.48mm偏梯形螺纹接头的套管连接强度，但按照API标准给定的公式计算结果却是相同的。当套管管体与接头不匹配时，不能按API标准给定的公式计算套管接头连接强度。

（2）按照修改后的公式和API公式计算API标准套管接头连接强度，结果基本一致；按照修改后的公式计算结果，ϕ250.83mm管体加工ϕ250.83mm偏梯形螺纹接头的套管连接强度比ϕ250.83mm管体加工ϕ244.48mm偏梯形螺纹接头的套管连接强度提高了24.7%。

（3）按照有限元计算结果，ϕ250.83mm管体加工ϕ250.83mm偏梯形螺纹接头的套管连接强度比ϕ250.83mm管体加工ϕ244.48mm偏梯形螺纹接头的套管连接强度提高了21%，验证了修改的公式是正确的。

参 考 文 献

[1] 袁光杰，林元华，姚振强，等．API偏梯形套管螺纹连接的接触应力场研究［J］．钢铁，2004，39（9）：35-38.

[2] 叶先磊，史亚杰．ANSYS工程分析软件应用实例［M］．北京：清华大学出版社，2003.

[3] Andrew Leech, Alun Roberts. Development of Dope-Free Premium Connections for Casing and Tubing［J］. SPE Drilling & Completion, 2007：106-111.

[4] 国家发展和改革委员会．SY/T 5322—2000套管柱强度设计方法［S］．

[5] 吕拴录．ϕ139.7×7.72mm J55长圆螺纹套管脱扣原因分析［J］．钻采工艺，2005，28（2）：73-77.

[6] 吕拴录．套管抗内压强度试验研究［J］．石油矿场机械，2001，30（增刊）：51-55.

[7] 袁鹏斌，吕拴录，姜涛，等．长圆螺纹套管脱扣原因分析［J］．石油矿场机械，2007，36（10）：68-72.

原载于《石油矿场机械》，2011，40（2）：58-62.

$\phi 244.5mm$ 套管偏梯形螺纹接头 L_4 长度公差分析及控制

吕拴录[1,2]　姬丙寅[1]　杨成新[2]　文志明[2]
张　锋[2]　徐永康[2]　樊文刚[2]

(1. 中国石油大学（北京）机械与储运工程学院；2. 塔里木油田)

摘　要：某油田在检验一批 $\phi 244.5mm$ 偏梯形螺纹接头套管时发现，管端至螺纹消失点的长度 L_4 比公称值小 25.22mm。虽然 API SPEC 5B 对套管偏梯形外螺纹接头 L_4 没有规定公差，但依据 API SPEC 5CT 和油田规定的外径公差可以推算结果，L_4 的上偏差为 39.11mm（7.7 扣），下偏差为 -17.39mm（3.42 扣）。分析结果表明：该批套管 L_4 实际公差已经超过推算出的 L_4 负公差，使套管接头密封性能降低 22.0%，并降低了螺纹连接强度。

关键词：套管；偏梯形螺纹；长度；公差

API SPEC 5B[1] 套管偏梯形外螺纹接头管端至螺纹消失点的总长度（L_4）和全顶螺纹长度（L_c）是影响内外螺纹接头啮合长度（图 1）的关键参数。L_4 由完整螺纹长度（L_7）和不完整螺纹长度（g）2 部分组成，即 $L_4=L_7+g$；$L_c=L_7-10.16$ mm。API SPEC 5B 对 L_4 没有规定公差，对 L_c 公差有具体规定。

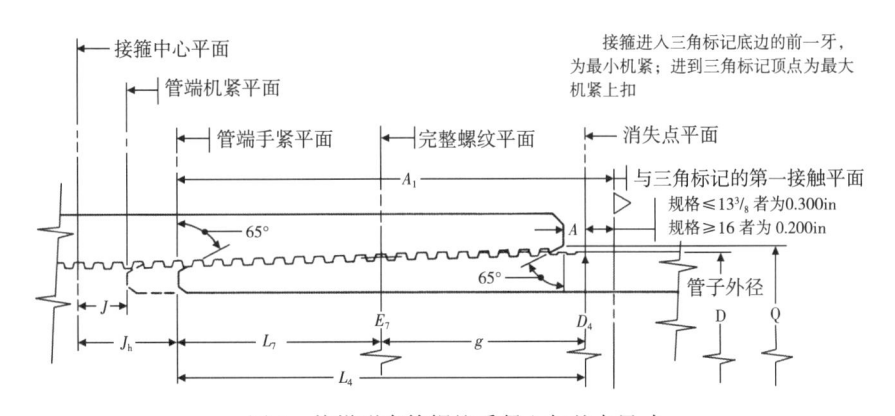

图 1　偏梯形套管螺纹手紧上扣基本尺寸

由于 L_4 和 L_c 的长度受管子不圆度、外径偏差、壁厚偏差和管子弯曲度等的影响，实际加工的套管外螺纹接头 L_4 和 L_c 难免会存在偏差。L_c 偏差通过测量确定，并可依据标准规定予以判断。L_4 的偏差虽然用肉眼可以直接看到，但由于 API SPEC 5B 对 L_4 没有规定公差，故无法判定是否合格。用户认为 L_4 太短的螺纹接头套管其密封性能和连接强度必然会降低；生产厂认为，只要 L_c 符合 API SPEC 5B 规定，L_4 可以不考虑，因为 API SPEC 5B 对 L_4 没有规定公差。长期以来，用户和生产厂就 API SPEC 5B 偏梯形螺纹接头套管 L_4 公差问题各持己见，至今仍然没有统一认识。因此，分析研究 API SPEC 5B 偏梯形螺纹接头套管 L_4 公差问题，搞清 $L4_{公}$ 差对套管接头连接强度和密封性能的影响很有必要。

本文根据某油田在套管检验过程中发现 244.5 mm 套管螺纹接头 L_4 过短问题，从标准规定以及 L_4 偏差对套管接头连接强度和密封性能的影响等方面进行了分析。

1 问题提出

某油田在套管检验过程中发现 244.5 mm 套管偏梯形螺纹接头 L_4 偏差很大。同一根套管外螺纹接头，$L_{4min} = 89.4mm$，$L_{4max} = 130mm$（图2）。L_{4min} 比公称值短 25.2mm，L_{4max} 比公称值长 15.4mm。油田认为这是套管质量问题，工厂对此持不同看法。

对于 244.5mm 偏梯形螺纹接头套管，API SPEC 5B 标准规定，$L_4 = 114.62mm$，L_4 没有公差；$L_c = 50.06mm$，在 L_c 范围内，公差允许存在 2 牙黑顶螺纹，但黑顶螺纹的长度不能超过管子周长的 25%，在 L_c 长度的其他螺纹均应是全顶螺纹。

由图 2 可知，套管外螺纹接头在 L_c 范围内没有黑顶螺纹，即套管外螺纹接头符合 API SPEC 5CT 标准。

图 2 L_4 测量结果

2 按照 API SPEC 5CT 对 L_4 长度计算和判定

按照 API SPEC 5CT 对 244.5mm 套管规定的外径公差，对 L_4 长度计算结果见表 1。

表1 按照 API SPEC 5CT 外径公差对 L_4 长度计算结果

管体外径 D (mm)	螺纹中径 E_7 (mm)	锥度 T_p (mm/m)	完整螺纹长度 L_7 (mm)	不完整螺纹长度 g (mm)	管端至消失点总长度 L_4 (mm)
244.48（公称值）				50.394	114.62
243.25（负公差 −0.5%D）	243.307	0.0625	64.224	30.836	95.06 (114.62−19.56)
246.92（正公差 1.0%D）				89.510	153.73 (114.62+39.11)

计算结果表明，按照 API SPEC 5B 规定，外径公差为+1%D/−0.5%D，正公差对应的 L_4 为 153.73 mm，负公差对应的 L_4 为 95.06 mm。即，依据 API SPEC 5D 对外径规定的公差，可以计算出 L_4 正公差为 39.11 mm（7.70扣），负公差为 −19.56 mm（3.85扣）。实际套管 L_{4max} = 130 mm，L_{4min} = 89.40 mm，L_4 正公差符合要求，L_4 负公差超差 5.66 mm（1.11扣）。

3 L_4 对套管接头密封性能影响

API 偏梯形螺纹接头内外螺纹接头上扣连接之后存在螺旋通道，其密封性能是靠螺纹脂填充来实现的（图3）[1]。螺旋通道越长，螺纹脂流动的阻力越大，越有利于密封性能[2-4]。可以通过计算不同 L_4 长度对应的螺旋通道长度（表2）来确定其偏差对偏梯形螺纹接头密封性能的影响。

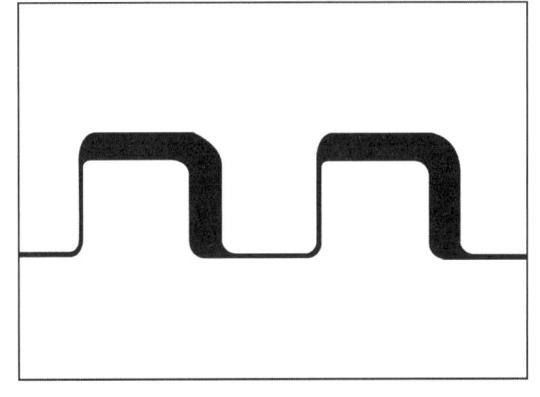

图3 偏梯形螺纹接头螺纹脂填充密封示意

表2 不同 L_4 对应的螺旋通道长度计算结果

套管规格 D (mm)	大端直径 D_4 (mm)	螺距 P (mm)	锥度 T (mm/m)	数据来源	管端至消失点总长度 L_4 (mm)	螺纹消失点处半径 R_b (mm)	螺旋圈数 n	螺旋通道长度 L_e (mm)	$(L_e−L_eg)/L_e$ (%)	$(L_4−L_4g)/L_4$ (%)
				公称	114.62	122.45	22.56	17096.34	0.0	0.0
244.48	244.89	5.08	0.0625	实测	153.73	123.67	30.26	23045.99	−34.8	−34.1
					95.06	121.83	18.71	14142.92	17.3	17.1
					106.79	122.20	21.02	15912.29	6.9	6.8
					89.40	121.66	17.60	13291.06	22.3	22.0

注：(1) L_4 为管端至消失点总长度的公称值，L_4g 为实测管端至消失点总长度；
(2) L_e 为按照公称尺寸计算的螺旋通道长度，L_eg 为按照实测尺寸计算的螺旋通道长度。

4 L_4 对套管接头连接强度的影响

偏梯形螺纹接头连接强度是靠其内外螺纹过盈啮合来实现的[7-15]。L_4 长度直接影响 API 偏梯形螺纹接头内外螺纹接头上扣连接之后的螺纹啮合长度。内外螺纹啮合长度越长越有利于提高接头连接强度[7-12]。由于 L_4 长度受管子不圆度、外径偏差、壁厚偏差和管子弯曲度等的影响，一般套管外螺纹接头 L_4 长度仅在圆周局部区域超差。在外螺纹接头 L_4 范围没有螺纹的局部区域与内螺纹接头匹配之后没有螺纹啮合，该区域的螺纹应当承受的力会转移到螺纹其他区域，导致接头受力偏离轴线。当套管受到轴向拉伸或压缩时，接头会产生偏斜拉伸或偏斜压缩载荷；当套管受到弯曲载荷时，接头承载能力会降低，即 L_4 长度低于标准要求会降低接头连接强度。L_4 长度超差对偏梯形螺纹接头套管连接强度的影响计算比较困难，目前还没有计算公式，有关 L_4 长度偏差对偏梯形螺纹接头连接强度的影响有待进一步研究。

5 L_4 公差控制

为了保证套管尺寸精度和套管抗挤性能，塔里木油田对套管外径公差提出了严格要求，这实际也对套管外螺纹接头 L_4 长度提出了要求。按照塔里木油田对套管外径公差要求，对 L_4 长度计算结果见表 3。

表 3 按照塔里木油田要求对 L_4 长度计算结果

管体外径 D (mm)	螺纹中径 E_7 (mm)	锥度 T_p (mm/m)	完整螺纹长度 L_7 (mm)	不完整螺纹长 G (mm)	管端至消失点总长度 L_4 (mm)
244.475（公称值）				50.394	114.62
246.920（正公差 1.0%D）	243.307	0.0625	64.224	89.510	153.73 (114.62+39.11)
243.986（负公差-0.2%D）				42.570	106.79 (114.62-7.83)

按塔里木油田要求，外径公差为+1%D/-0.2%D，正公差对应的 L_4 为 153.73mm，负公差对应的 L_4 为 106.79mm。即，依据塔里木油田对外径规定的公差，可以计算出 L_4 正公差为 39.11mm（7.70 扣），负公差为 7.83mm（1.54 扣）。实际套管 L_{4max} = 130mm，L_{4min} = 89.40mm，L_4 正公差符合要求，L_4 负公差超差 17.39mm（3.42 扣）。

6 结论

（1）虽然 API SPEC 5B 对偏梯形套管外螺纹接头管端至螺纹消失点的长度 L_4 没有规定公差，但依据 API SPEC 5CT 规定的外径公差（+1%D/-0.5%D）推算结果，L_4 正公差为 39.11 mm（7.70 扣），负公差为 -19.56mm（3.85 扣）。实际套管 L_{4max} = 130 mm，L_{4min} = 89.40mm，L_4 正公差符合要求，L_4 负公差超差 5.66mm（1.11 扣）。

（2）依据塔里木油田对外径规定的公差（+1%D/-0.2%D）推算结果，L_4 正公差为 39.11mm（7.70 扣），负公差为-7.83 mm（1.54 扣）。实际套管 L_4 正公差符合要求，负公差超差 17.39 mm（3.42 扣）。

（3）按照 API SPEC 5CT 规定的外径负公差（-0.5%D）对 L4 计算结果，套管密封性能降低 17.3%；按照塔里木油田规定的外径负公差（-0.2%D）对 L4 计算结果，套管接头密封性能降低 6.9%。实际 L_4 = 89.40 mm 时，套管接头密封性能降低 22.3%。

参 考 文 献

[1] SY/T 5199-1997，套管、油管和管线管用螺纹脂 [S]．

[2] 吕拴录．油田套管水压试验结果可靠性分析 [J]．石油工业技术监督，2001，17（11）：9-14．

[3] 吕拴录，骆发前，陈飞，等．牙哈 7X-1 井套管压力升高原因分析 [J]．钻采工艺，2008，31（1）：129-132．

[4] 吕拴录，李鹤林，藤学清，等．油、套管粘扣和泄漏失效分析综述 [J]．石油矿场机械，2011，40（4）：21-25．

[5] 吕拴录，韩勇，袁鹏斌，等．φ139.7×7.72 mm J55 长圆螺纹套管脱扣原因分析 [J]．钻采工艺，2005，28（2）：73-77．

[6] 吕拴录，宋治，韩勇，等．套管抗内压强度试验研究，石油矿场机械，2001，30（增刊）：51-55．

[7] 吕拴录，宋治．J 值在 API 圆螺纹连接中含义初探 [J]．石油钻采工艺，1995，18（5）：56-62．

[8] 袁鹏斌，吕拴录，姜涛，等．长圆螺纹套管脱扣原因分析 [J]．石油矿场机械，2007，36（10）：68-72．

[9] LÜ Shuanlu, HAN Yong, QIN Changyi, et al. Analysis of well casing connection pullout [J]. Engineering Failure Analysis, 2006, 13（4）: 638-645.

[10] 袁鹏斌，吕拴录，姜涛，等，进口油管脱扣和粘扣原因分析 [J]．石油矿场机械，2008，37（3）：78-81．

[11] 吕拴录，龙平，赵盈，等．339.7mm 偏梯形螺纹接头套管密封性能和连接强度试验研究 [J]．石油矿场机械，2011，40（5）：25-29．

[12] 姬丙寅，吕拴录，张宏．非 API 规格偏梯形螺纹接头套管连接强度计算研究 [J]．石油矿场机械，2011，40（2）：58-62．

[13] 袁光杰，林元华，姚振强，等．API 偏梯形套管螺纹连接的接触应力场研究 [J]．钢铁，2004，39（9）：35-38．

[14] 吕拴录，康延军，孙德库，等．偏梯形螺纹套管紧密距检验粘扣原因分析及上卸扣试验研究 [J]．石油矿场机械，2008，32（10）：82-85．

[15] 刘卫东，吕拴录，韩勇，等．特殊螺纹接头油套管验收关键项目及影响因素 [J]．石油矿场机械，2009，38（12）：23-26．

原载于《石油矿场机械》，2012，41（6）：63-66．

J 值在 API 圆螺纹连接中含义初探

吕拴录　宋　治

(中国石油天然气总公司石油管材研究所)

摘　要：通过对 API φ73.0mm×5.51mm EU N80 螺纹油管接头螺纹参数进行检测，分析了 API 螺纹中 J 值与螺纹各项参数及上扣扭矩的关系。认为在最佳上扣扭矩条件下，J 值大小随螺纹参数变化而改变，用控制 J 值来控制螺纹的上紧程度不能保证螺纹连接处于最佳状态。以 J 值判定油、套管螺纹连接松紧程度是否合格是不科学的。

关键词：J 值；API 螺纹；螺纹连接；扭矩；最优化

J 值是 API 螺纹连接机紧后管端至接箍长度中心位置的距离。长期以来，就 J 值是否可以作为管子螺纹连接合格与否的判断依据存在两种不同的见解。一种观点认为 J 值可以作为判定管子螺纹连接是否合格的重要参数之一，原因是如果不严格控制 J 值，很易造成螺纹连接过紧，螺纹连接后两外螺纹管端碰在一起，甚至导致接箍胀裂。的确，这类特殊情况在我国油田曾发生过。基于这种原因，我国现行订货检验把 J 值作为判定螺纹连接是否合格的重要参数。根据这个要求，有些国内外生产厂为我国油田供货的油(套)管采用在控制 J 值的条件下进行机紧上扣。另一种观点认为 J 值不能作为油(套)管螺纹连接是否合格的判断依据，理由是 J 值合格并不能保证螺纹接头连接强度和密封性能最佳，很易发生脱扣或断扣事故。J 值合格的油(套)管在我国油田也确实发生了多起脱扣事故，根据我国现状，很有必要对 J 值与螺纹各项参数及上扣扭矩等的关系进行研究。

根据调查，对 φ73mm 油管螺纹紧密距单参数进行了检测并对 J 值与螺纹各项参数及上扣扭矩的关系进行了分析。

1　螺纹检验

1.1　内螺纹检验

内螺纹检验结果见表1、表2。

表1　接箍磷化前抽检情况

接箍编号	1A	1B	2A	2B	3A	3B	4A	4B
紧密距（mm）	5.7	4.7	5.0	5.6	4.7	6.0	4.6	4.2
锥度（mm/m）	62.6	62.5	63.0	63.0	65.0	64.5	63.5	64.5
	63.0	63.0	63.0	63.0	65.0	64.5	63.5	64.5
螺距偏差（mm/mm）	-1.5	-1.5	-1.5	-1.0	-1.0	-1.5	-1.0	-1.5
齿高偏差×0.025（mm）	-0.8	-1.2	-1.0	-1.5	-1.3	-1.7	-1.5	-1.6

表2 接箍磷化后抽检情况

接箍编号	5A	5B	6A	6B	7A	7B	8A	8B	9A	9B	10A	10B
紧密距（mm）	8.9	7.5	7.8	5.4	5.3	4.6	5.2	5.1	5.1	5.6	6.8	6.1
锥度（mm/m）	63.0	62.0	62.5	64.0	63.5	64.0	62.5	63.5	64.5	65.0	64.5	65.0
	62.0	63.5	62.0	63.5	64.5	64.0	63.5	62.5	63.5	65.0	65.0	64.5
螺距偏差（mm/mm）	−1.5	−2.0	−1.0	−1.5	−1.0	−1.0	−1.0	−1.5	−1.5	−1.5	−1.0	−1.0
齿高偏差×0.025（mm）	+0.5	+0.5	−0.5	+0.3	−0.5	0	0	−0.5	−0.8	−1.2	−0.5	0

注：（1）9A、9B大端第3扣处螺距均为−2.5；
（2）工作塞规传递值 $S_1-S=9.37-9.52=-0.15$ mm。

在表1及表2中，紧密距标准值为6.2±3.2mm，锥度标准值为 $62.5^{+5.2}_{-2.6}$ mm/m，螺距偏差标准值为±3.0mm/mm；表1中齿高偏差标准值为 $0^{+2.0}_{-4.0}\times0.025$ mm，表2中齿高偏差标准值为±1.0×0.025mm。紧密距、锥度和齿高偏差磷化前后与频数直方图如图1至图3所示。

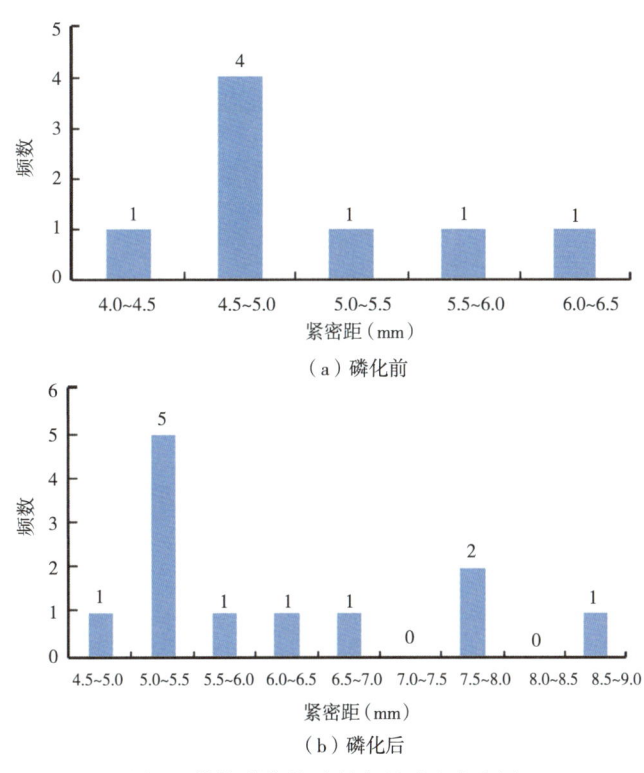

图1 接箍磷化前后紧密距对比直方图

1.2 外螺纹检验

外螺纹检验结果见表3。

表3中，标准紧密距为0.11±3.2mm，标准锥度为 $62.5^{+5.2}_{-2.6}$ mm/m，标准螺距偏差为0±3.0mm/mm；标准齿高偏差为 $0^{+2.0}_{-4.0}\times0.025$ mm，标准 J 值为12.7mm，标准接箍长度大于133.4mm。几项指标的频数直方图如图4所示。

（a）磷化前

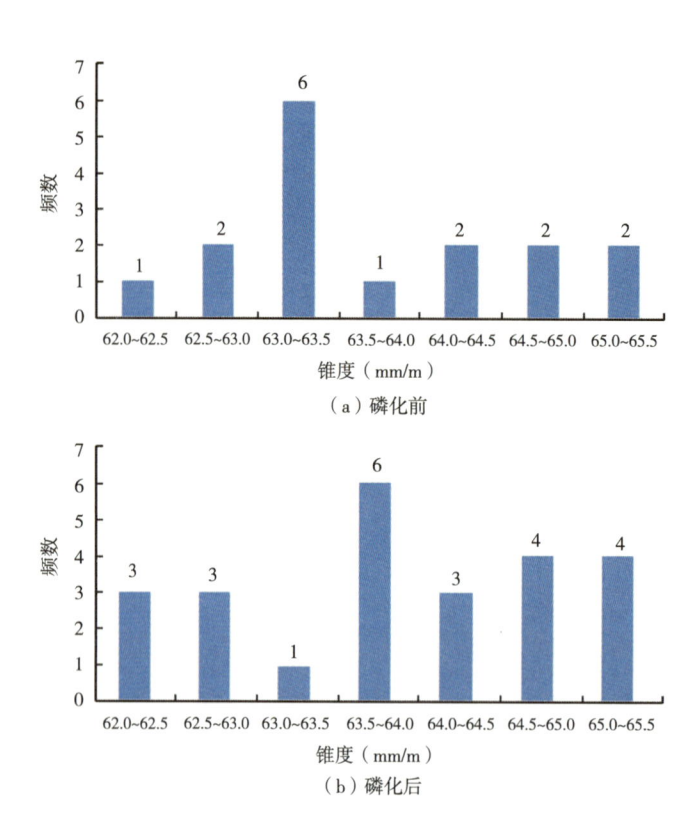

（b）磷化后

图 2　接箍磷化前后锥度对比直方图

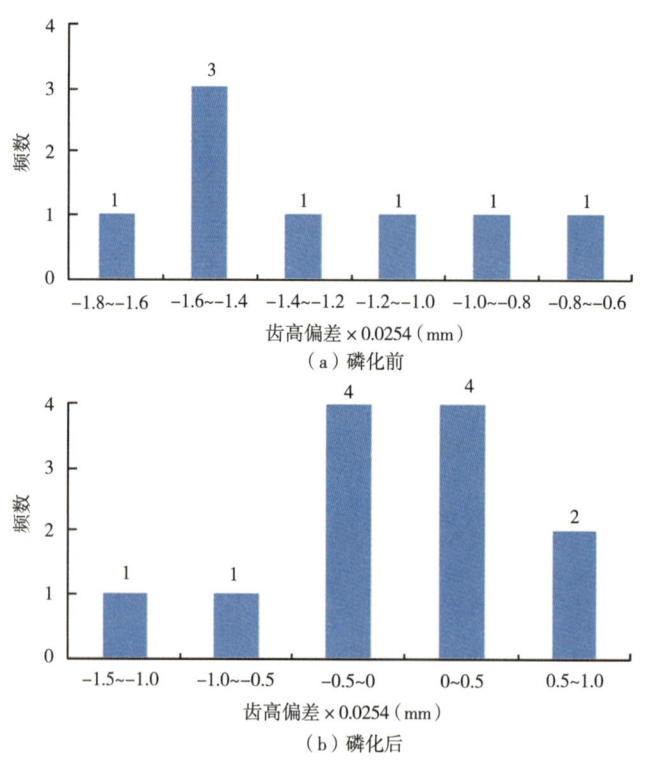

（a）磷化前

（b）磷化后

图 3　接箍磷化前后齿高偏差对比直方图

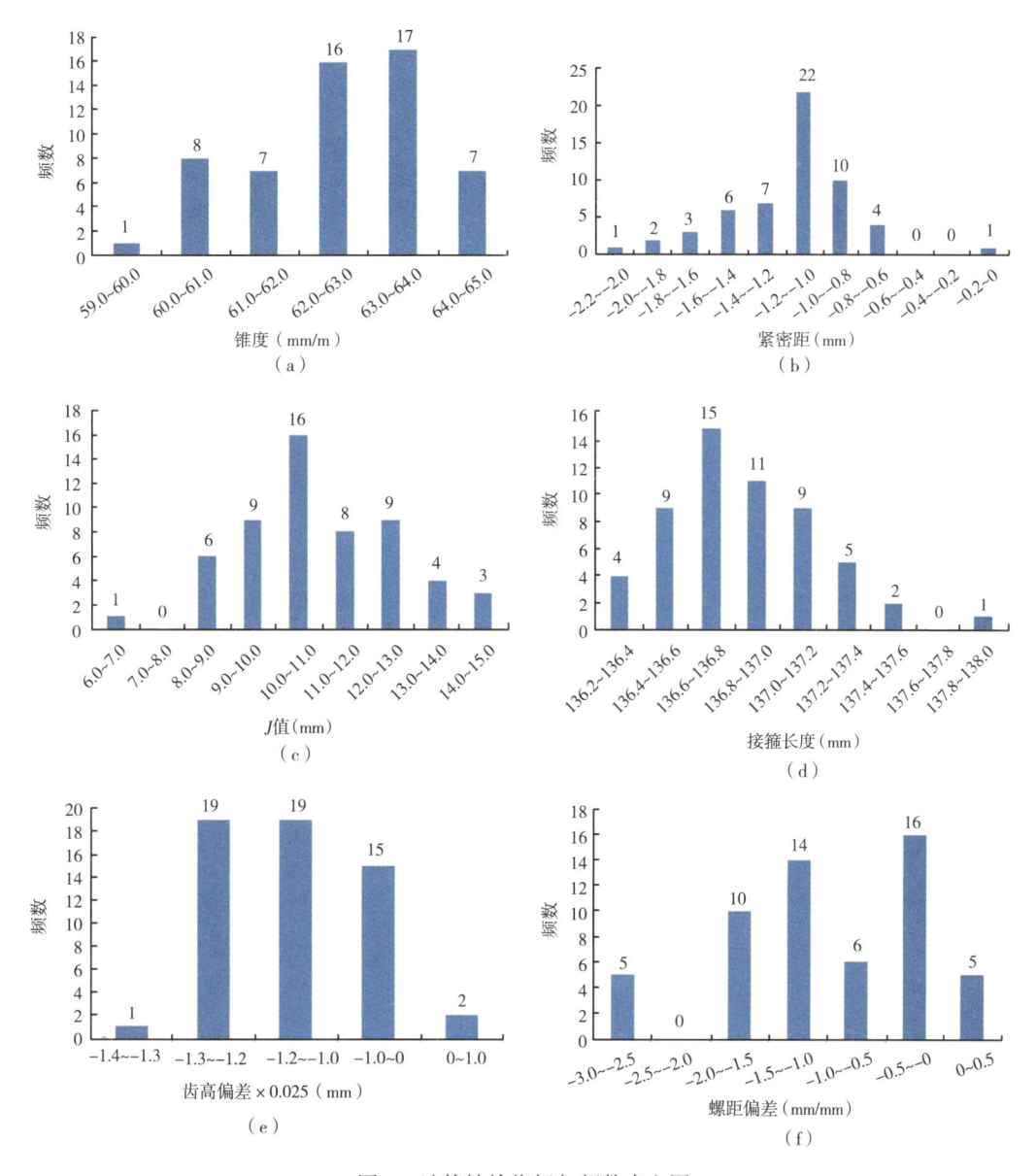

图 4 油管抽检指标与频数直方图

2 机紧上扣方式及上扣扭矩控制

一般油管工厂端上扣扭矩应稍高于 API 5C1 推荐的最佳上扣扭矩。但该批油管是以保证 J 值合格来确定上扣扭矩的。实际油管上扣扭矩范围为 270~285kgm（图5），低于 API 5C1 推荐的最佳扭矩值。（API 5C1 标准推荐的最佳扭矩为 317kgm，扭矩范围为 239~386kgm）。图 5 中每个峰值代表一根油管的机紧上扣扭矩。

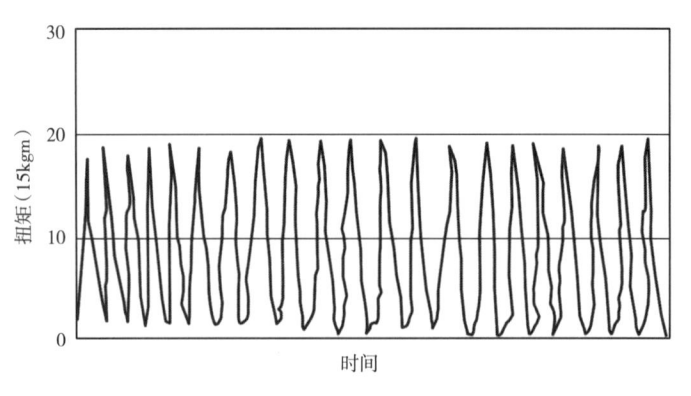

图 5 上扣扭矩记录图

3 结果分析

检测结果表明，该批油管 J 值及各项螺纹参数符合 API 5B 要求，但上扣扭矩低于 API 5C1 规定的最佳值。这表明以控制 J 值为基础来控制上紧程度不能保证螺纹接头上扣之后能处于最佳的连接状态。下面就 J 值与各项螺纹参数和上扣扭矩关系以及上扣控制方式等做简要的分析讨论。

3.1 J 值

J 值是机紧后管端至接箍中心的距离（图 6）。API 5B 对 J 值没有规定公差。现场检验时将紧密距公差视为 J 值公差。J 值可表示为

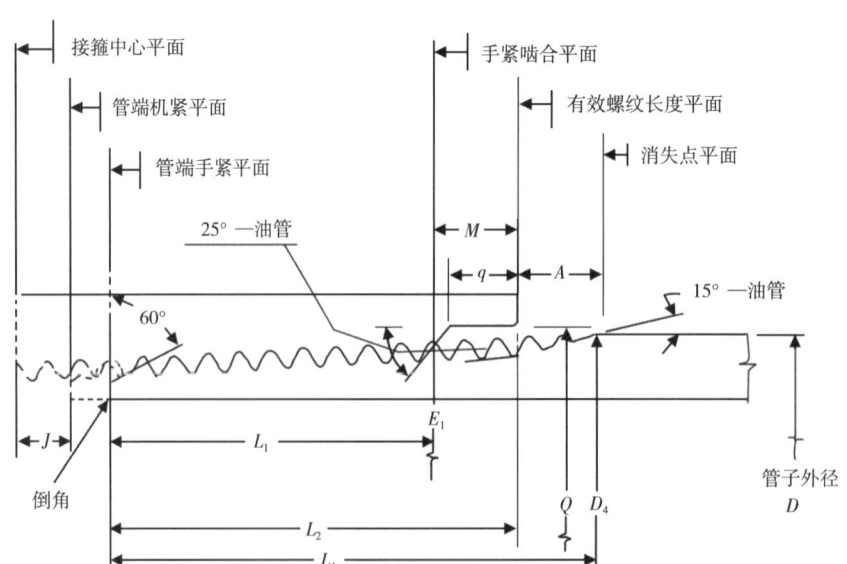

$$J = N_L/2 - L_4 \tag{1}$$

图 6 圆螺纹油管手紧基本尺寸

124

式中 J——机紧后管端至接箍中心的距离，mm；

N_L——接箍最小长度，mm；

L_4——管端至螺纹消失点总长，mm。

对于 $\phi 73.0\text{mm} \times 5.51\text{mm}$ EU 油管，$N_L = 133.4\text{mm}$，$L_4 = 54.0\text{mm}$，代入式（1）得：

$$J = 133.4/2 - 54.0 = 12.7 \text{（mm）}$$

从计算结果可知，当 N_L 和 L_4 为公称值时 J 值才能是公称值，可事实上要使 N_L 和 L_4 达到公称值是很困难的。J 值大小还要受 N_L 和 L_4 偏差的影响。API 5B 对 L_4 规定的公差为±1p。API 5CT 对 N_L 只规定了最小长度，其公差一般为自由公差或由各生产厂自己决定。可见，实际 J 值偏差必然超过±1p，且 N_L 偏差越大 J 值偏差越大。因此，在保证螺纹拧紧程度最佳的条件下，J 值也是变动的，不可能保持恒定。故以 J 值作为目标值来控制上扣的方法是不妥当的，这势必造成上扣扭矩不当（偏大或偏小）。而且螺纹加工误差越大，上扣扭矩偏差越大。该批油管上扣扭矩偏小，与采用控制 J 值方法上扣有一定关系。

对控制 J 值机紧上扣的做法，国内、外生产厂均持有不同看法。Sidecra 公司早在几年前就向 API 提议，不赞同控制 J 值机紧上扣，同样德国曼内斯曼公司也坚持不能用 J 值来控制螺纹的上紧程度。事实上国外大多数生产厂在生产油（套）管过程中均采用同时控制上扣扭矩和圈数的做法。同时控制扭矩和圈数上扣可以保证套管、油管接头处于最佳的连接状态。

3.2 接箍长度（N_L）

API 5CT 只规定了 N_L 最小值。N_L 长短直接影响内螺纹紧密距（A）的大小，N_L 越长 A 值越小。该批油管 N_L 远大于标准规定的最小值（133.4mm），这就会使测得的 A 值减小（表4）。

表4 N_L 增长引起的 A 值变化量　　　　　单位：mm

实测 N_L	最大	平均	最小
	137.8	136.8	136.2
A 值减小量（N_L-133.4）/2	2.2	1.7	1.4

3.3 紧密距

紧密距是机紧连接的基本留量（图6），即手紧到位后机紧的圈数。在理想状态下，若机紧圈数与紧密距相同，接头机紧后 J 值正好是 API 5B 规定值。另一方面紧密距是对螺纹参数的综合度量，它主要反映了螺纹中径（E_1）的大小。在控制 J 值上扣，即上扣位置一定的情况下，螺纹中径的大小直接影响上扣扭矩的大小。

从测量结果可知，该批油管外螺纹磷化后紧密距为负值，处于 API 5B 规定值（0±3.175mm）的下限（图7），也即外螺纹中径小于标准的中径（E_1）。在这种情况下，若上扣位置一定，上扣扭矩必然不足，内螺纹和外螺纹将处于"松配合状态"。

API 圆螺纹连接是靠机紧一定的圈数，即规定的紧密距牙数，使螺纹有一定过盈量而保证连接强度和密封性能的（同时需要良好的螺纹脂）。对于 $\phi 73.0\text{mm} \times 5.51\text{mm}$ EU N8O 油管，API 5B 规定的机紧圈数为 2±1 圈，也即手紧到位后，机紧 2 圈为最佳状态连接。考虑

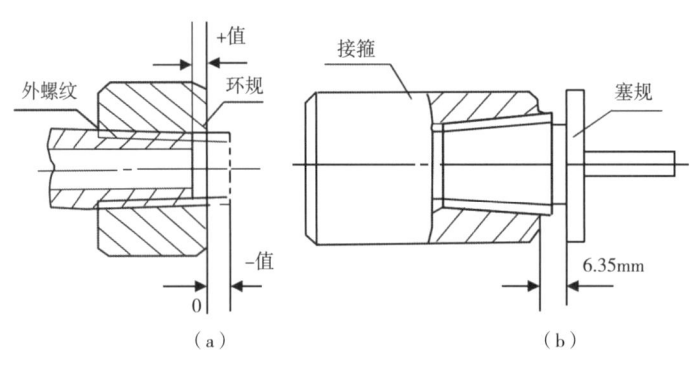

图 7 螺纹紧密距测量示意图

到各项螺纹参数不可能达到理论值，故 API 规定机紧上扣有 ±1 圈的公差范围，同时对上扣扭矩作了规定，以便保证螺纹接头上扣后处于最佳连接状态。

该批油管紧密距处于 API 5B 规定值下限，在机紧位置一定的情况下，其机紧圈数必然不够，上扣扭矩必然不足。

3.4 锥度

理想的螺纹连接，其内螺纹和外螺纹锥度应该相同。在上扣位置一定，即控制 J 值上扣的情况下，若内螺纹锥度小，外螺纹锥度大，会使上扣扭矩降低，反之会增大上扣扭矩（图8）。该批油管螺纹锥度符合 API 5B 要求，但螺纹锥度分散性较大，外螺纹锥度偏下限的占很大比例。这就不可避免地形成如图 8 所示的连接状态，只有局部螺纹啮合上紧，而多数螺纹没有达到要求的过盈啮合状态。

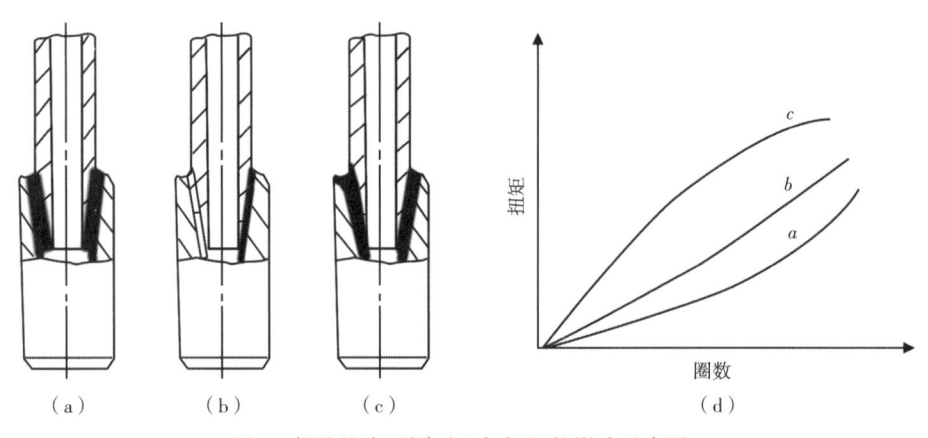

图 8 螺纹锥度不同对上扣扭矩的影响示意图

3.5 螺纹高度

API 圆螺纹是靠内螺纹和外螺纹牙齿过盈啮合来保证其连接性能和密封性能的。若螺纹高度偏低，两螺纹牙齿啮合后其牙齿侧面接触面积变小，螺纹牙顶（或牙底）空隙变大（图9），这必然影响螺纹连接性能和密封性能。该批油管外螺纹高度几乎全为负公差，这就会降低接头抗滑脱能力和抗密封性能。

（a）正常　　　　　　　　　　　（b）齿高偏低

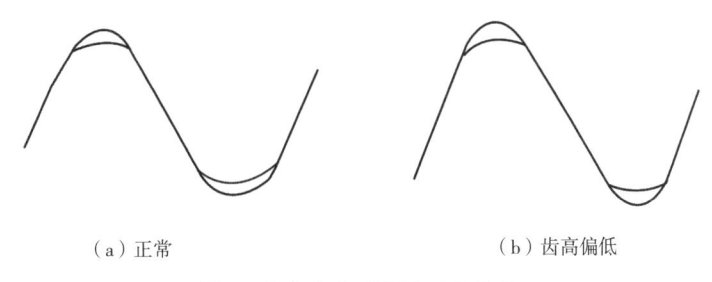

图9　齿高变化后螺纹啮合状态

3.6　螺距

螺距是度量螺纹加工精度的重要参数之一，螺距误差范围越小越好。该批油管螺距误差符合 API 要求，但有些接箍螺距不等，靠近端面的几扣螺纹螺距较小。这会使螺纹连接后受力状态发生变化，影响螺纹耐粘扣性能和连接性能。

4　结论与建议

（1）用控制 J 值上扣的方法来控制螺纹的上紧程度不能保证螺纹处于最佳的连接状态。该批油管因采用控制 J 值上扣而未达到 API 5C1 推荐的最佳扭矩。

（2）在上扣位置一定，即控制 J 值上扣的情况下，螺纹参数对上扣扭矩的影响有一定规律。紧密距值小，外螺纹锥度小，内螺纹锥度大等会降低上扣扭矩，反之会增大上扣扭矩。

（3）建议对下面几项课题开展研究：①油(套)管螺纹参数及上扣扭矩对使用性能的影响；②油(套)管最佳上扣扭矩选择及计算方法；③油(套)管上扣方法研究。

表3　$\phi 73.0\mathrm{mm}\times 5.51\mathrm{mm}$ EU N80 成品油管外螺纹抽检情况

	序号	1	2	3	4	5	6	7	8
外螺纹	紧密距 P_1（mm）	-0.7	-0.8	-1.3	-0.8	-1.2	-0.9	-0.9	-1.0
	锥度（mm/m）	61.0	62.5	61.0	63.0	63.0	63.0	61.0	61.5
	螺距偏差（mm/mm）	-1.5	-1.5	-1.5	-2.0	-2.0	-2.0	-3.0	-3.0
	齿高偏差×0.025（mm）	-1.5	-1.0	-1.5	-1.5	-1.5	-1.0	-1.5	-1.5
	J 值（mm）	13.2	14.5	8.6	13.6	13.6	12.6	13.4	14.2
	接箍长度（mm）	136.5	136.6	136.9	136.5	136.6	136.5	136.3	136.3
	序号	9	10	11	12	13	14	15	16
外螺纹	紧密距 P_1（mm）	-1.0	-1.6	-1.1	-1.2	-1.7	-1.1	-1.5	-1.2
	锥度（mm/m）	63.0	61.0	61.0	62.5	64.0	62.0	64.0	64.5
	螺距偏差（mm/mm）	-3.0	-3.0	-3.0	-1.0	-1.0	-1.0	-0.5	-0.5
	齿高偏差×0.025（mm）	-1.5	-1.0	-0.5	-1.0	-1.5	-1.0	-2.5	-2.0
	J 值（mm）	9.8	10	12.6	14.3	12.8	13.6	12.3	10.9
	接箍长度（mm）	136.4	136.3	136.5	136.6	136.6	136.5	137.0	137.0

续表

	序号	17	18	19	20	21	22	23	24
外螺纹	紧密距 P_1（mm）	-1.2	-1.2	-1.0	-0.2	-1.6	-1.5	-1.4	-0.9
	锥度（mm/m）	64.5	63.5	63.5	64.0	64.0	61.5	63.0	63.0
	螺距偏差（mm/mm）	-0.5	-0.5	-1.5	0	0	-1.5	0	-1.5
	齿高偏差×0.025（mm）	-2.0	-2.5	-1.0	-2.0	-2.5	-2.0	0	-3.0
	J 值（mm）	10.7	8.8	10.2	8.6	9.8	11.6	10.4	10.6
	接箍长度（mm）	137.0	136.9	137.4	137.3	137.3	136.8	136.8	137.0

	序号	25	26	27	28	29	30	31	32
外螺纹	紧密距 P_1（mm）	-1.2	-0.8	-1.3	-1.2	-1.7	-1.9	-1.2	-1.2
	锥度（mm/m）	64.0	60.0	63.0	62.0	64.5	61.0	64.0	65.0
	螺距偏差（mm/mm）	-0.5	-2.0	0	-1.0	-0.5	-2.0	-0.5	-1.0
	齿高偏差×0.025（mm）	-2.0	-2.5	0	-2.0	-3.0	-1.0	-2.5	-3.0
	J 值（mm）	9.4	9.4	11.6	8.3	8.6	11.3	12.5	10.5
	接箍长度（mm）	136.8	136.7	136.7	137.0	136.7	137.4	138.0	136.6

	序号	33	34	35	36	37	38		
外螺纹	紧密距 P_1（mm）	-1.6	-1.9	-1.8	-1.4	-1.1	-1.5		
	锥度（mm/m）	63.0	61.0	64.5	64.5	64.5	64.0		
	螺距偏差（mm/mm）	-1.5	-2.0	-0.5	-0.5	-0.5	-0.5		
	齿高偏差×0.025（mm）	-1.0	-2.0	-2.5	-3.0	-3.0	-2.5		
	J 值（mm）	12.6	11.3	10.6	11.1	10.8	10.3		
	接箍长度（mm）	136.5	136.6	136.8	136.8	136.7	136.9		

原载于《石油钻采工艺》，1995，Vol. 17（5）53-59.

高强度套管断裂失效预防及标准化

李中全[1]　吕拴录[1,2]　杨成新[1]　李　宁[1]
俞莹滢[1]　石桂军[1]　樊文刚[1]　朱剑飞[1]

(1. 中国石油大学（北京）材料科学与工程系；2. 塔里木油田)

摘　要：通过对高强度套管断裂原因进行大量调查研究和失效分析，认为套管材料钢级越高，需要匹配的韧性也越高，高强度（≥140ksi）套管断裂原因主要与材料强度和韧性不匹配有关。要从根本上解决高强度套管断裂问题，首先应当对高强度套管断裂原因进行失效分析和研究，找出断裂原因，依据失效分析和研究成果制订严格的订货技术标准，并采取一定的措施落实订货技术标准。

关键词：高强度套管；断裂；失效分析；标准化

我国油田已发生了多起高强度套管断裂失效事故，套管断裂会使套管柱失去结构完整性和密封完整性，甚至导致整口井报废，造成了巨大的经济损失。因此，分析研究高强度套管断裂原因，并采取有效预防措施十分必要，也非常迫切。

大量失效分析结果表明，高强度（屈服强度≥140ksi，即965MPa）套管断裂常与其材料韧性不足有关[1]，也与钻井过程中套管磨损后产生的应力集中有关，而套管在井下磨损是难免的。如何从根本上解决高强度套管断裂问题，首先应当对高强度套管断裂事故进行失效分析和研究，找出其断裂原因，依据失效分析和研究成果制订严格的订货技术标准，并采取一定的措施落实订货技术标准。笔者主要介绍了塔里木油田高强度套管断裂失效预防及标准化的具体实施案例，以供相关技术人员参考。

1　高强度套管断裂失效分析

套管断裂抗力既与套管本身材料拉伸强度、韧性和套管表面质量有关，也与套管所受的载荷有关。若套管本身的断裂抗力差，在正常使用过程中就很容易发生断裂事故；若套管承受的载荷超过材料断裂强度，或者套管严重损伤，也会发生断裂事故。

为汇总高强度套管断裂原因，塔里木油田已经对多起高强度套管断裂事故进行了失效分析和研究。结果表明，高强度套管容易发生断裂等事故，失效原因既与材料韧性和强度不匹配有关，也与套管损伤和使用操作不当有关[2-9]。下面举例说明。

1.1　韧性不足导致高强度套管断裂

（1）1994年，KS1井完井测试时V150高强度套管产生螺旋状裂纹（图1）而导致该口井报废，直接损失超过亿元。失效分析结果表明，这种螺旋状裂纹是钢管潜在的螺旋状损伤引起的，而无损探伤难以发现这种损伤，由于套管材料韧性不足，套管在井下腐蚀环境承受很高的内压等后这些潜在的螺旋状损伤形成宏观裂纹。而套管的螺旋状损伤是穿孔工序形成的。

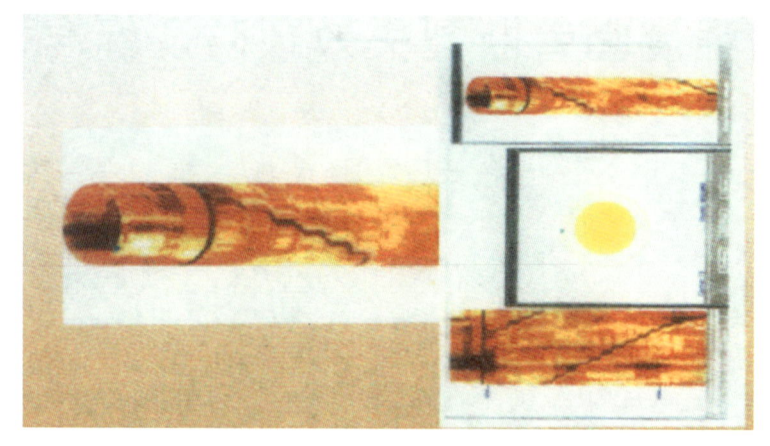

图1 KS1井V150套管螺旋状裂纹形貌

（2）2003年，TK218井发生两起V150高强度套管接箍开裂事故（图2）。失效分析认为，接箍开裂属于脆性断裂，因材料韧性不足所致。

图2 TK218井177.8mmV150套管接箍开裂形貌

（3）1992年，中原油田1根V150高强度套管接箍端面碰伤，在放置过程中开裂。失效分析认为，接箍开裂主要是材料韧性不足所致。而订货技术标准没有对套管材料的韧性进行严格要求。

（4）2008年，克深2井 ϕ273.1mm×13.84mm 140套管在4385~4415m井段磨损并产生裂纹（图3）。

失效分析结果表明，克深2井 ϕ273.1mm×13.84mm 140套管材料韧性不符合订货标准要求，在钻井过程中套管磨损位置产生应力集中，最终导致套管开裂。

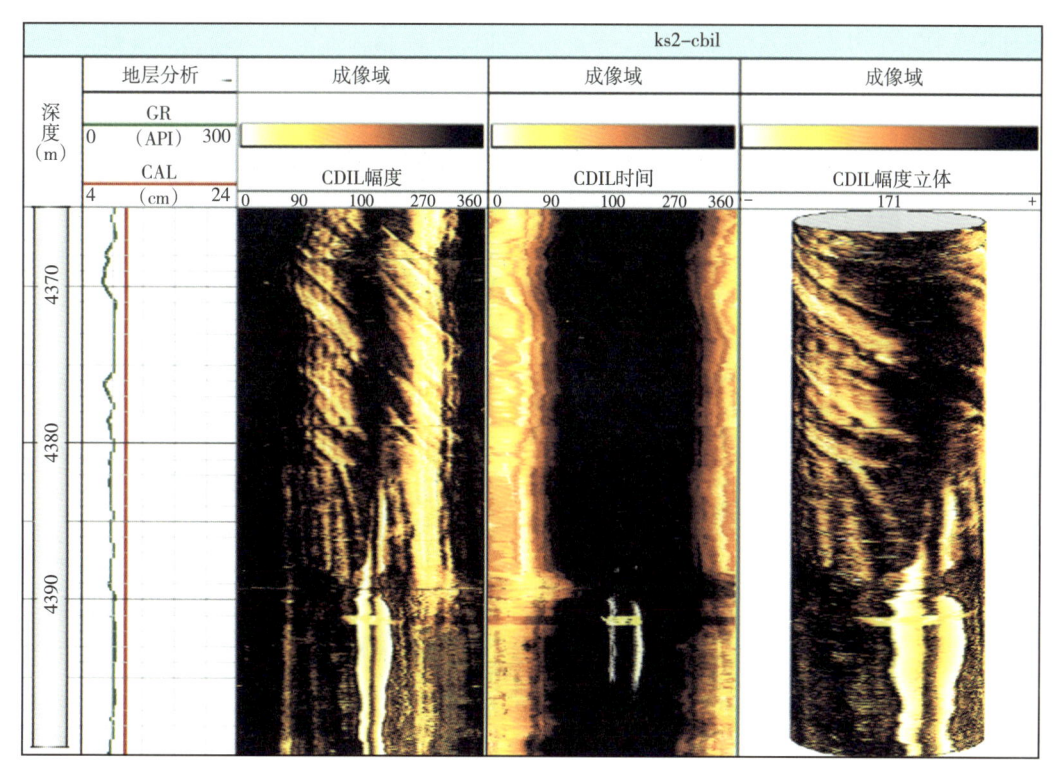

图3 克深2井套管在4385~4415m井段磨损并开裂形貌

（5）迪那102井 ϕ250.8mm×15.88mm140HC套管在960~1030m井段磨损及裂纹（图4），其断裂原因也是材料韧性不足，从而导致在应力集中的磨损位置产生裂纹。

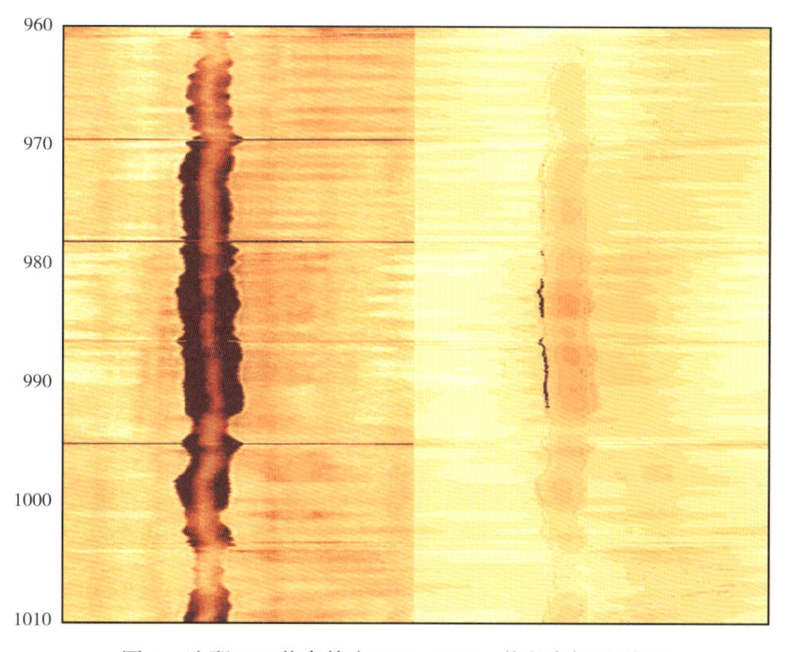

图4 迪那102井套管在960~1030m井段磨损及裂纹

（6）2009年5月，AK1-1H井177.8mm140套管管体发生横向断裂事故，多井径测井结果如图5所示。失效分析结果表明，套管断裂原因可能是存在原始裂纹，且材料韧性不符合油田要求。

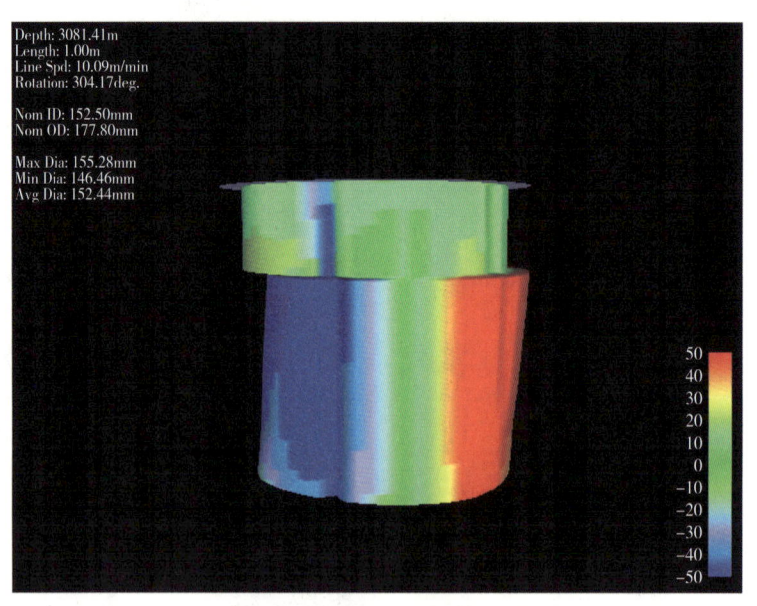

图5 在井深3080.70m处套管管体断裂及3080.70~3083.40m井段套管磨损形貌多井径测井图

1.2 高强度套管要求的最低韧性值

高强度套管内在的微小缺陷是难以避免的，其临界值与$(K_{IC}/\sigma_y)^2$有关（其中，K_{IC}为材料断裂韧度，σ_y为材料屈服强度），即套管强度越高，需要匹配的韧性也越高。

钢的强度与韧性、塑性通常表现为互为消长的关系，强度高的韧性、塑性就低。反之，为求得高的韧性、塑性，必须牺牲强度。高强度套管材料韧性偏低，其抗裂纹萌生和扩展的能力必然降低。

GB/T 9711.3—2005/ISO 3183—3 1999《石油天然气工业输送钢管交货技术条件第3部分：C级钢管》规定，压力钢管横向最低C_{VN}按下式计算：

$$C_{VN} = \sigma_y/10$$

式中 C_{VN}——V形缺口冲击功，J；

σ_y——材料屈服强度，MPa。

因此，140ksi钢级（$\sigma_y = 965$MPa），$C_{VN} \geq 97$J（圆整为100J）；150ksi钢级（$\sigma_y = 1034$MPa），$C_{VN} \geq 103$J（圆整为105J）；155ksi钢级（$\sigma_y = 1069$MPa），$C_{VN} \geq 107$J（圆整为110J）。

塔里木油田多年使用经验表明，凡是韧性满足上述要求的140ksi套管没有发生开裂事故。国外某公司供货的140ksi钢级套管材料，在-20℃纵向韧性C_{VN}（J）≥1/10最小屈服强度（MPa），该种套管从开始会战至今大量使用，从来没有发生一起套管开裂或断裂事故。而发生开裂或断裂的140ksi钢级套管材料韧性均没有达到塔里木油田要求。

为了防止高强度套管断裂，必须保证套管要求的最低韧性值。

目前，有些厂家生产的 140ksi 钢级套管材料可以达到要求的最低韧性值，但是，研制高强度（≥150ksi 钢级）、高韧性（≥105J）、高强度套管是国际难题。工业化生产的 150ksi 钢级套管材料还达不到要求的最低韧性值（≥105J）。如果采用材料韧性达不到要求的 150ksi 钢级或 155ksi 钢级套管，套管开裂的风险很大；如果这种套管用在造斜段，开裂的风险会更大。

2 塔里木油田高强度套管断裂失效预防及标准化

2.1 及时对高强度套管断裂失效事故进行失效分析和研究

对于每起高强度套管断裂事故，塔里木油田都要及时进行失效分析和研究，找到断裂原因，并在高强度套管订货补充技术标准和操作规程中提出具体预防措施。

2.2 优化套管设计和钻井设计

大多数油田订购高钢级（≥140ksi）套管是利用其高抗挤性能封堵蠕变地层。增加壁厚和提高钢级均可以增大套管抗挤强度，通过优化设计套管壁厚和钢级同样可以满足油田需要。例如，ϕ177.8mm × 10.36mm150ksi 钢级套管抗挤强度为 67MPa，ϕ177.8mm × 12.65mm140ksi 钢级套管抗挤强度为 107MPa。这说明选择目前技术上成熟的高强度、高韧性 140ksi 钢级套管，通过增加壁厚同样可提高套管抗挤强度，最终既可满足油田使用要求，又可防止套管开裂。

套管磨损之后不但会降低套管截面积，降低套管承载能力，而且会产生应力集中，诱发套管开裂。为了减少套管磨损，塔里木油田采用了垂直钻井技术，这就有效地减少了由于磨损诱发的套管开裂。

2.3 依靠标准化保证进入塔里木油田的高强度套管抗断裂性能

作为套管用户，油田不能直接改进套管质量，但可以依据国内外套管生产厂家实际技术水平，通过合理选择套管钢级，制订严格的订货技术标准，并将其作为订货合同条款，对自己订购的高强度套管质量提出要求。依据高强度套管断裂失效分析结果和科研成果，塔里木油田已经制订了高强度套管订货技术标准，要求各种钢级套管必须达到要求的最低韧性值，且套管在进入塔里木油田之前，必须在生产线上由用户或第三方随机抽样，并在第三方进行材料试验，对材料韧性要进行系列冲击试验。符合塔里木油田订货技术标准的套管才能进入塔里木油田。

在订货技术标准中要求套管管体及接箍外观质量应符合最新版 API SPEC 5CT 和 API SPEC 5B 的要求，不允许存在裂纹、发纹、折叠及深度大于等于 5% 公称壁厚的凹槽、划痕和碰伤等缺陷。并要求高钢级套管按照 PSL-3 产品规范等级执行。这就有效预防了原始缺陷诱发的套管失效事故。

为了落实订货技术标准，保证所有高强度套管质量，在高强度套管生产期间实行驻厂监造。并对到货高强度套管材质进行不定期抽检。

2.4 严格套管使用操作规程

制订了严格的套管运输、储存、下井作业规程，有效防止了使用操作不当导致套管失效事故；采用了垂直钻井技术，有效防止了套管磨损。

2.5 标准宣传贯彻落实

为了落实塔里木油田高强度套管订货标准，塔里木油田多次与套管生产厂进行技术交流，并在各种会议上进行宣传贯彻。目前，大多数套管生产厂技术人员已经由不理解变为理解，最终严格执行塔里木油田企业标准。有些工厂已经认识到严格执行企业标准，会使高强度套管产品质量大幅度提高。高钢级套管满足了最低韧性值要求，在油田使用不会发生脆性断裂问题，油田和工厂均减少了损失，而且油田会一直使用他们的高强度套管。同时，为了满足油田需要，有些套管生产厂正在研制可以满足最低韧性值的更高钢级的套管。

2.6 实施效果

塔里木油田开始实施高强度套管失效预防及标准化以来，要求所有套管韧性必须达到最低韧性值，对所有套管厂家执行同一标准。目前已经收到了很好的效果。因高强度套管质量问题导致断裂的现象大幅度减少。

3 结论

（1）高强度套管断裂主要原因是套管材料没有达到要求的最低韧性值。

（2）积极开展高强度套管断裂失效预防及标准化工作，制订严格的订货技术标准，优化套管设计和钻井设计，目前采用材料屈服强度小于等于140ksi的高强度套管，既可以有效防止或减少高强度套管断裂事故，又可以满足钻井工程需要。

参 考 文 献

[1] 吕拴录，李鹤林. V150套管接箍破裂原因分析 [J]. 理化检验 2005, 41 (Sl)：285-290.

[2] 吕拴录，康延军，刘胜，等. 井口套管裂纹原因分析 [J]. 石油钻探技术，2009, 37 (5)：85-88.

[3] 吕拴录，骆发前，康延军. 273.05mm套管裂纹原因分析 [J]. 钢管，2010, （增刊）：22-25.

[4] 吕拴录，康延军，刘胜，等. 井口套管裂纹原因分析 [J]. 石油钻探技术，2009, 37 (5)：85-88.

[5] 许峰，吕拴录，康延军，等. 井口套管磨损失效原因分析及预防措施研究 [J]. 石油钻采工艺，2011, Vol. 33 (2)：140-142.

[6] 滕学清，吕拴录，丁毅，等. 140ksi高强度套管外螺纹接头裂纹原因分析 [J]. 物理测试，2012, Vol. 30 (2) 59-62.

[7] 许峰，吕拴录，康延军，等. 井口套管磨损失效原因分析及预防措施研究 [J]. 石油钻采工艺，2011, 33 (2)：140-142.

[8] 刘德英，吕拴录，丁毅，等. 塔里木油田套管粘扣预防及标准化 [J]. 理化检验—物理分册，2012, 48 (11)：773-775.

[9] 腾学清，吕拴录，宋周成，等. 某井特殊螺纹套管粘扣和脱扣原因分析 [J]. 理化检验，2011, 47 (4)：261-264.

原载于《理化检验—物理分册》，2014, Vol. 50 (12)：903-906.

API 套管抗内压标准解析

滕学清[1]　朱金智[1]　吕拴录[1,2]　文志明[1]　秦宏德[1]
董　仁[1]　王晓亮[1]　马　琰[1]　徐永康[1]　石桂军[1]

(1. 塔里木油田；2. 中国石油大学（北京）材料科学与工程系)

摘　要：对 API 标准中关于套管水压试验压力、套管内屈服压力和套管内压性能试验等内容进行了解析，认为 API 规定的水压试验主要是检查套管管体是否渗漏，并非检查套管接头密封性能。对套管内压至失效试验结果进行了分析，认为各项参数符合 API 标准的套管内屈服压力远远高于 API TR 5C3—2008 的内屈服压力规定值，应当按照 API TR 5C3—2008 规定的内屈服压力而不是静水压试验压力进行套管柱设计。通过对套管内屈服压力计算公式进行解析，对套管接箍失效事故进行调查研究，认为对套管接箍外壁进行机械加工有利于防止深井和超深井发生接箍失效事故。建议用户对套管上扣所用螺纹脂、水压试验压力和稳压时间、套管内屈服强度等主要性能严格要求。

关键词：API 标准；套管；静水压试验；内屈服压力；接箍

API 标准规定了套管出厂之前的静水压试验压力和稳压时间，规定了套管内屈服压力。一般套管工厂都拥有套管水压试验设备，应严格按照 API 标准对套管逐根进行水压试验。套管密封能力是保证套管柱密封完整性的关键指标。为了保证套管柱密封性能，有些油田对到货套管逐根进行了水压试验，但是入井套管柱却多次发生泄漏事故[1]。API TR 5C3—2008 规定了套管内屈服压力计算公式，可以通过对套管进行内压至失效试验来验证套管内屈服压力。由于受试验设备和成本的影响，工厂并非对每种套管都抽样进行内压至失效试验。大多数工厂是按照 API TR 5C3—2008 规定给用户提供套管内屈服压力，但个别厂家提供的套管内屈服压力实际上是套管水压试验值，理由是水压值是工厂经过试验验证的，比较可靠，如果按照套管内屈服压力设计套管则无法保证套管柱密封完整性。某油田按照工厂提供的内屈服压力进行套管设计就遇到了如下问题：同一口井，如果按照工厂提供的水压试验压力设计套管柱，套管抗内压安全系数不足；如果按照 API TR 5C3—2008 规定的套管内屈服压力设计套管柱，套管抗内压安全系数则没有问题。为此，厂家和油田各持己见，最终严重影响了油田正常的套管设计和使用。

某油田在设计 ϕ365.13mm×13.88mm 110 BC 套管时就遇到了该问题，厂家提供的 ϕ365.13mm×13.88mm 110 BC 套管内屈服压力为 33.0MPa，套管抗内压安全系数为 0.82，不符合设计要求（1.05～1.15）；按照 API TR 5C3—2008 公式计算结果，ϕ365.13mm×13.88mm 110 BC 套管内屈服压力为 46.3MPa，套管抗内压安全系数为 1.14，符合设计要求（1.05～1.15）。

因此，解析 API 套管抗内压标准，理清套管抗内压强度和水压试验的关系，对套管生产厂家和油田都有非常重要的意义。

1 API 螺纹接头套管密封性能

API 套管螺纹接头配合之后存在泄漏通道，靠螺纹脂填充螺旋通道来实现密封（图1）。由于 API 圆螺纹接头螺旋通道比偏梯形螺纹接头螺旋通道小，所以 API 圆螺纹接头密封性能比偏梯形螺纹接头密封性能好。考虑到 API 套管螺纹接头配合之后的泄漏通道与螺纹加工精度有关，API Spec 5B—2008 对套管螺纹接头参数、公差和检验方法做了严格规定。为了保证套管接头上扣连接质量，API RP 5A3—2003 对套管、油管和管线管螺纹脂的材料要求和检验方法等做了严格的规定。API RP 5C1—1999 对圆螺纹套管接头上扣扭矩做了规定，API Spec 5B—2008 对套管接头上扣位置做了规定。为了保证套管抗内压性能，API Spec 5CT—2011 对套管水压试验做了具体规定，API TR 5C3—2008 规定了套管内屈服压力值。为了检验套管密封等实物性能，API RP 5C5—2003/ISO 13679：2002 规定了套管实物性能试验方法。为了保证套管柱密封完整性，防止套管发生泄漏事故，应当严格执行 API 相关标准。对于油田发生的套管泄漏事故，应当进行失效分析，找出真正原因。

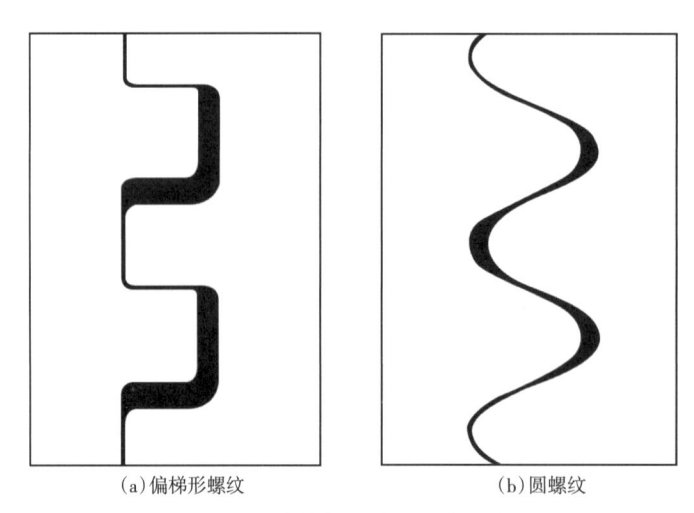

(a) 偏梯形螺纹　　(b) 圆螺纹

图 1　API 套管螺纹接头配合示意图

2 API 套管抗内压标准解析

2.1 套管水压试验压力

API Spec 5CT—2011 规定静水压试验目的是检查套管管体是否渗漏，而并非检查套管接头是否渗漏。API Spec 5CT—2011 的 10.12 条规定：每根管子都应在加厚（若适用）后和最终热处理（若适用）后进行全长静水压试验，至少在规定的静水压试验压力稳压 5s 而不渗漏。此处规定的静水压试验压力是检验用试验压力，与工作压力无关，不能作为设计依据。

API SPEC 5CT—2011 附录 G.9 对套管水压试验压力规定如下。

（1）平端管静水压试验压力按照下式计算。

$$p_m = 2 \times f \times Y_m \times T_m/D_m \tag{1}$$

式中 p_m——静水压试验压力，MPa；

f——取决于管子的规格和钢级的系数；

Y_m——屈服强度，MPa；

t_m——壁厚，mm；

D_m——外径，mm。

（2）接箍静水压试验压力按照下式计算。

$$p_m = 0.8 \times Y_m \times (W_m - D_{1m})/W_m \tag{2}$$

式中 p_m——静水压试验压力，MPa；

Y_m——屈服强度，MPa；

W_m——接箍外径，mm；

D_{1m}——机紧位置管端平面处接箍螺纹根部直径，mm。

（3）圆螺纹接头 E1 平面处和偏梯形螺纹套管 E7 平面处内压泄漏抗力按照下式计算。

$$p_{LRm} = E \times \tau \times N \times P \times (W_m^2 - E_s^2)/(2 \times E_s \times W_m^2) \tag{3}$$

式中 p_{LRm}——E1 或 E7 平面处内压泄漏抗力，MPa；

E——弹性模量，207000MPa；

τ——螺纹锥度，mm/m；

N——机紧圈数；

P——螺纹螺距，mm/螺纹牙；

W_m——接箍外径，mm；

E_s——密封处中径，mm。

（4）带螺纹和接箍管子的静水压试验压力为下列的最低压力：平端管静水压试验压力；接箍最大静水压试验压力；E1 或 E7 平面处内压泄漏抗力。

2.2 套管内屈服压力

API 套管内屈服压力是按照薄壁管理论进行计算的，其中套管管体内屈服压力考虑了壁厚公差，套管接箍内屈服压力没有考虑壁厚公差。API 规定套管内屈服压力的目的是为了检查套管的抗内压强度，故通常又将套管内屈服压力称之为抗内压强度，通过水压至失效试验可以检验套管内屈服压力。

API TR5C3—2008（ISO10400：2007）对套管内屈服压力规定如下。

（1）管体内屈服压力。

管体内屈服压力由下式计算。式中出现的系数 0.875 是考虑使用最小壁厚的系数。

$$p = 0.0875\left(\frac{2Y_p t}{D}\right) \tag{4}$$

式中 p——最小内屈服压力，MPa；

Y_p——材料规定最小屈服强度，MPa；

t——公称壁厚，mm；

D——公称外径，mm。

(2) 接箍内屈服压力。

除了避免由于接箍强度不足导致泄漏而需要较低压力情况外，带螺纹和接箍管子的内屈服压力 p 与平端管相同。较低压力则由下式计算，并圆整到最接近的 10psi。

$$p = Y_C \left(\frac{W - d_1}{W} \right) \tag{5}$$

式中　p——最小内屈服压力，MPa；
　　　Y_C——接箍材料最小屈服强度，MPa；
　　　W——接箍公称外径，mm；
　　　D_1——机紧状态下与外螺纹端面对应处接箍螺纹根部的直径，mm。

(3) 接箍式油套管内屈服压力。

取式（4）得到的管体内屈服压力和式（5）得到的接箍内屈服压力两者中的较低值。

3 套管静水压和内屈服压力试验结果

3.1 API 螺纹接头套管

几种 API 套管静水压和内屈服压力试验结果见表 1。试验结果表明，实际套管静水压试验值和内压至失效试验压力远远高于 API 标准要求。这说明套管产品达到 API TR 5C3—2008 规定的套管最小内屈服压力没有问题，油田应当按照 API TR 5C3—2008 规定的最小内屈服压力进行套管设计。

表 1　几种 API 套管静水压和内屈服压力试验结果

套管名称	内压至失效试验压力（MPa）	API SPEC 5CT—2008 规定的静水压试验压力（MPa）	API TR 5C3—2011 规定值最小内屈服压力（MPa）
φ177.80 mm×10.36 mm 110SS BC	111.3, 114.6, 113.8	64.0	77.3
φ244.48 mm×11.99 mm 110SS BC	97.0, 97.1, 94.7	59.5	65.1
φ339.72 mm×12.19 mm P110 BC	74.6, 70.3	34.0	47.6

注：(1) 在内压达到水压试验值之后稳压 30min，没有泄漏，然后再加压到套管失效；
　　(2) API SPEC 5CT—2011 规定的静水压稳压时间为 5s。

3.2 特殊螺纹接头套管

3.2.1 特殊螺纹接头套管静水压和内屈服压力

几种特殊螺纹接头套管静水压和内屈服压力试验结果见表 2。试验结果表明，实际特殊螺纹接头套管静水压试验值和内压至失效试验压力远远高于 API 标准规定。虽然 API 标准对特殊螺纹接头套管静水压试验压力和内屈服压力没有规定，但实物试验结果表明，特殊螺纹接头套管产品达到 API TR 5C3—2008 规定的套管管体最小内屈服压力没有问题，油田应当按照 API TR 5C3—2008 规定的套管管体最小内屈服压力进行特殊螺纹接头套管柱设计。

表2 几种特殊螺纹接头套管静水压和内屈服压力试验结果

套管名称	内压至失效试验压力（MPa）	套管管体静水压试验压力（MPa）	套管管体最小内屈服压力（MPa）
φ177.80mm×10.36mm P110 WSP-2T	137.1，139.2，131.4	69	77.3
φ177.80×10.36mm 110SS TPCQ	118.7，118.5，118.5	69	77.3
φ177.80mm×12.65mm 140V TPCQ	179.4	69.0	120.2

注：(1) 在内压达到水压试验值之后稳压30min，没有泄漏，然后再加压到套管失效；
（2）API标准对特殊螺纹接头套管最小内屈服压力和静水压试验压力没有规定。

3.2.2 气密封压力

特殊螺纹接头套管气密封压力与内屈服压力不同，套管气密封压力由其特殊螺纹接头金属对金属密封结构、接触压力和接触面积等因素决定。特殊螺纹接头套管气密封压力可以按照ISO 13679：2002进行评价试验而获得。

4 保证API套管质量的措施

4.1 加强探伤检查

API标准规定的套管内压性能是按照完好套管计算的，如果套管上存在原始缺陷（图2）[2]，在使用过程中很容易发生失效事故。因此，应当在出厂之前对套管进行严格的探伤检查。

图2 外螺纹接头裂纹形貌

4.2 接箍外壁进行机械加工

如前所述，API TR 5C3—2008 规定的套管接箍内屈服压力是按照薄壁管理论公式（5）计算的，没有考虑接箍壁厚公差。实际加工接箍的管坯外壁难免存在热轧和热处理后存在的脱碳层等缺欠。如果不对接箍表面进行机械加工，将接箍管坯表面存在的脱碳层等缺欠也视为壁厚的一部分，按照 API TR 5C3—2008 规定的公式计算的套管接箍内屈服压力可能存在风险。实际有些工厂对 API 套管和特殊螺纹接头套管均要求对接箍外壁进行机械加工，有些工厂不要求对 API 套管接箍外壁进行加工，要求对特殊螺纹接头套管接箍外壁进行机械加工，但并没有规定接箍表面加工之后不许残留"黑皮"。不经过机械加工的接箍表面为"黑皮"，加工之后表面残留的"黑皮"，磁粉探伤容易漏检缺陷。某深井油田已经发生多起由于接箍表面"黑皮"位置残留的缺陷导致的失效事故[3-5]（图3），造成了巨大经济损失。为了防止深井和超深井发生接箍失效事故，应当对套管接箍外壁进行机械加工，不允许存在"黑皮"。

图 3　接箍断口局部形貌及靠近端面外壁"黑皮"形貌

5　结束语

（1）API 套管抗内压强度设计应当以 API TR 5C3—2008 规定的内屈服压力为依据。

（2）特殊螺纹接头套管抗内压强度设计应当执行 API TR 5C3—2008 规定的套管管体最小内屈服压力。

（3）为了防止深井和超深井发生接箍失效事故，应当对套管接箍外壁进行机械加工，不允许存在"黑皮"。

（4）建议油田应以订货补充技术协议的形式对套管上扣所用螺纹脂、水压试验压力和稳压时间、套管内屈服强度等主要性能指标提出严格要求。

参 考 文 献

[1] 吕拴录，李鹤林，滕学清，等．油、套管粘扣和泄漏失效分析综述［J］．石油矿场机械，2011，40（4）：21-25.

[2] 滕学清，吕拴录，丁毅，等．140ksi高强度套管外螺纹接头裂纹原因分析［J］．物理测试，2012，30（2）59-62．

[3] 杨向同，吕拴录，宋文，等．某井超级13Cr油管接箍开裂原因分析［J］．石油管材及仪器，2015，36（1）：75-83.

[4] 周杰，吕拴录，历建爱，等．某井A环空压力下降原因分析［J］．理化检验，2014，50（7）：532-534.

[5] 吕拴录，李元斌，王振彪，等．高压气井不锈钢油管特殊螺纹接头工厂端泄漏和腐蚀原因分析［J］．理化检验，2014，50（9）：699-702.

原载于《理化检验—物理分册》，2016，VOL52（5）：625-628.

API 偏梯形螺纹接头套管设计解析

弥小娟[1]　吕拴录[2]

(1. 新疆油田公司乌鲁木齐石油物资储运公司；
2. 中国石油大学（北京）材料科学与工程系)

摘　要：通过对 API 偏梯形螺纹接头牙形、基本参数和抗拉强度设计等进行分析，加深了对偏梯形螺纹接头设计原理的理解。通过对 API 偏梯形螺纹接头结构尺寸进行分析，搞清了偏梯形螺纹接头螺纹总长 L_4、完整螺纹长度 L_7、不完整螺纹长度 g、螺纹大端直径 D_4、螺纹中径 E_7 和管体外径等参数之间的关系。

关键词：偏梯形螺纹套管接头；螺纹牙形；螺纹结构尺寸；螺纹长度；螺纹中径；螺纹大端直径

随着石油工业的发展和钻井技术的要求，深井和超深井越来越多，对套管连接强度要求越来越高。API 偏梯形螺纹接头连接强度高，目前在深井和超深井已经被大量使用。对于 API 偏梯形螺纹接头套管，许多学者进行了研究。文献［1］论述了 244.5mm 套管偏梯形螺纹接头 L_4 公差分析及控制。文献［2］对 339.7mm 偏梯形螺纹接头套管密封性能和连接强度进行了试验研究。文献［3］分析了螺纹公差带对偏梯形螺纹接头密封性能的影响。然而，由于目前缺乏对 API 偏梯形螺纹接头设计原理及各项螺纹参数含义等系统分析和研究，油田套管柱设计选择扣型方面还存在不足，生产厂在偏梯形螺纹接头套管生产、检验方面还存在不同的认识，油田在偏梯形螺纹接头套管到货验收方面也存在一些问题。因此，很有必要对偏梯形螺纹接头牙形设计和结构尺寸设计进行研究。

1　API 偏梯形螺纹接头设计思想

1.1　管螺纹设计思想

管螺纹设计主要包括螺纹基本牙形[4]设计和结构尺寸设计两项内容。螺纹基本牙形设计包括齿高、螺距和牙形角的确定；螺纹结构尺寸设计包括螺纹直径、螺纹锥度和螺纹长度的确定。螺纹的齿高、螺距和牙形角是确定螺纹牙形的三个基本要素；螺纹的直径、锥度和长度是确定螺纹整体结构尺寸的三个基本要素。

1.2　偏梯形螺纹牙形设计

为提高螺纹接头的轴向承载能力，API Spec 5B[5]偏梯形螺纹牙形采用近似"等强度梁"的"偏梯形"截面形状，其牙形角为 13°，其中承载面牙形半角为 3°，导向面牙形半角为

10°（图1）。承载面牙形半角采用小角度自锁设计，使得螺纹接头在轴向拉伸载荷作用下，其内螺纹和外螺纹承载接触面之间产生的径向分力 F 小于内螺纹和外螺纹承载接触面之间的径向摩擦力，即螺纹承载面牙形半角 α 小于或等于内螺纹和外螺纹材料间的摩擦角 λ（摩擦角 $\lambda = \mathrm{arctg}\mu$，$\mu$ 为材料的摩擦系数），减小了内螺纹和外螺纹沿径向滑脱失效的倾向。这就是在拉伸载荷作用下，API 偏梯形螺纹接头不容易发生滑脱失效的本质原因。综上所述，API 偏梯形螺纹牙形具有如下两个显著特点：

（1）牙形截面形状采用近似的"等强度梁"设计，承载能力强；
（2）牙形承载面采用小角度自锁设计，螺纹接头不容易发生滑脱失效。

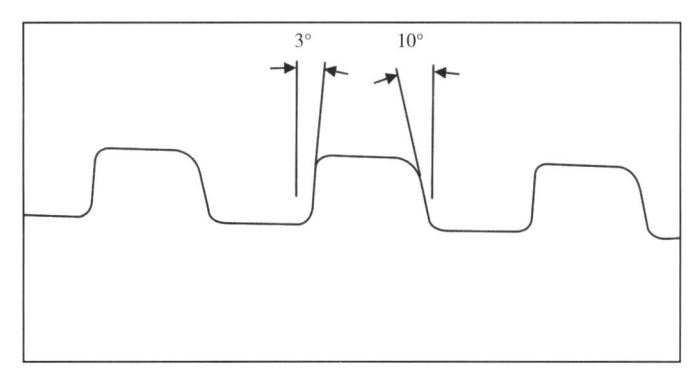

图1　API 偏梯形螺纹牙形

1.3　API 偏梯形螺纹的基本参数

对于规格为 13⅜in 及更小的偏梯形螺纹套管，API Spec 5B 标准规定：螺纹齿高 $h = 0.062\mathrm{in}$，螺距 $p = 0.200\mathrm{in}$，锥度 $k = 1/16$。

对于规格大于 13⅜in 的偏梯形螺纹套管，API Spec 5B 标准规定：螺纹齿高 $h = 0.062\mathrm{in}$，螺距 $p = 0.200\mathrm{in}$，锥度 $k = 1/12$。

1.4　API 偏梯形螺纹接头抗拉强度设计

为提高偏梯形套管螺纹接头的整体抗拉强度，API 偏梯形套管螺纹接头从下述两个方面进行了最优化的结构尺寸设计。

（1）螺纹接头本身的抗拉强度要足够大（理论上大于或等于管体抗拉强度即可），这就要求内螺纹和外螺纹应有足够的啮合长度以保证接触强度要求的牙形接触面积和螺纹抗剪切破坏强度要求的牙形剪截面积[3]。

（2）外螺纹的牙底小锥自然延伸到管体外径，就是说外螺纹按规定的锥度在管体外径处自然消失，全部螺纹在加工过程中不存在突然退刀现象。同时，接箍内螺纹与全部外螺纹（包括不完整螺纹）配合，这就使得套管螺纹接头在轴向拉伸载荷作用下的危险截面积（理论上）应该近似等于管体的横截面积。一般情况下，由于接箍的危险截面积大于管体，所以说，API 偏梯形套管螺纹接头的抗拉强度近似达到了管体的抗拉强度（图2）。

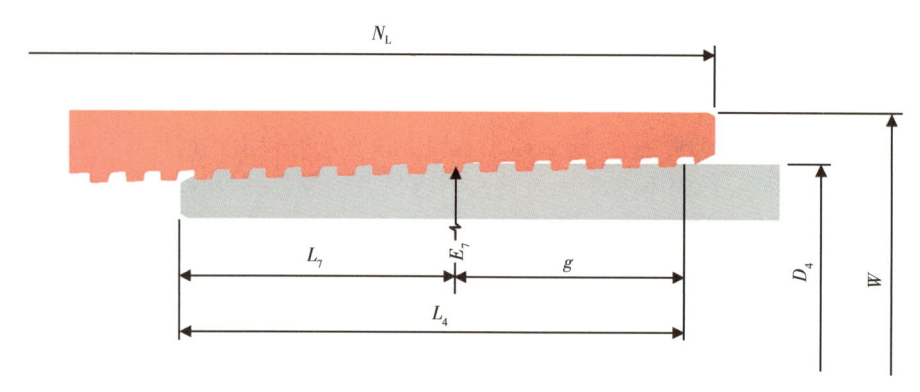

图 2 API 偏梯形螺纹结构尺寸

N_L—接箍长度；W—接箍外径；D_4—大端直径；L_7—完整螺纹长度；
g—不完整螺纹长度；L_4—管端至螺纹消失点总长度

2 API 偏梯形螺纹的尺寸分析

根据几何学原理，对圆锥而言，如果确定了圆锥的长度、锥度和直径（可以是大端、小端或某一确定截面位置的直径）数值，那么这个圆锥就是唯一确定的。与此类似，在螺纹牙形及螺纹锥度已经确定的条件下，螺纹长度和螺纹直径是管螺纹设计时必须要确定的两个重要参数。

2.1 螺纹长度

API 偏梯形螺纹长度包括完整螺纹长度 L_7、不完整螺纹长度 g 以及螺纹全长 L_4 三个参数，其相互关系如下。

$$L_4 = L_7 + g \tag{1}$$

不完整螺纹长度 g 仅与螺纹高度 h 及螺纹锥度 k 有关，可以认为 g 是常量。

对于规格为 13⅜in 及更小的偏梯形螺纹套管，

$$g = 2h/k = 2\times 0.062\times 16 = 1.984(\text{in}) \tag{2}$$

将式（2）代入式（1），得

$$L_4 = L_7 + 1.984\text{in} \tag{3}$$

对于规格大于 13⅜in 的偏梯形螺纹套管，

$$g = 2h/k = 2\times 0.062\times 12 = 1.488(\text{in}) \tag{4}$$

将式（4）代入式（1），得

$$L_4 = L_7 + 1.488(\text{in}) \tag{5}$$

式（3）和式（5）的意义在于螺纹的长度尺寸实质上只有一个，因为确定了 L_7 的长度也就等于确定了 L_4 长度，反之亦然。

通过对 API Spec 5B 标准规定的偏梯形螺纹尺寸进行分析，可以看出该标准是以常见的 7in 套管为基准进行设计的，螺纹全长尺寸 L_4 按英制单位习惯进行了系列优化。

为满足 API 偏梯形螺纹接头套管的抗拉强度理论上达到管体的抗拉强度的条件，螺纹设计应以标准系列中较大壁厚规格作为设计依据。API Spec 5B 标准是以 7in×0.54in 规格为依据进行设计、计算的。下面，我们通过 7in×0.54in 管子来验证上述推断的正确性。

7in×0.54in 管子的截面积 S_g 为

$$S_g = \frac{1}{4}\pi[7^2 - (7 - 2\times0.54)^2] = 10.96(\text{in}^2) \tag{6}$$

螺纹有效承载接触高度为

$$h_1 = 0.062 - 2\times0.008 = 0.046(\text{in})/0.0056$$

螺纹牙形承载面的接触面积 S_{JC} 近似等于牙高 h_1 与螺旋线长度 L_x 的积[3]，即

$$S_{JC} = 0.046 L_x \tag{7}$$

令 $S_{JC} = S_g$，联立式（4）和式（5），解得满足强度要求的螺旋线长度为

$$L_x = 238.24(\text{in})$$

注：S_{JC} 精确的计算式应为 $S_{JC} = 0.046 L\cos\gamma$，$\gamma$ 为螺纹的螺旋升角，$\gamma = \text{arctg}(p/\pi d)$，$\cos\gamma \approx 1$。

螺纹牙形剪截面积 S_{JQ} 的近似计算式为

$$S_{JQ} = b\times L \tag{8}$$

式中 L——螺纹等效螺旋线长度；
b——螺纹牙底宽度。

对于 API 偏梯形螺纹，牙形剪截面积 S_{SJ} 远远大于牙形接触面积 S_{JC}，故在此可以不予考虑。

螺纹每一牙的螺旋线长度是不同的，在已知螺纹螺旋线长度的情况下要精确计算螺纹牙数（或螺纹的轴向长度）是十分困难的。由于螺纹的锥度较小，螺纹大端与小端的直径相差不大，可以用公称值 7in 为直径的圆环来近似代替螺纹每一牙的螺旋线长度，那么满足强度要求的螺纹的近似牙数 n 如下。

$$n = 238.24/(7\pi) = 10.83 \approx 11(\text{牙})^{[4]}$$

注：较精确的计算方法应以 L_4 中间位置处的直径值进行计算。满足强度要求的螺纹牙数 n 的表达式为 $n = L_x/[7.016 - h - (1/2\times p + 1.984k)]\pi$，将 $L_x = 238.24$，$h = 0.062$，$p = 0.2$，$k = 1/16$ 代入上式并整理，得 $-0.00625n^2 + 6.83n - 75.83 = 0$，求解上述方程（舍去增根），得满足强度要求的螺纹牙数 $n = 11.2 \approx 11(\text{牙})$。

上述结果表明，对于 7in×0.54in 规格的套管，11 牙完整螺纹即可满足抗拉强度要求。如果设计螺纹长度 11 牙为完整螺纹，再加上不完整螺纹的强度贡献，则螺纹接头的抗拉强度将有一定的定裕量。

不完整螺纹牙数为 $n' = 1.984/0.200 = 9.92 \approx 10(\text{牙})$

螺纹的总牙数为 $n + n' = 21(\text{牙})$

螺纹全长 $L_4 = 21 \times 0.200 = 4.200$ （in）

可以看出，上述结果与 API Spec 5B 标准规范中 7in 偏梯形螺纹的 L_4 尺寸完全一致。

2.2 螺纹大端直径 D_4

满足抗拉强度要求的螺纹长度确定后，下一步应该确定螺纹直径。一般认为，API 偏梯形螺纹的中径值 E_7 作为重要参数，应该属于螺纹设计首先要确定的螺纹直径值，实际上不是这样。依据 API 偏梯形螺纹的设计理念——螺纹按规定锥度在管体外径处自然消失的原则，螺纹的消失直径值才是 API 偏梯形螺纹设计时首先要确定的螺纹直径，中径 E_7 只是导出值而已。分析 API Spec 5B 标准可知，螺纹的理论消失直径，也就是螺纹大端直径 D_4。在确定了基本大端直径 D_4 后，再加上已经确定的螺纹长度 L_4 和螺纹锥度 k，螺纹的结构也就确定了。

API Spec 5B 标准规定："对于 13⅜in 及更小规格的管子，在完整螺纹长度 L_7 截面上，管体外螺纹接头大端直径比管体公称外径 D 大 0.016in"。原因如下：

螺纹接头设计要明确规定管体外螺纹接头与接箍内螺纹接头相互配合的位置关系，也就是要规定最小机紧和最大机紧位置。分析 API 手紧与机紧上扣的位置（图 3）关系可以看出，最小机紧位置超过螺纹消失点 0.100in，与此消失点对应的管体直径就是螺纹的大端直径 D_4；同样道理，最大机紧位置也应该超过螺纹消失点 0.100in。较早版本的 API Spec 5A 规定：对于大于等于 4½in 规格的油、套管，其外径公差为 ±0.75%D（D 为管体公称直径）。与螺纹消失点相对应的管体直径应该是符合较早版本的 API Spec 5A 规定所示。

下面以 7in 偏梯形螺纹接头套管为例予以说明。

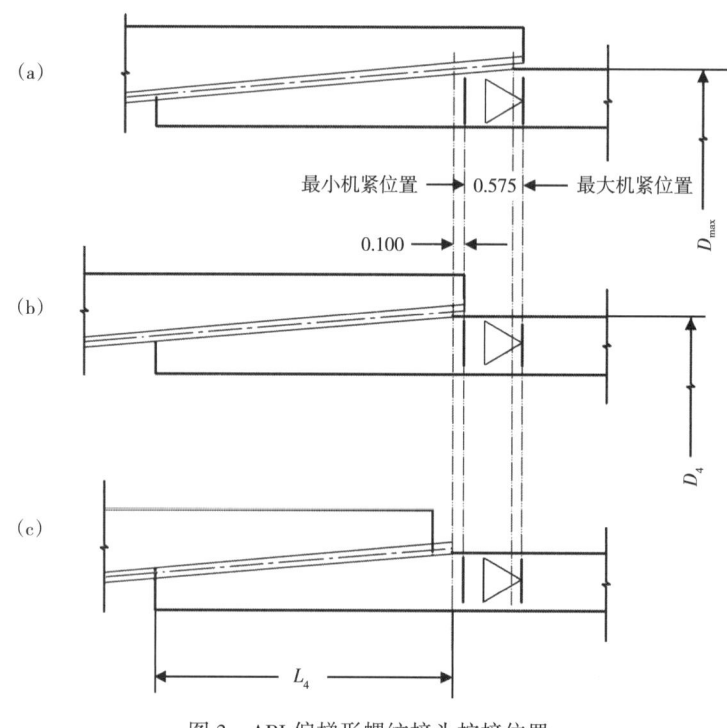

图 3 API 偏梯形螺纹接头拧接位置

对于 7in 套管，管体的最大直径为 $D_{max} = 7×(1+0.75\%) = 7.052$（in）。最大与最小机紧位置之间的距离为：0.375+0.200=0.575（in），那么，

$$D_4 = 7.052 - 0.575/16 = 7.016 \text{（in）}$$

D_4 与 API Spec 5B 规定的 7in 偏梯形螺纹接头套管 D_4 值完全相同。

2.3 螺纹中径

螺纹中径尺寸由下式确定。

$$E_7 = D_4 - h$$

对于 7in 套管，$E_7 = D_4 - h = 7.016 - 0.062 = 6.954$（in）

2.4 螺纹的其他尺寸

螺纹的其他结构尺寸均可以由相关尺寸导出，这里不再赘述。

3 结束语

（1）通过对 API 偏梯形螺纹套管接头牙形、基本参数和抗拉强度设计等进行分析，加深了对偏梯形螺纹接头设计原理的理解。

（2）通过对 API 偏梯形螺纹套管接头牙形和结构尺寸进行分析，对 API 偏梯形螺纹接头的设计原理及各项螺纹参数之间的关系有了更深刻、更全面的认识。

（3）本文对于套管生产厂家和从事套管加工和检验的技术人员有一定指导意义。同时对油田从事套管柱设计和套管验收的技术人员也有一定参考价值。

参 考 文 献

[1] 吕拴录，姬丙寅，杨成新，等. 244.5mm 套管偏梯形螺纹接头 L4 长度公差分析及控制 [J]. 石油矿场机械，2012，41（6）：63-66.
[2] 吕拴录，龙平，赵盈，等. 339.7mm 偏梯形螺纹接头套管密封性能和连接强度试验研究 [J]. 石油矿场机械，2011，40（5）：25-29.
[3] 彭泉霖，何世明，郭元恒，等. 螺纹公差带对偏梯形螺纹密封性的影响分析 [J]. 石油矿场机械，2014，43（9）：1；4）.
[4] 国家质量技术监督局. GB/T 7307—2001 55°非密封管螺纹 [S]，2011.

原载于《石油管材与仪器》2016，Vol.2（4）11-17.

CBL、VDL 和 CCL 测井技术在检测套管脱扣方面的应用

吕拴录[1,2]　柴细元[3]　李进福[2]　贾应林[2]
姬丙寅[1]　赵元良[2]　刘长新[2]　舒卫国[3]

(1. 中国石油大学（北京）机电工程学院材料系；
2. 塔里木油田钻井技术办公室；3. 渤海钻探测井公司)

摘　要：套管在井下发生脱扣失效事故之后通常要采用测井方法确定失效位置和失效形式。经过对多口井 CBL、VDL 和 CCL 套管测井结果进行调查研究和分析，发现 API 接箍式偏梯形螺纹接头套管、接箍式特殊螺纹接头套管和直连型特殊螺纹接头套管接头部位在测井图像中各自不同均有的特征，不正常的 CCL 和 CBL 曲线以及 VDL 波形位置表明了套管损坏位置和损坏形式。根据 CCL、CBL 和 VDL 波形测井结果，可以判断套管接头从现场端脱扣或工厂端脱扣。

关键词：测井；套管；脱扣；CCL；VDL；CBL

套管接箍定位（Casing Coupling Localizing，简称 CCL）、变密度测井（Variable Density Logging，简称 VDL）和水泥胶结测井（Cement Bond Logging，简称 CBL）是常用的测井方法。利用 CBL、VDL 和 CCL 测井可以检测固井质量，检查套管损坏情况，校正测井曲线深度。

套管接箍连接处壁厚突变，引起测井仪器线圈两端的磁钢磁场发生变化，因而在线圈两端产生了电势差，在线圈的闭合线路中产生了电流，地面系统通过电流的变化可知道接箍位置和数量。

CBL、VDL 和 CCL 测井技术在检测固井质量和校正测井曲线深度方面已经非常成熟，并广泛应用[1-4]。套管螺纹接头位置为薄弱环节，套管损坏的位置大多数在螺纹接头部位。套管损坏会导致巨大的经济损失，检测套管损坏形式和位置是套管失效分析必须做的工作。采用测井方法确定井下套管失效位置和形式已有多年历史。利用 CBL、VDL 和 CCL 测井技术检测套管损坏情况也有多年历史。由于套管失效分析与测井是不同的技术领域，对套管损坏测井检测曲线和图形的解释属于边缘学科，目前还缺乏系统研究，致使许多套管测井检测数据未能得到利用。特别是套管接头在井下发生脱扣事故后，一方面很难确定失效形式，另一方面很难判定套管接头是从工厂端脱扣还是从现场端脱扣。这就为后续处理事故和划分事故责任造成一定困难。因此，分析研究套管测井检测曲线和图形的含义，正确解释套管测井检测曲线和图形，对分析套管损坏情况很有必要，也十分迫切。

1　不同类型的套管测井检查结果

利用 ECLIPS 5700 型数字声波仪对轮古 7 井 API 接箍式偏梯形螺纹接头套管进行 CBL、

VDL 和 CCL 测井（图 1，图 2）。

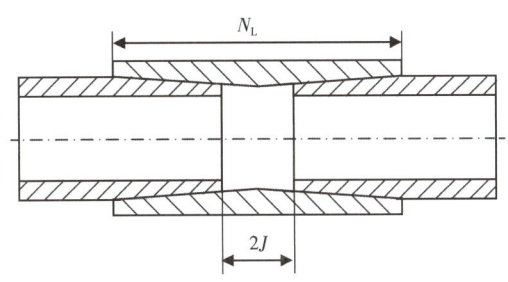

图 1 轮古 7 井 API 接箍式偏梯形螺纹接头套管结构形状示意图
N_L—接箍长度；J—上扣连接后外螺纹接头端面距离接箍中间的距离

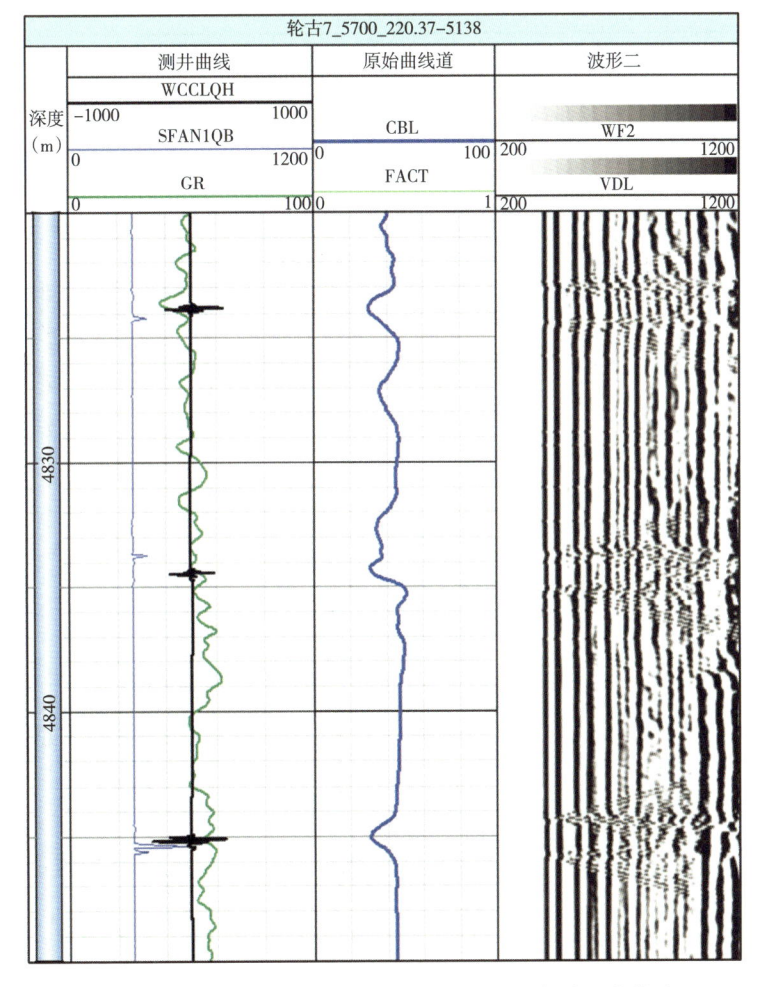

图 2 轮古 7 井 API 接箍式偏梯形螺纹接头套管测井结果

同样，利用 ECLIPS 5700 型数字声波仪分别对 DN2-17 井接箍式特殊螺纹接头套管和克深 2 井直连型特殊螺纹接头套管进行 CBL、VDL 和 CCL 测井（图 3 至图 6）。

测井结果表明，API 接箍式偏梯形螺纹接头套管、接箍式特殊螺纹接头套管在 VDL 测井图像中接头部位均存在明显的"W"波形，CCL 和 CBL 曲线在接箍处亦有明显变化；而

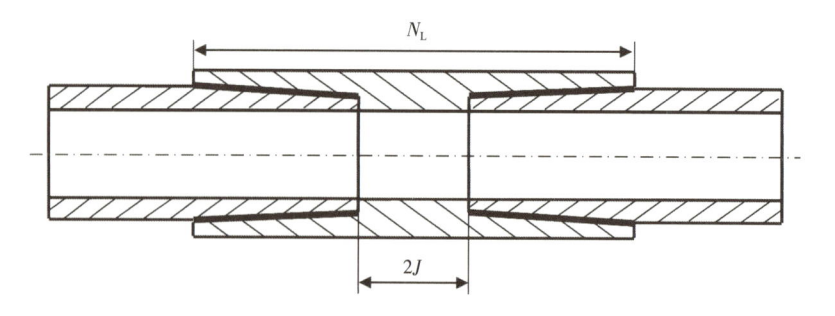

图 3　DN2-17 井接箍式特殊螺纹接头套管结构形状示意图

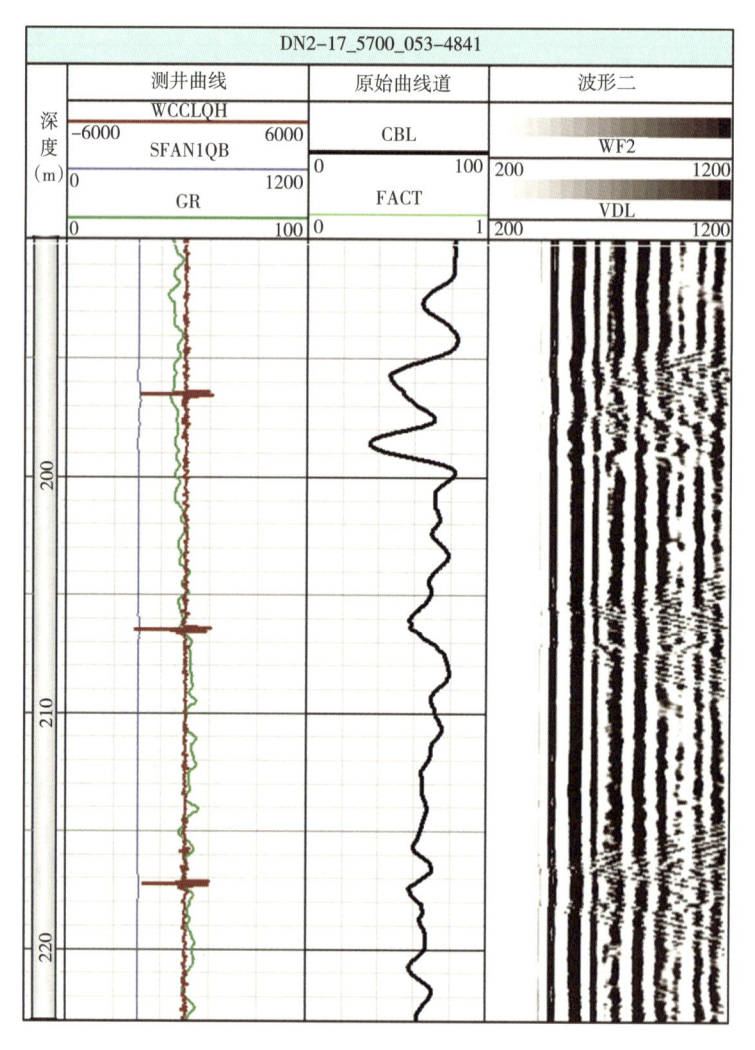

图 4　DN2-17 井接箍式特殊螺纹接头套管测井结果

直连型特殊螺纹接头套管并无此特征。这说明 CCL 曲线接箍位置是由壁厚变化来显示的，而不是 BC 套管里 25.4mm 的凹槽显示的；"W"波形主要是由于接箍端面位置套管壁厚偏差引起的，即"W"两个底点是由于接箍端面位置套管壁厚偏差引起的。由于 VDL 的纵向

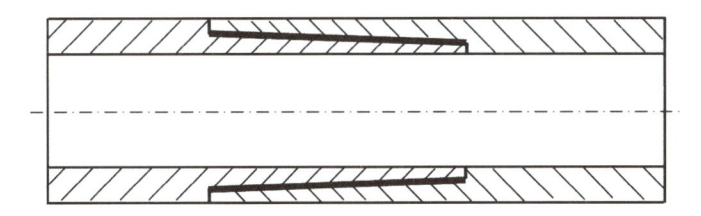

图 5 克深 2 井直连型特殊螺纹接头套管结构形状示意图

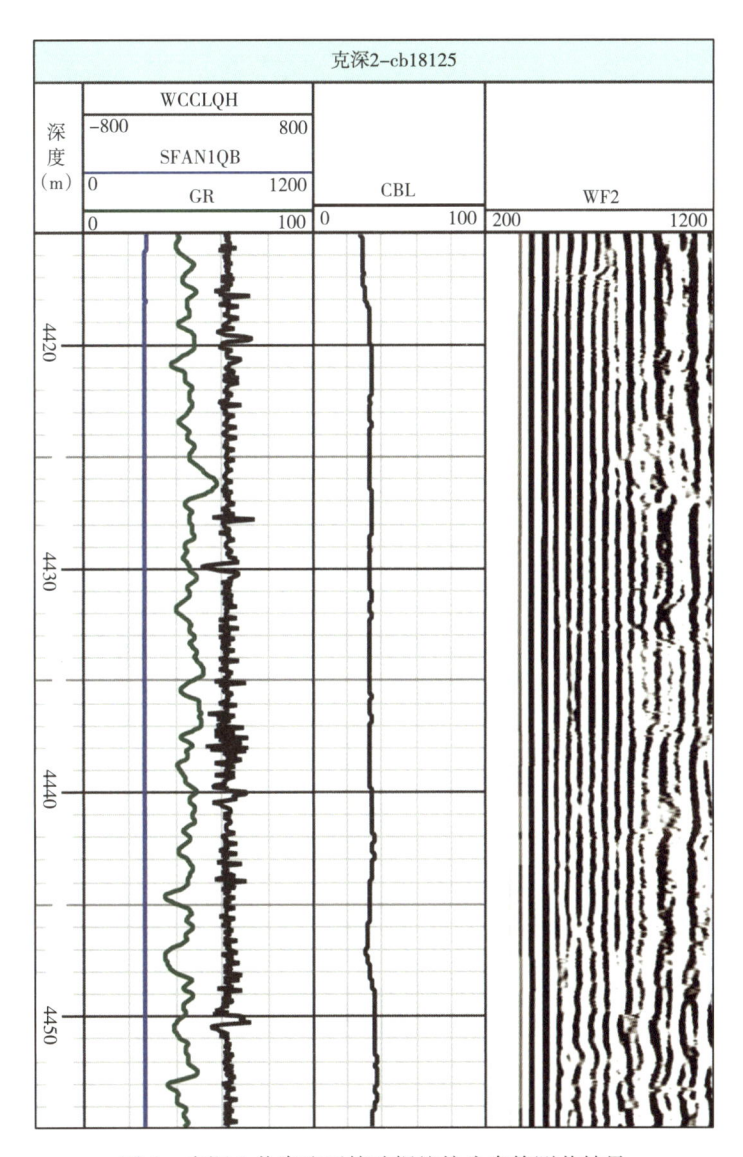

图 6 克深 2 井直连型特殊螺纹接头套管测井结果

分辨率比较低，同时套管壁厚变化对声波传播时间和幅度的影响很小，无法准确分清或识别 API 接箍式套管中凹槽（$2J$）和接箍长度（N_L）的精确变化。相对而言，CCL 对套管壁厚的变化要灵敏得多。图 6 中 CCL 的剧烈变化是壁厚变化的反映。掌握了不同类型套管测井曲线和图像，可以分析和判断套管在井下脱扣情况。

2 套管脱扣检测实例分析

2.1 轮古7井API接箍式偏梯形螺纹接头套管损坏情况检测结果

轮古7井API接箍式偏梯形螺纹接头套管损坏情况检测结果如图7所示。第16根套管与第17根套管长度相同，但从图7可清楚地看到，第16根套管接箍"W"波形缺少了下半部分，这说明该位置套管不连续。经过失效分析证实，第16根套管接头工厂上扣连接端脱扣[5]。

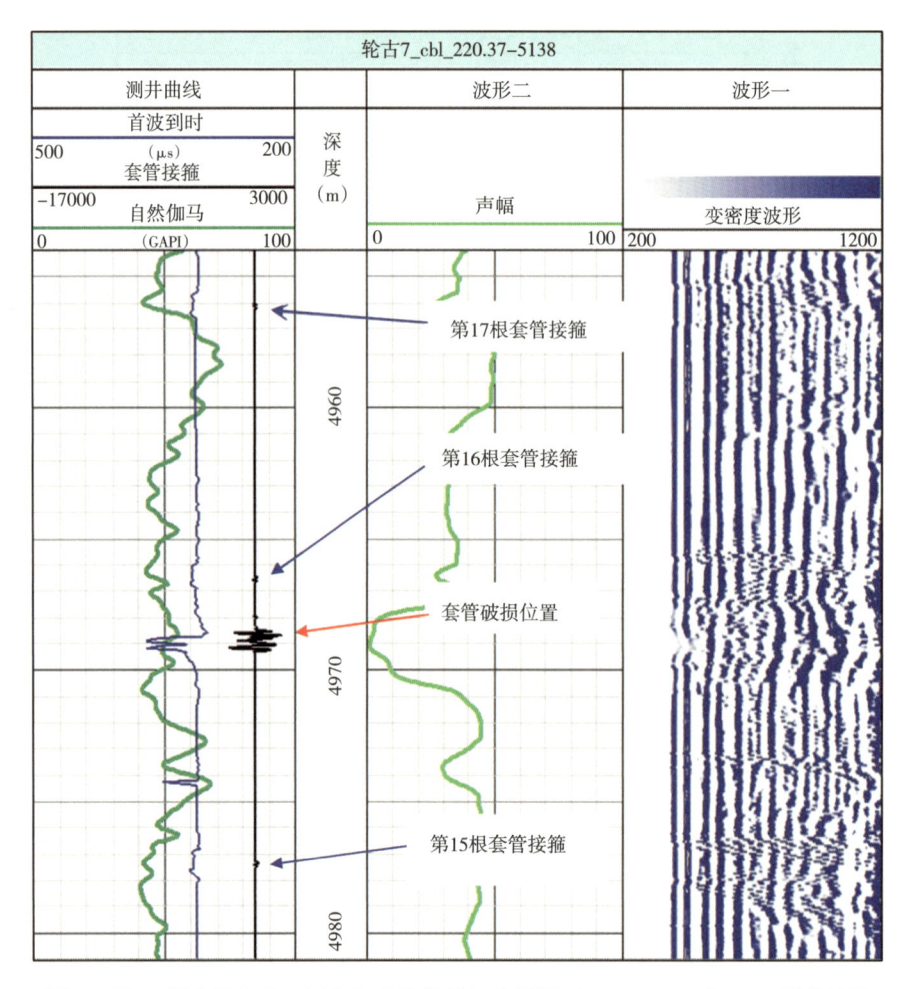

图7 第16根套管接头工厂上扣连接端脱扣位置附近CCL、CBL和VDL测井结果

2.2 S1065井API接箍式偏梯形螺纹接头套管损坏情况检测结果

用SKC9800测井仪对S1065井套管柱进行了CCL曲线检测。测量井段为0~1146m，测量结果如图8所示。

从图8可知，第6根套管外螺纹接头与第5根套管连接处CCL曲线与其他接头位置曲线明显不同，其下方有0.95m为裸眼井段。从CCL曲线特征分析，第5根套管接箍戴在第6根套管外螺纹接头上的可能性大，即第6根套管接头工厂扣端脱扣。经过进一步失效分析，证实第6根套管接头工厂上扣端脱扣。

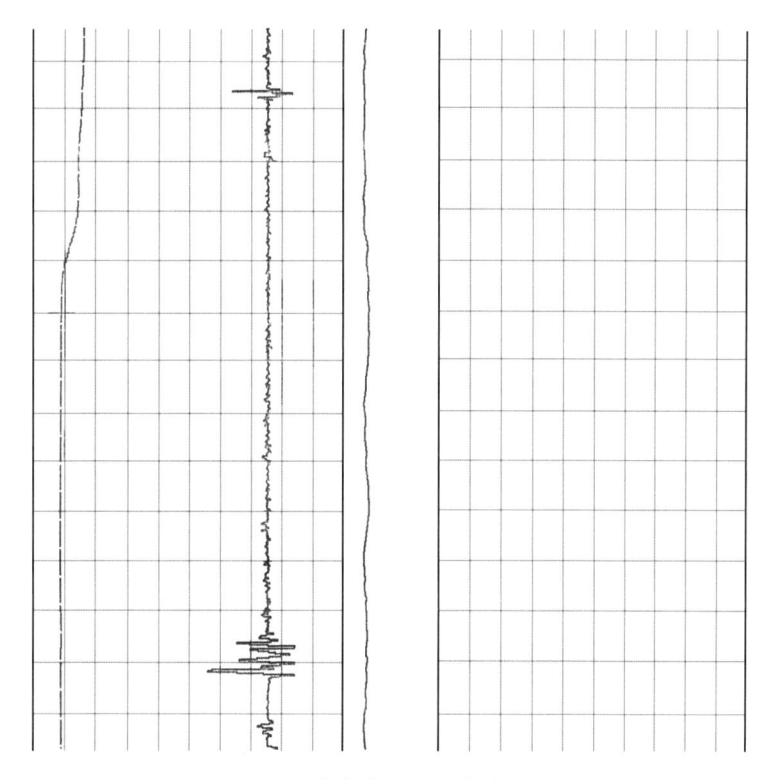

图 8　S1065 井套管柱 CCL 曲线检测结果

3　结论

（1）API 接箍式偏梯形螺纹接头套管、接箍式特殊螺纹接头套管在 VDL 图像中接箍部位均存在明显的"W"波形，"W"波形主要是由于接箍端面位置套管壁厚偏差引起的；CCL 和 CBL 曲线在接箍处亦有明显变化。而直连型特殊螺纹接头套管并无以上特征。

（2）依据 VDL 图像以及 CCL 和 CBL 曲线变化特征，可以确定井下套管脱扣位置。

参 考 文 献

[1] 孙彦才．脉冲互感式接箍检测器在电磁流量计测井仪中的应用［J］．石油仪器，2005，（04）：28-30．
[2] 陈金宏，孙占飞，张国菊，等．GR-CCL-CBL-NG 组合测井技术的研究及应用［J］．国外测井技术，2004，（06）：55-56，59．
[3] 张卫兵，孙成德，孙磊，等．CBL/VDL 测井在河南油田的应用［J］．国外测井技术，2002，（03）：22-24．
[4] 姬铜芝，刘正锋，王子荣，等．固井声幅—变密度测井的影响因素分析［J］．测井技术，2002，（06）：486-489．
[5] 吕拴录，骆发前，唐继平，等．某井 177.8mm 套管固井事故原因分析［J］．钻采工艺，2009，32（4）98-101．

原载于《国外测井技术》，2009 年第 4 期：56-58．

油(套)管标准化及设计研究

本部分内容分析塔里木油田油(套)管在使用过程中发生的失效事故和现行订货技术标准,总结国产油(套)管的使用经验,认为油田油(套)管订货标准要求的技术条款不能满足实际使用工况,操作规程不够明确和具体,相关标准缺少对应技术要求或对标准理解存在偏差,最终致使油(套)管在使用过程中发生了大量失效事故。

塔里木油田依据失效分析和研究成果,开展了油(套)管的技术要求标准化及现场操作规范化,并采取一定的措施落实订货技术标准和操作规程,确保了油(套)管的使用性能满足塔里木油田勘探开发的要求,节约了油田成本。并选取了某典型含气超高压油井,分析讨论了不同套管的适用性,进行了生产套管方案设计。

正确理解和执行标准规范，
选好用好油井管

吕拴录[1]　骆发前[2]　周　杰[2]　高　蓉[1]

（1. 中国石油天然气总公司石油管材研究所；2. 塔里木油田）

摘　要：本文通过深入调查研究和大量失效分析，用具体事例说明 API SPEC 5CT、API SPEC 7 和 API SPEC 5D 等通用标准有时与油田实际使用工况不符，导致油井管失效事故。指出了钻杆、钻铤、提升短节、油管、套管等不同种类油井管的主要失效形式和失效原因，并提出了具体的预防措施。建议油田依据 API 最新标准订货，并要根据自己油田的实际情况制订补充技术条件，同时还要制订切实可行的使用操作规程。

关键词：油井管；失效分析；API 标准；订货补充技术条件；操作规程

油井管（钻具、套管、油管）在石油工业中占有重要地位，不仅表现为用量大，花费多，更主要的是其质量对石油工业的影响极大[1]。

长期以来，我国油田一直依据 API 标准选用油井管。API 标准注重工程互换，既保证不同生产厂家按 API 标准制造的产品都能互换和配合，方便用户采购与油田现场管理和使用；又不限制生产厂家采用新工艺，提高产品质量和安全可靠性，以满足用户的各种需要。API 油井管产品标准，虽有技术要求、试验方法和检验规则等，但要求均为基本要求、最低要求，内容比较宽泛，适用性也未能清楚界定，因此，仅依靠 API 标准并不能满足工程需要[2]。

我国依据 API 标准生产和选用油井管已有多年历史，但仍存在不少问题。有些生产厂家认为达到了 API 标准，已经很了不起。而用户对 API 标准的理解也很有限，订货时只笼统写执行 API 标准。订货内容只有规格、钢级、数量和交货期，几乎不加注任何技术要求的选择条款，更不提补充技术要求。

大量失效分析认为，油井管失效原因与订货标准有关，也与使用操作有关。油井管订货标准要求的技术条款不能满足实际使用工况，最终在使用过程中发生了大量失效事故[3]。由于设计不合理和使用操作不规范导致油井管非正常损坏，发生的失效事故更多。如何解决订货标准与油田实际使用工况不符问题，如何选好用好油井管是我国油田目前亟待解决的问题。

1　依据标准和订货补充技术条件，选好油井管

满足油田实际需要的油井管要通过标准或订货技术要求的形式提出，工厂依据标准和订货条件生产和供应油井管。所谓选好油井管实际是依据油田的实际使用条件提出切实可行的订货标准，并要求工厂严格按标准要求的技术条款供货。目前我国油田习惯采用 API 标准

订货。API 标准是用户和生产厂家共同协商的结果。API 标准每年都在修订，根据修订内容，一般在 4~5 年出版修订之后的新版本（表1）。满足 API 标准的油井管并不能保证在每一个油田使用都不出问题。因为每个油田的使用工况不同，对油井管的使用性能要求也必然不同。因此，油田在订货时不仅要采用最新的 API 标准，而且应根据自己的实际使用工况，在 API 标准的基础上提出订货补充技术条件。为此，必须深入油田调查研究，掌握油井管实际服役条件，了解各油田依据 API 标准订购的油井管在使用中存在的问题。

表1 API 标准修订周期举例

标准名称	版本	发布日期	修订频次（平均）
API SPEC 5D	第3版	1992年	4.5年修订一次
	第4版	1999年	
	第5版	2001年	
API SPEC 7	第36版	1989年	3年修订一次
	第37版	1990年	
	第38版	1994年	
	第39版	1997年	
	第40版	2001年	
API SPEC 5CT	第6版	1998年	3.5年修订一次
	第7版	2001年	
	第8版	2005年	

要提出切实可行的订货补充技术条件，失效分析和科研工作必须走在前面。经过大量失效分析可以发现油井管存在的质量问题。对于失效分析发现的油井管质量问题，要经过科学研究才能提出具体的解决办法，最终将科研成果用于订货标准和订货补充技术条件。

下面用具体事例说明采用 API 最新标准和制订订货补充技术条件的必要性和可行性。

1.1 钻杆接头胀大失效问题

20 世纪 90 年代初，某油田一批 127.0mm 钻杆接头胀大失效（图1），经过大量失效分析和研究，认为钻杆接头胀大失效的主要原因是接头密封台肩倒角直径偏小所致。进一步调

图1 钻杆接头胀大形貌

查发现合同订单上要求按1981年出版的API SPEC 7标准供货，因为采购人员手头只有1981年出版的API SPEC 7标准中文版。实际上1986年出版的API SPEC7已将127.0mm钻杆接头密封台肩倒角直径从150.4mm改为154.0mm，倒角直径增大3.6mm，密封台肩接触面积增大20%，接头密封抗挤压变形的能力大幅度提高。在该油田同一区块使用的钻杆有按1981年出版的API SPEC 7标准生产的，也有按1986年出版的API SPEC 7标准生产的。前者发生了大量的钻杆接头胀大损坏事故，后者却没有发生钻杆接头胀大事故。这说明API标准修订是有道理的，不执行API最新标准会导致不必要的损失。

随着钻井深度和斜度的增加，钻杆承受的扭矩越来越大，按API最新标准生产的127.0mm钻杆在有些超深井油田使用仍然容易发生内螺纹接头胀大事故。为解决苛刻井钻杆内螺纹接头胀大问题，以订货补充技术条件的形式提出选用扭矩性能优良的双台肩接头钻杆，最终解决了超深井钻杆接头胀大问题。

1.2 钻杆内加厚过渡带刺穿问题

20世纪80年代我国油田发生了大量进口钻杆内加厚过渡带早期刺穿失效事故（图2），其中G105以上高钢级的钻杆早期刺穿事故最多。原中国石油管材研究所经过大量失效分析，认为进口钻杆内加厚过渡带早期刺穿失效的主要原因是钻杆内加厚过渡带短，过渡圆弧小，存在应力集中。而依据当时API SPEC 5D，E75内外加厚钻杆内加厚过渡带长度M_{iu}不小于50.8mm，X95、G105和S135内外加厚钻杆内加厚过渡带长度没有规定。依据API SPEC 5D规定，这些内加厚过渡带早期刺穿失效的进口高钢级钻杆全部符合标准要求。管材研究所在大量失效分析和科学研究的基础上，提出钻杆内加厚过渡带长度M_{iu}不小于100mm，过渡带消失位置圆弧R不小于300mm，并将其作为订货补充技术条件。经过在油田下井试验，按照订货补充技术条件订购的钻杆使用寿命延长了一倍多。

图2 不同厂家钻杆抗腐蚀能力对比

随后管材研究所给API提案，要求改进钻杆内加厚过渡带形状。API SPEC 5D 1999年8月第4版将内外加厚钻杆内加厚过渡带长度改为M_{iu}不小于76.2mm。

近年来，随着钻杆国产化的发展和越来越苛刻的钻井条件，钻杆内加厚过渡带刺穿失效数量有所回升。例如，某油田2004年就发生155起钻杆内加厚过渡带刺穿失效事故。近几年刺穿失效的钻杆过渡带长度和材质符合API SPEC 5D最新规定。目前刺穿钻杆存在如下问题。

（1）国内外不同厂家生产的钻杆内加厚形状存在一定差异，有些厂家的钻杆内加厚过渡带形状不规则，过渡带消失部位存在较大的应力集中和腐蚀集中。

（2）没有内涂层的钻杆更容易刺穿，钻杆有内涂层之后寿命会大幅度提高。

（3）早期刺穿失效的钻杆材料纯净度较差。钻杆材料纯净度越差，抵抗腐蚀疲劳裂纹萌生和扩展的能力越差，钻杆的使用寿命越短；反之，钻杆材料纯净度越高，抵抗腐蚀疲劳裂纹萌生和扩展的能力越强，钻杆的使用寿命越长[4]。图 2 显示了不同厂家钻杆抗腐蚀的能力。图 3 显示了不同厂家钻杆疲劳裂纹扩展速率。图中纯净度差的钻杆疲劳裂纹扩展速率是纯净度高的钻杆疲劳裂纹扩展速率的 1.7~2.3 倍。

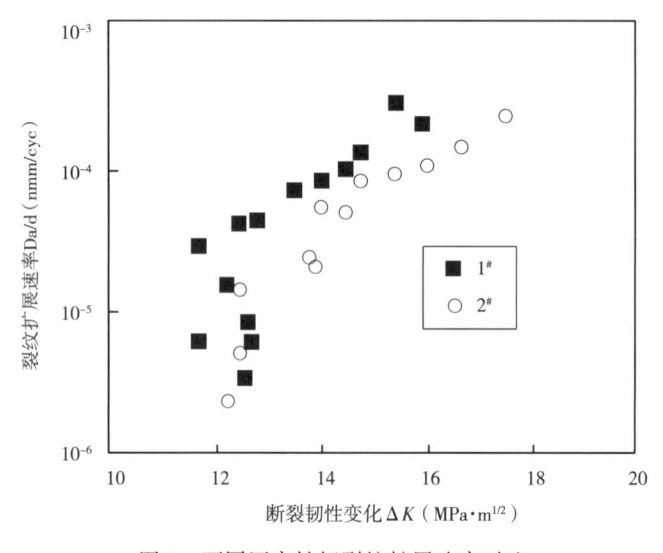

图 3 不同厂家钻杆裂纹扩展速率对比

（4）根据目前钻杆内加厚过渡带刺穿失效情况，仅依据 API 标准已不能解决问题。应当提出新的钻杆订货补充技术条件。

塔里木油田提出新的钻杆订货补充技术条件，要求钻杆内加厚过渡带长度不小于 120mm，过渡带消失位置圆弧 R 不小于 300mm。

钻杆内加厚形状改进之后钻杆寿命大幅度提高，但是钻杆内加厚消失位置仍然是薄弱环节。目前塔里木油田正在开题对钻杆材质、尺寸规格、加厚形式等进行研究，在研究的基础上将依据塔里木油田对钻杆的实际要求，提出更高的附加技术条件。

1.3 钻具提升短节

某油田发生了多起提升短节脱扣（图 4）事故，并使 2 名钻工致残。经过失效分析研究，发现脱扣的提升短节是用 API 早已淘汰的细扣钻杆改制的，脱扣位置全在细扣连接部位。而当时的 API 标准里还没有提升短节。根据这种情况，及时设计了新型提升短节（图 5），并以订货补充技术条件的形式要求厂家加工。新型提升短节在该油田使用多年未出现问题，又制订了提升短节行业标准，按照行业标准加工的提升短节在全国使用至今也很少发生失效事故。随后又制订了 API 提升短节标准，并被采纳列入 API SPEC 7 规范。

进一步调查研究发现我国两项国家标准，《石油钻杆螺纹》（GB/T 9253.8—1995）和《石油钻杆螺纹量规》（GB/T 9253.9—1995）的内容是 API 淘汰的细扣钻杆螺纹。经过说服

图 4　提升短节脱扣形貌

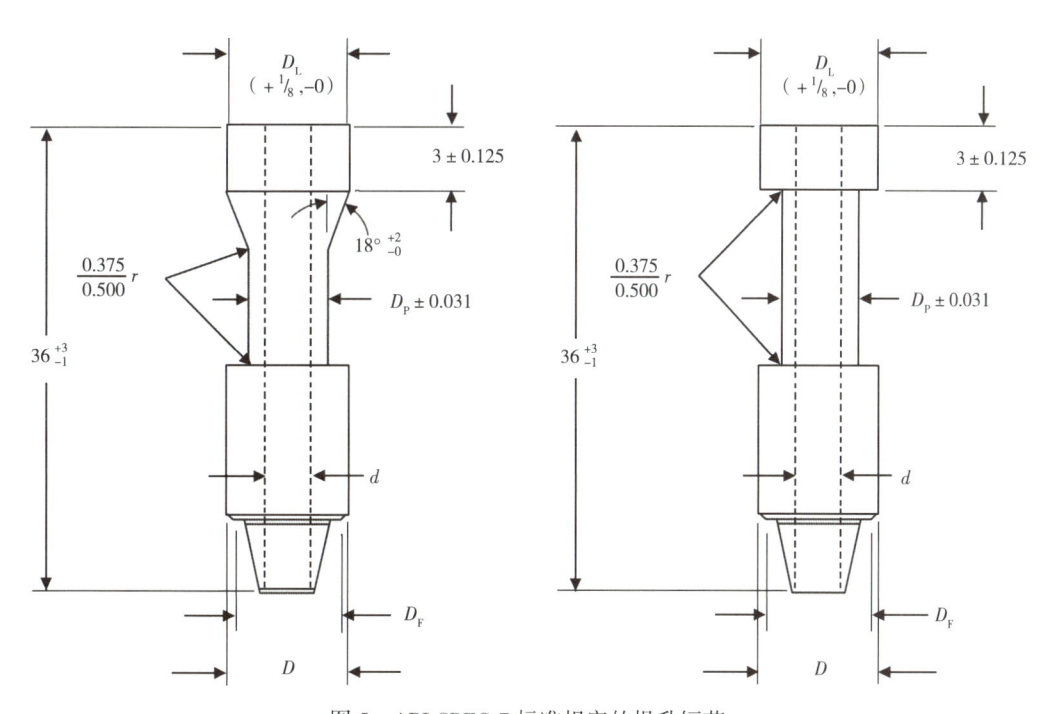

图 5　API SPEC 7 标准规定的提升短节

有关标准化部门和标准起草者，现在已经将这 2 项标准报废。这就从根本上杜绝了细扣钻具脱扣事故。

1.4　钻铤断裂问题

20 世纪 80 年代中期，国产钻铤在开始生产时发生了多起脆性断裂事故，个别钻铤在钻

161

台上断为几截。经过失效分析和试验研究，发现断裂原因主要是材质韧性不足所致。API SPEC 7 标准对钻铤韧性没有要求，这些断裂的钻铤材料性能仍然符合 API SPEC 7 标准要求。依据失效分析和研究结果，首先以订货补充技术条件形式提出钻铤韧性不小于 54J，随后又制订了钻铤行业标准，对钻铤韧性等指标做了规定，这就有效地防止了钻铤脆性断裂事故。

近几年，随着国产钻铤生产规模不断扩大，钻铤断裂频繁发生。某油田 2002 年至 2004 年就发生钻铤断裂事故 419 起（不包括外来井队在该油田发生的钻铤断裂事故）。钻铤断裂位置大多数在内螺纹接头位置（图6）。

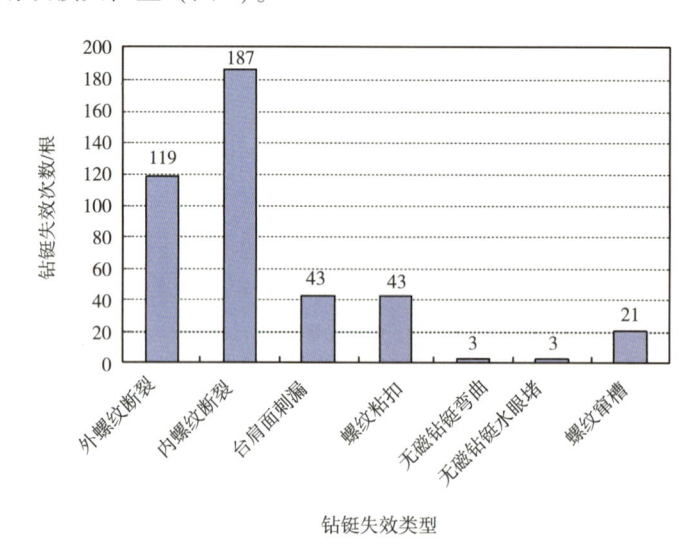

图 6 某油田钻铤失效类型及次数

据调查，外雇井队在该油田打井过程中也发生了大量钻铤断裂事故。某外雇井队所打的一口直井所用钻铤全为新钻铤，在钻至 3130m 就发生了 19 次钻铤内螺纹断裂事故。

管材研究所经过大量失效分析和研究，发现断裂失效钻铤符合 API SPEC 7 规范和 SY/T 5144 钻铤规范。这说明目前的 API SPEC 7 规范和 SY/T 5144 钻铤标准已经不能满足该油田的使用要求，该油田应当依据自己的使用工况制订订货补充技术条件。

为解决钻铤断裂问题，该油田已经在订货补充技术条件里对钻铤应力减轻槽结构、螺纹结构等方面提出了具体要求，但目前钻铤断裂事故并没有明显减少。这说明要解决该油田钻铤断裂问题，必须首先对钻铤断裂的真正原因和预防措施进行研究，然后才能提出切实可行的订货补充技术条件和标准。

2 严格设计规范和使用操作规范，用好油井管

要用好油井管，就要依据油井实际工况做好管柱设计；要用好油井管，就要有科学的使用操作规程；要用好油井管，就要有配套的规章制度和工具，保证作业工人严格执行使用操作规程。下面举例说明合理设计和严格使用操作规范的必要性和可行性。

2.1 V150 钢级套管开裂问题

20 世纪 80—90 年代，V150 套管在国内几个油田发生了开裂事故。近几年某油田订购的一批 V150 钢级套管，多次发生断裂事故（图 7）。失效分析认为，事故主要原因是材质韧性不足，上扣扭矩偏大所致。按照该油田的使用工况，根本没有必要使用 V150 钢级套管。而油田设计人员认为钢级越高，抗拉安全系数越大，套管越安全，忽视了高钢级套管对环境的敏感性和高钢级套管需要匹配的韧性很高。油田在订货时只要求按 API 标准执行，没有提任何补充技术要求。

图 7　V150 套管接箍开裂形貌

1988 年前出版的 API SPEC 5AX 标准曾将 V150 钢级套管列为比 P110 高一级的钢级，但明确规定 V150 钢级套管不作为 API 标准钢级。经过几年的使用实践，API 发现 V150 钢级套管的生产技术还不成熟，在使用中发生了多起断裂事故。另外，从目前世界范围内技术水平来考虑，具有生产高韧性 V150 钢级套管能力的厂家还不多。1988 年及以后出版的 API SPEC 5CT 标准就去除了 V150 钢级套管。

根据目前的国际标准和国际上生产 V150 钢级的技术水平现状，油田应尽可能不用 V150 钢级套管。如果必须使用 V150 钢级套管，应当依据自己的使用工况提出具体技术标准（特别是韧性指标），并优选生产厂家。

2.2 套管脱扣和粘扣事故

某油田在下套管过程中所有套管均严重粘扣，且发生套管脱扣事故（图 8，图 9）。

经过失效分析和调查研究，发现井队在下套管时没有使用套管液压钳，而使用了钻杆液压钳。钻杆液压钳是按钻杆接头壁厚设计的，用钻杆液压钳对套管上扣，必然会将套管接箍

图 8　套管外螺纹粘扣和脱扣形貌 　　　　　　图 9　套管接箍粘扣及夹持变形磨损形貌

夹持变形,发生严重粘扣和脱扣事故。

以上事例说明下套管必须要有严格的作业规程,并且井队应当严格执行作业规程。否则,必然发生套管失效事故。

2.3　油管粘扣问题

油管粘扣是国内油田目前普遍存在的问题(图10),给油田造成了很大的经济损失。经过大量失效分析和研究,发现大多数油管粘扣与没有引扣和上扣速度快有关。

图 10　油管粘扣形貌

图 11　接箍错扣形貌

在上扣过程中不引扣，或者引扣太少，很容易引起粘扣和错扣（图 12）。井队工人在油管对扣后（外螺纹插入内螺纹里边）不引扣就立即开动油管钳上扣。在对扣后不引扣的情况下高转速上扣很容易发生错扣和粘扣。如果对扣不正会发生更严重的错扣和粘扣。

上扣速度越快，越容易粘扣[5]。按照 API RP 5C1 规定，油管上扣速度不能超过 25r/min。我国油田实际所用的大多数油管液压钳低挡转速为 36r/min，高挡转速为 110r/min。油田工人在下油管过程中通常喜欢采用高挡转速。

要解决由于使用操作不当引起的油管粘扣和错扣问题，首先必须有科学的油管下井作业规程。要在作业规程里对油管下井作业过程中的对扣方式、引扣圈数、上扣速度和上扣扭矩等作详细规定，并有相应的制度和政策保证井队严格执行操作规程。

要保证油管的引扣圈数，必须为井队提供必要的工具，否则，也只能是一句空话。石油管材研究工作者经过多年研究，研制出了便携式油管引扣钳（图 13），并申请了专利。引扣钳的推广应用，必将有效地防止油管粘扣和错扣。

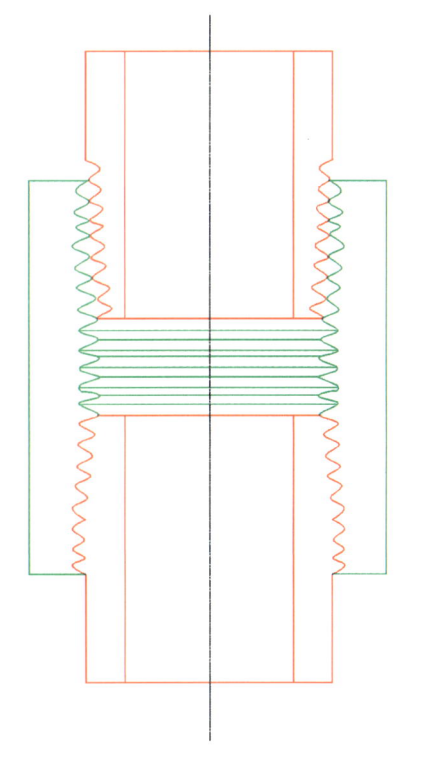

图 12　未引扣时内螺纹和外螺纹牙齿接触状态

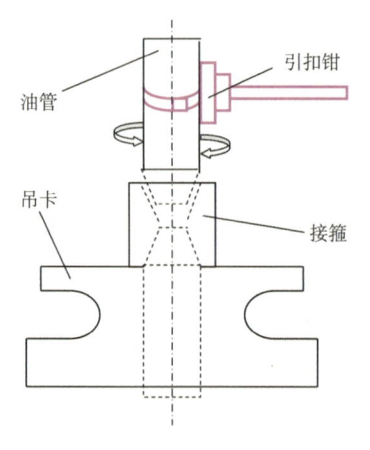

图13 引扣钳应用示意图

图14 油管断裂位置

2.4 吊卡磨损导致油管断裂问题

油田曾发生多起油管断裂事故（图14）。经过失效分析和研究，发现油管断裂原因与吊卡磨损有关（图15，图16）。

图15 断裂时油管与吊卡匹配状态

图16 吊卡磨损形貌

吊卡磨损之后会导致油管与吊卡处于非正常的偏斜配合状态，此时油管不但要承受拉伸载荷，还要承受弯曲载荷和吊卡施加的剪切载荷，油管很容易断裂和弯曲损坏。

对于吊卡磨损导致的油管失效，油田往往只注重油管质量，而忽视吊卡的质量。大多数油田没有科学的吊卡判废标准和检修标准。甚至当吊卡磨损导致油管发生断裂和弯曲事故之后，有些井队仍然不舍得将吊卡报废。这就导致类似的事故在同一油田，甚至同一修井队多次发生。要从根本上解决问题，首先必须制订科学的吊卡判废标准和检修标准。

3 结论

(1) 各油田应依据 API 最新标准和补充技术条件，选购适合自己油田的油井管。
(2) 严格设计规范和操作规范是用好油井管的关键。
(3) 针对油井管标准中的关键技术指标进行专题研究，用于指导标准、规范的制订和修订。

参 考 文 献

[1] 李鹤林. 油井管发展动向及国产化探讨. 中国石油天然气集团公司院士论文集 [J]. 北京：石油工业出版社.
[2] 秦长毅, 方伟, 杨龙. 论中国油井管标准 [J]. 石油工业标准化, 2004 (1).
[3] 吕拴录. 结合油田需要, 搞好油井管标准化工作, 石油钻采设备标准化论坛论文集, 2005.
[4] LÜ Shuanlu, FENG Yaorong, ZHANG Guozheng, et al. Failure analysis of IEU drill pipe wash out [J]. Fatigue, 2005, 27: 1360-1365.
[5] 吕拴录, 刘明球, 王庭建, 等. J55 平式油管粘扣原因分析 [J]. 机械工程材料, 2006, 30 (3): 69-71.

原载于《油井管技术及标准化国际研讨会论文集》，西安，2006 年 4 月

API油(套)管粘扣原因分析及预防

吕拴录[1,2] 龙 平[2] 周 杰[2] 秦宏德[2] 龚建文[2]
乐法国[2] 迟 军[2] 谢又新[2] 聂采军[2]

(1. 中国石油大学北京机电工程学院；2. 塔里木油田公司)

摘 要：对塔里木油田API油(套)管粘扣问题进行了全面调查研究，对部分油(套)管抽样进行了上扣和卸扣试验，并在几口井进行了油套管下井试验。认为API油套管粘扣原因既与产品质量有关，也与使用操作不当有关。油(套)管螺纹加工质量不高，容易发生粘扣。为保证油(套)管的质量，制订了塔里木油田油套管抽样上扣、卸扣试验补充技术条件。使用操作不当导致油(套)管粘扣的因素主要包括碰伤、偏斜对扣、引扣不到位、上扣速度快、上扣扭矩不当等。为解决油田使用操作不当导致的粘扣问题，研制了预防油(套)管粘扣的新型引扣钳专利产品，并制订了塔里木油田油套管使用和维护操作规程。经过在几口井推广应用以上预防措施，有效地防止了由于操作不当导致的油(套)管粘扣。

关键词：油管；套管；粘扣；螺纹保护器；引扣钳

粘扣会降低油(套)管接头的密封性能和承载能力，甚至导致脱扣，最终使油(套)管柱寿命大幅度降低。塔里木油田已经发生多起油、套管粘扣事故。

1991年，轮南25井和轮南30井所用的新油管经过一次试油作业之后新油管全部粘扣报废。调查分析结果显示，每根油管外螺纹接头都因为没有带螺纹保护器而严重磨损。油管粘扣主要原因是操作不当所致。

1996年，一批国产油管在多口井发生粘扣事故。失效分析认为该批油管本身抗粘扣能力较差，油管严重粘扣与使用操作不当有一定关系。

2000年，轮南11井进口油管在试油作业时发生了严重粘扣事故。调查结果是油管作业队采用高速上扣（100r/min），远超过了APIRP 5C1规定的上扣速度（≤25r/min），油管严重粘扣与上扣速度太快有很大关系。对该批进口的油管抽样进行上扣、卸扣试验，结果显示油管本身抗粘扣性能不符合API标准。

到2005年底为止，塔里木油田废旧料库存1900t回收的损坏油管，每年回收100t损坏油管。这些回收的旧油管大多数为粘扣损坏。根据开发部门2003—2005年初不完全统计结果，从井队回收的损坏油管共337024根。2005年，TZ4-7-56、DH1-5-8、DHI-5-7、LG4等多口开发井发生油管粘扣事故。

2005—2006年，西气东输项目已有12口井油管发生粘扣。其中英买力气田群完井作业过程中，送井的3900根ϕ88.9mm×6.45mm油管中有86根油管发生粘扣和错扣。送井的2800根ϕ73mm×5.51mm油管中有56根油管发生粘扣和错扣。另外，有2根油管短节发生粘扣。

塔里木油田套管粘扣问题实际也非常严重，套管上扣后一般不卸扣，除非下套管遇阻，起出检查才能发现粘扣;或者粘扣非常严重,上扣之后外露扣太多,卸扣检查才能发现粘扣。2003年,大北2井下φ127.0mm尾管遇阻,发现所有套管严重粘扣。

目前,国内大多数工厂还没有完全解决油、套管粘扣问题[1]。塔里木油田在到货检验过程发现有些厂家的套管工厂上扣端从接箍端面就能看到粘扣形貌。有些国产套管和进口套管螺纹接头在检查紧密距时就发生粘扣。2004年塔里木油田对到货套管随机抽样进行上扣、卸扣试验,结果显示国产套管根根粘扣。根据套管的质量现状,如果再加上使用操作因素,套管粘扣问题必然会更加严重。

以上调查研究和失效分析结果表明,油(套)管粘扣原因既与产品本身抗粘扣性能差有关,也与现场使用操作不当有关。

因此,要防止油(套)管粘扣,首先应当研究解决油田所订购的油(套)管本身存在的粘扣问题,对油(套)管质量提出严格的订货技术要求;同时,要研究解决使用操作问题,对油(套)管现场作业提出严格要求,并研制和推广油(套)管引扣钳。

1 油(套)管上扣、卸扣试验及下井试验研究结果

对在商检和使用过程中发现问题的油(套)管及时进行上扣、卸扣试验、失效分析及下井试验,发现了油(套)管本身存在质量问题,使用操作也存在问题(表1)。

表1 油(套)管上扣、卸扣及下井试验研究结果

油管品种	试验研究结果
轮古36井φ88.9×6.45mm 110SS-EU油管	(1)油管接头工厂上扣端解剖之后存在粘扣和划伤问题。 (2)3根油管接头现场端在上扣速度约为5r/min的条件下,第1次和第2次上扣扭矩处在最小扭矩和最大扭矩之间没有发生粘扣,从第3次开始按最大扭矩上扣,3Z油管第5次上扣、卸扣之后产生轻微粘扣,1Z和2Z油管接头试样第6次上扣、卸扣之后产生轻微粘扣。4Z油管接头试样现场端在上扣速度为15~19r/min的条件下,上扣扭矩达到工厂规定的最大扭矩的92.1%时,第1次上扣、卸扣之后就产生严重粘扣
φ73.0mm×5.51mm EU 95SS油管	第1根油管试样第9次上扣、卸扣后产生划伤,第10次上扣、卸扣之后没有发生粘扣。第2根油管试样第1次上扣、卸扣之后发生严重粘扣。第3根油管试样第2次上扣、卸扣之后发生轻微粘扣
φ88.9×6.45mm 110S EUE油管	第1根油管试样第9次上扣、卸扣后产生划伤,第10次上扣、卸扣之后没有发生粘扣。第2根油管试样第1次上扣、卸扣之后发生严重粘扣。第3根油管试样第2次上扣、卸扣之后发生轻微粘扣
φ88.9m×6.45mm 110S EU油管	按照最小扭矩、最佳扭矩和现场扭矩循环对3根油管试样进行上、卸扣试验,结果显示1根油管第5次上扣、卸扣之后发生了轻微粘扣,1根油管第6次上扣、卸扣之后发生了轻微粘扣,另外1根油管第9次上扣、卸扣之后发生了轻微粘扣
φ73.0×5.51mm P110EU油管	2根试样均发生了粘扣。1根油管试样第2次上扣、卸扣发生轻微划伤,第5次上扣、卸扣后发生轻微粘扣。1根油管试样第2次上扣、卸扣发生轻微划伤,第3次上扣、卸扣后发生轻微粘扣,第4次上扣、卸扣后发生严重粘扣
φ177.×10.36mm 110TSS BC套管	(1)套管接头工厂上扣端经过1次上扣,解剖之后(没有卸扣)发生了粘扣。 (2)套管接头现场上扣端经过3次上扣,2次卸扣后产生划伤

续表

油管品种	试验研究结果
φ177.×10.36mm 110NC-3CR BC 套管	（1）2根套管接头工厂上扣端经过1次上扣，解剖之后（没有卸扣）有1根发生了粘扣，1根发生划伤。 （2）1根套管接头现场上扣端经过3次上扣，2次卸扣后只产生划伤；另外1根套管现场上扣端经过4次上扣，3次卸扣之后完好
DH1-H5 井 φ177.8×10.36mm 套管粘扣和脱扣原因分析	（1）套管脱扣主要是粘扣引起的。套管粘扣原因与使用操作不当有关。 （2）建议制订塔里木油田下套管作业规程。 （3）建议未经过用户同意工厂不能随意改变接箍表面处理方式

2 油（套）管粘扣原因分析

粘扣通常表现为粘着磨损，但是如果有沙粒、铁屑夹在内螺纹和外螺纹之间，也会形成磨料磨损[2]。下面分别从产品质量和使用操作方面予以分析。

2.1 与产品质量有关的粘扣因素

与油（套）管产品质量有关的粘扣因素涉及螺距、锥度、齿高、牙型半角、紧密距、表面光洁度等螺纹参数的公差控制，以及内螺纹和外螺纹参数匹配等多个环节，是一个很复杂的系统工程问题。

2.2 与使用操作有关的粘扣因素

2.2.1 螺纹保护器

当没有螺纹保护器保护的油、套管外螺纹接头直接在井架大门钢质跑道上滑动摩擦时，油（套）管外螺纹接头小端几扣螺纹会摩擦损坏。严重损坏的外螺纹接头与接箍内螺纹配合时会产生造扣，导致粘扣和错扣。

2.2.2 对扣

不使用对扣器，内螺纹和外螺纹接头容易碰撞损伤，容易产生偏斜对扣（图1）；对扣速度过快易使接头承受冲击载荷，损伤螺纹接头，在上扣、卸扣过程中形成粘扣；偏斜对扣会使内螺纹和外螺纹接头不同轴，仅有局部区域接触，最终导致螺纹接头在上扣、卸扣过程中发生粘扣。

塔里木油田要求所有的油（套）管下井都要使用对扣器，大多数井油、套管下井时都采用了对扣器，但由于个别油（套）管队没有对扣器，有部分井油（套）管下井时仍然没有使用对扣器。

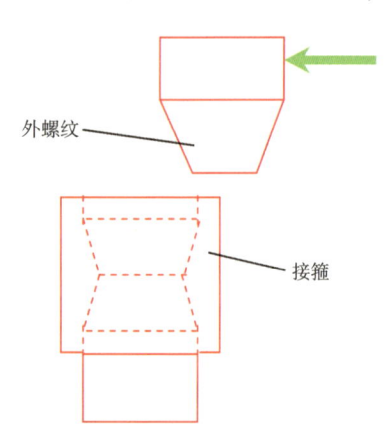

图1 不使用对扣器偏斜对扣示意图

2.2.3 引扣

油（套）管内螺纹和外螺纹接头对扣之后内螺纹和外螺纹牙顶处于接触状态（图2），要通过引扣才能使内螺纹和外螺纹处于正常的啮合状态。如果不引扣，或者引扣不到位在后续的上扣过程很容易错扣和粘扣[3]。

前些年，有些作业队不引扣就直接开动大钳上扣，结果使整口井油管粘扣损坏。这几年，油田加强了对油(套)管作业队伍的管理、监督和培训工作，要求油(套)管引扣到位后才能开动液压钳上扣。但由于有些作业队没有配备引扣钳，采用普通带钳引扣容易打滑，工人不得不用手来引扣。一口深井600多根油管全部用手引扣到位工人体力消耗很大。ϕ73.0mm油管用手可以转动引扣，ϕ88.9mm油管用手转动引扣特别费力，套管用手根本无法转动引扣。根据油田在油管的套管下井操作方面存在的问题，应当推广使用轻便可靠的引扣钳。

2.2.4 上扣速度

在上扣速度过快的情况下，即使引扣到位，外螺纹沿着内螺纹的螺旋牙槽旋进时也会产生附加的冲击载荷（图3），这就很易损伤螺纹，导致粘扣。如果偏斜对扣，并且未引扣或引扣不到位，快速上扣、卸扣更容易导致粘扣和错扣。

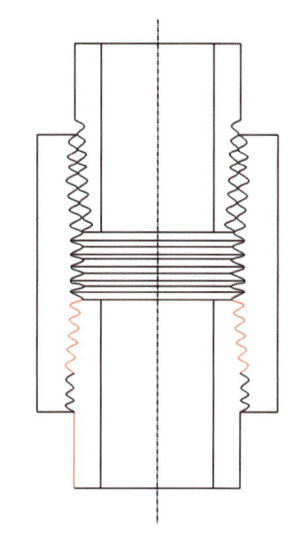

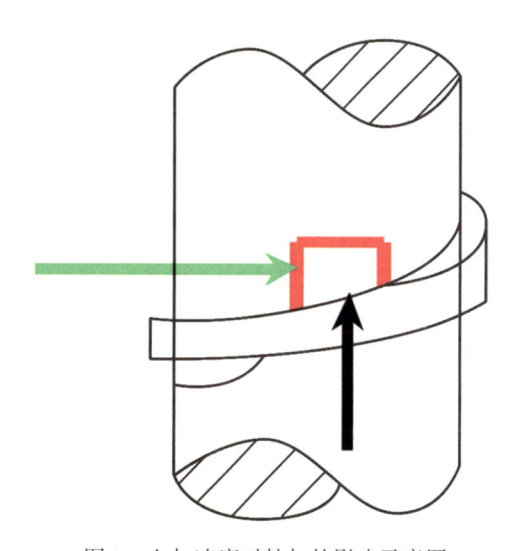

图2　内螺纹和外螺纹接头对扣示意图　　　　图3　上扣速度对粘扣的影响示意图

在实际油(套)管下井作业过程中，操作工人一般都习惯于高速上扣，尤其是高速引扣。高速引扣和上扣已经导致多口井油(套)管严重粘扣。

3　油(套)管订货补充技术条件及实施

3.1　塔里木油田API油管、套管抽样上扣、卸扣试验补充技术条件

试验研究结果表明，许多油(套)管产品本身存在粘扣问题，有些油(套)管工厂上扣端卸扣之后存在粘扣问题。因此，如何把好订货关是防止油(套)管粘扣的关键环节。由于油(套)管粘扣问题涉及许多API标准，但是API各个标准对油(套)管抗粘扣性能具体要求并不相同。在执行API标准过程中，用户和生产厂经常发生分歧。因此，要确保油(套)管的抗粘扣性能，油田必须制订补充技术条件，对油(套)管抗粘扣性能和试验方法提出具体要求。

塔里木油田API油(套)管抽样上扣、卸扣试验补充技术条件对油(套)管抽样进行上扣、

卸扣试验的试样、试验方法、试验方案、实验室选定、试验监督和试验结果评判分级等做了具体规定。严格执行以上补充技术条件可以及时发现油、套管的抗粘扣性能，及时掌握油（套）管产品质量。

3.2 塔里木油田 API 油管、套管抽样上扣、卸扣试验补充技术条件实施

已经在与多个工厂签订的油、套管订货合同中将塔里木油田 API 油管、套管抽样上扣、卸扣试验补充技术条件作为技术要求。今后所有的油、套管订货合同均要将塔里木油田 API 油管、套管抽样上扣、卸扣试验补充技术条件作为技术要求。目前，按照此补充技术条件执行，已经发现几种油（套）管存在粘扣问题，按照此技术条件进行索赔谈判已经取得成功。

4 塔里木油田 API 套管和油管使用及维护暂行办法试行效果

4.1 制订塔里木油田 API 套管和油管使用及维护暂行规定

使用操作不当导致油（套）管粘扣的原因主要是现场工人没有按照正确的操作规程操作。因此，必须制订塔里木油田 API 套管和油管使用及维护操作规程。

塔里木油田 API 套管和油管使用及维护操作规程对 API 油管和套管搬运、螺纹保护、螺纹清洗、对扣、引扣、上扣速度、上扣扭矩、上扣控制方式等做了详细规定。严格执行塔里木油田 API 套管和油管使用及维护操作规程，可有效地防止由于使用操作不当导致的油（套）管粘扣事故。

4.2 推广应用新型引扣钳

使用预防油（套）管粘扣的新型引扣钳，可快速、方便地挟持管子转动引扣。经实际使用，该引扣钳操作方便、省力，性能可靠。使用该引扣钳将一根 $\phi 73.0$mm 油管引扣 3 圈大约需要 15s。推广应用新型引扣钳可以解决油套管在下井过程中的引扣问题，从而最终防止油（套）管发生粘扣事故，确保油（套）管安全入井。

4.3 塔里木油田 API 套管和油管使用及维护暂行办法实施效果

（1）轮南 632 井 $\phi 88.9$mm×6.45mm P110SS EU 油管下井试验结果。2006 年 11 月，轮古 36 井在油管下井作业过程中发生了粘扣，油管作业队认为粘扣是油管接头黑顶螺纹扣多所致。随后挑选 200 多根黑顶螺纹扣较少的油管送井，结果还是粘扣。为防止油管发生粘扣事故，油田暂时停用了该批油管，并在管材研究所进行了实物上扣、卸扣试验。试验结果显示该批油管符合 SPI SPEC 5B 规定。

该批油管在轮南 632 井下井时，因油管钳扭矩仪偏差很大，无法控制扭矩上扣。在此情况下，严格执行塔里木油田 API 套管和油管使用及维护操作规程，采用引扣到位，控制圈数上扣，上扣目标位置是外露扣为零，最终将油管柱安全下井。

（2）轮东 1 井 $\phi 339.7$mm×12.19mm P110 BC 套管下井试验结果。2006 年下半年，塔里木油田在商检过程中发现一批 $\phi 339.7$mm×12.19mm P110 BC 套管部分外螺纹接头在工厂和油田检验紧密距之后存在粘扣和划伤问题。对该批套管抽样进行上扣、卸扣试验，结果显示套管质量合格。

该批套管在轮东1井下井时，个别套管螺纹导向面损伤是没有使用对扣器所致，个别套管错扣是没有使用引扣钳，且高速引扣所致，严格执行套管和油管使用及维护操作规程的套管下井没有问题。

5 结论

（1）部分厂家的油(套)管接头现场上扣端和工厂上扣端均存在不同程度的粘扣问题。

（2）油(套)管粘扣与使用操作不当有一定关系。使用操作不当主要包括碰伤、偏斜对扣、引扣不到位、上扣速度快等。

（3）执行塔里木油田油(套)管抽样上扣、卸扣试验补充技术条件是保证油(套)管质量的有效措施。按照此技术条件进行上扣、卸扣评价试验，已经发现几个工厂油(套)管存在粘扣问题。按照此技术条件已经在索赔谈判中取得成功。今后所有的油(套)管订货合同均要将塔里木油田 API 油管（套）管抽样上扣、卸扣试验补充技术条件作为技术要求。

（4）执行塔里木油田 API 套管和油管使用及维护操作规程可有效地预防操作不当导致的油(套)管粘扣。

参 考 文 献

[1] 袁鹏斌，吕拴录，姜涛，等．进口油管脱扣和粘扣原因分析［J］．石油矿场机械，2008，37（3）：74-77．

[2] 吕拴录，常泽亮，吴富强，等．N80 LCSG 套管上、卸扣试验研究，理化检验—物理分册，2006，42（12）：602—605．

[3] 吕拴录，刘明球．J55 平式油管粘扣原因分析［J］．机械工程材料，2006，30（3）：69-71．

原载于《钻采工艺》，2010，Vol.33（6）：80-83．

塔里木油田非 API 油(套)管技术要求及标准化

滕学清[1]　吕拴录[1,2]　张新平[1]
杨成新[1]　丁毅[2]　杜涛[1]　徐永康[1]

(1. 塔里木油田公司；2. 中国石油大学北京材料科学与工程系)

摘　要：对塔里木油田油(套)管在使用过程中发生的失效事故和油(套)管订货技术标准进行了分析，认为依据油(套)管使用工况确定订货技术标准，严格订货技术标准有利于减少失效事故，统一技术标准是油田和工厂共同的责任，统一技术标准有利于油田降低采购成本、管理和减少库存以及大多数厂家和油(套)管国产化。在油套管订货技术标准中，应当对油套管尺寸精度、材料性能、抗粘扣性能、密封性能等提出具体要求。介绍了塔里木油田在第三套井身结构中套管技术要求及标准化成功案例。

关键词：油管；套管；失效分析；标准化

长期以来，我国油田一直依据 API 标准选用油(套)管。API 标准注重工程互换，既保证不同生产厂家按 API 标准制造的产品都能互换和配合，方便用户采购与油田现场管理和使用；又不限制生产厂家采用新技术、新工艺，提高产品质量和安全可靠性，以满足用户的各种需要。API 油(套)管产品标准，虽有技术要求、试验方法和检验规则等，但 API 标准是用户和生产厂协商的结果。因此，仅依靠 API 标准并不能满足每个油田的需要。

我国依据 API 标准选用和生产油套管已有多年历史，但仍存在不少问题。有些生产厂认为达到了 API 标准，已经很了不起。而有些用户对于 API 标准的理解也很有限，订货时只笼统写执行 API 标准。订货内容只有规格、钢级、数量和交货期，几乎不加任何技术要求的选择条款，更不提补充技术要求。

塔里木油田气藏集中在天山南坡条带状的构造上，是世界上少有的超高压气藏的富集区域之一。塔里木油田的超高压气藏地质情况复杂，储层埋藏深（一般 5000m，最深可达 7800m），地层压力高（一般 105MPa，最高 150MPa），地层温度高（一般 130℃，最高可达 170℃）。国际高温高压协会规定，井口压力不小于 69MPa（10000psi）（或井底压力大于 105MPa），地层温度不小于 149℃（300℉）为高温高压井；井口压力不小于 103MPa（15000psi）[或地层压力大于 138MPa（20000psi）]，地层温度不小于 177℃（350℉）为超高温超高压井。依据国际高温高压协会规定，塔里木油田多数气藏属超高压范畴，个别区域气藏为高温、超高压范畴。塔里木油田的超高压气井完井作业难度大，主要集中在完井工艺、储层改造、防砂控砂、防腐技术、防蜡、试井资料录取等方面。

大量失效分析认为，由于油(套)管订货标准的技术要求条款不能满足实际使用工况，最终在使用过程中发生了大量失效事故[1-8]。如何解决订货标准与油田实际使用工况不符问题，如何选好用好油(套)管这是塔里木油田目前亟待解决的问题。

1 严格订货标准有利于减少失效事故

2008年，塔里木油田对已投入开发和完井的94口井环空压力进行调研和统计，结果表明（图1），90口井生产套管起压，占95.7%；其中KXL-2和DXN凝析气田完井的井全部起压，其他投产的井大部分起压。13口井技术套管起压，占13.8%。对DXN2-8井油管柱泄漏原因失效分析结果表明，该井完井管柱有91根油管接头现场端泄漏，14根油管接头工厂端泄漏（图1，图2）。油套管泄漏与其接头密封性能差有关[9-12]。

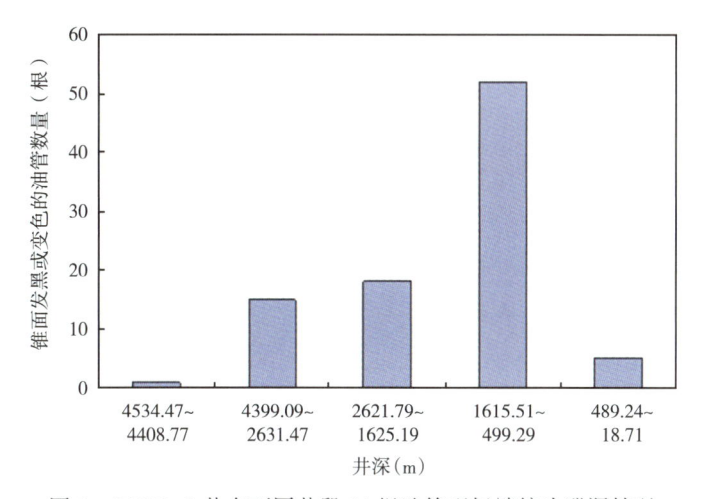

图1 DXN2-8井在不同井段91根油管现场端接头泄漏情况

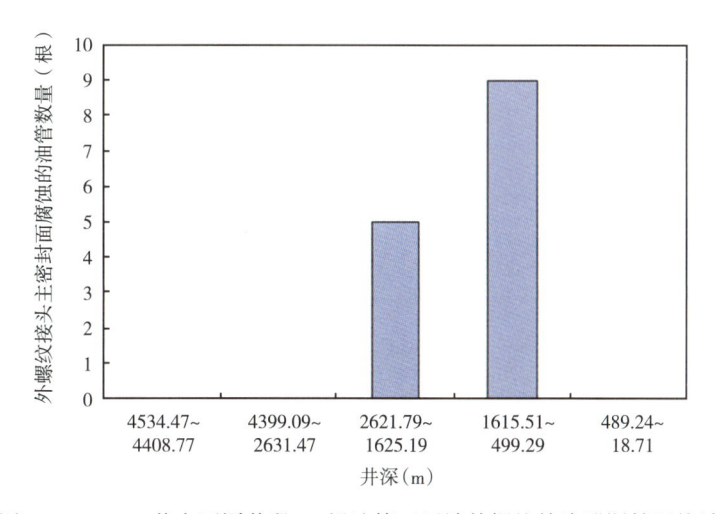

图2 DXN2-8井在不同井段14根油管工厂端外螺纹接头泄漏情况统计

塔里木油田油(套)管粘扣主要与其螺纹接头加工精度差有关，也与使用操作不当有关[13-16]。例如，对某厂生产的油管随机抽样进行上扣、卸扣试验，结果显示油管接头工厂端第1次卸扣后严重粘扣（图3）。

油套管断裂与其材料韧性不足和磨损有关[17-20]。例如，（1）KXS 2井140ksi钢级套管磨损及纵向开裂（图4）；（2）DXN102井140ksi钢级套管在960~1030m井段磨损及裂纹；（3）

图3 油管接头工厂端第1次卸扣后严重粘扣形貌

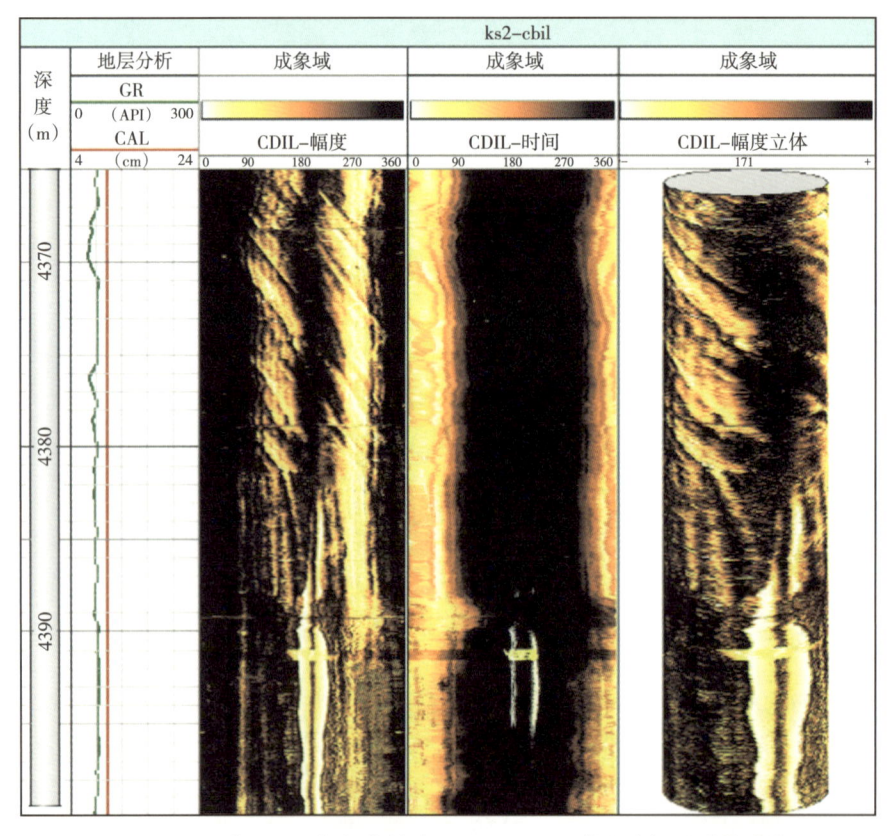

图4 KXS2井140ksi钢级套管在4385~4415 m井段磨损及裂纹形貌

KXS1井150ksi钢级套管螺旋状裂纹；(4) AXK1-1H井140ksi钢级套管横向断裂（图5）。

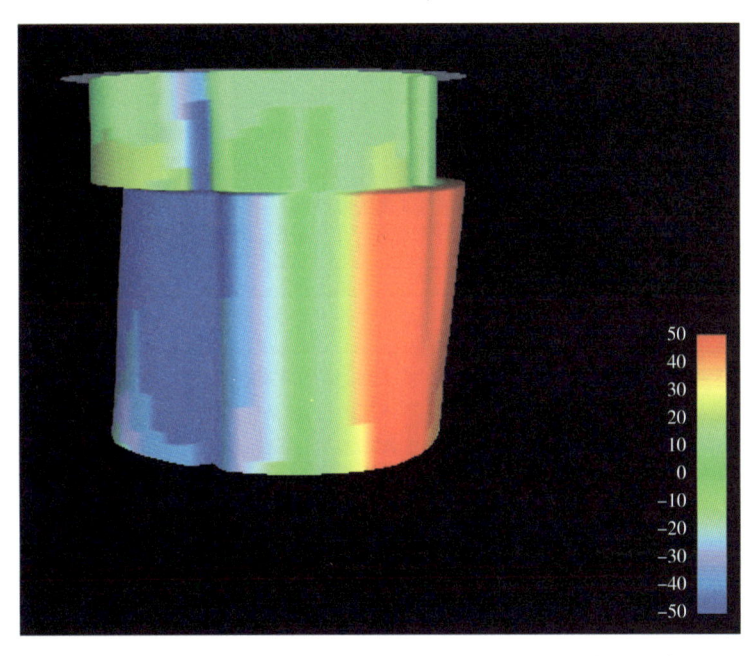

图5　AXK1-1H井在井深3080.7m处套管断裂及磨损形貌

国外某公司供货的140ksi钢级套管材料韧性符合塔里木油田技术要求［CVN（J）≥1/10最小屈服强度（MPa（J）］，该种套管从开始会战至今大量使用，从来没有发生一起套管开裂或断裂事故。而发生开裂或断裂的140ksi钢级套管材料韧性均没有达到塔里木油田要求。

套管挤毁主要与磨损后套管抗挤强度降低有关，塔里木油田发生过多起套管磨损挤毁和变形事故。

为了有效预防和减少油（套）管失效事故，塔里木油田制订了油（套）管订货补充技术标准和试验标准。在订货技术标准中对以下方面提出了严格要求。

（1）要求按照API RP5 C5—2003/ISO 13679—2002 Ⅳ级（适用于高压气井用油（套）管，见表1）和塔里木油田补充试验条件对塔里木高压气井用特殊螺纹接头油（套）管进行评价试验，防止油（套）管柱发生泄漏事故。

表1　API RP 5C5—2003/ISO 13679—2002 4个接头试验等级简介

接头应用等级	A系列试验 4个象限循环载荷	B系列试验 2个象限循环载荷	C系列试验 热/压力和拉伸循环	烘干和热循环温度	油（套）管用途
Ⅳ级 8个试样 （最苛刻）	室温	室温下弯曲	5次室温条件下载荷循环； 50次压力/拉伸条件下的热循环； 5次高温条件下载荷循环； 50次压力/拉伸条件下的热循环； 5次高温条件下载荷循环	180℃ 356℉	产气和注气
	试样 2#、4#、5#、7#	试样 1#、3#、6#、8#	试样 1#、2#、3#、4#		

续表

接头应用等级	A系列试验 4个象限循环载荷	B系列试验 2个象限循环载荷	C系列试验 热/压力和拉伸循环	烘干和热循环温度	油(套)管用途
Ⅲ级 6个试样 (苛刻)	室温	室温下可选弯曲	5次室温条件下载荷循环； 5次压力/拉伸条件下的热循环； 5次高温条件下载荷循环； 5次高温条件下载荷循环	135℃ 275°F	产气、产液和注气、注液
	试样 2#、4#、5#	试样 1#、3#、6#	试样 1#、2#、3#、4#		
Ⅱ级 4个试样 (较苛刻)	不需要外压试验	室温下可选弯曲	5次室温条件下载荷循环； 5次压力/拉伸条件下的热循环； 5次高温条件下载荷循环； 5次高温条件下载荷循环	135℃ 275°F	产气、产液和注气、注液
		试样 1#、2#、3#、4#	试样 1#、2#、3#、4#		
Ⅰ级 3个试样 (不苛刻)	不需要外压试验	室温下可选弯曲	不需要热循环试验	不需要烘干	产液和注液
		试样 1#、2#、3#、4#			

注：(1) 外压试验介质为水；
(2) 内压试验介质Ⅰ级为液体，Ⅱ级、Ⅲ级、Ⅳ级为气体。
(3) C系列试验，Ⅳ级在180℃累计加载循环约50h，Ⅱ级和Ⅲ级在135℃累计加载循环约5h。

(2) 对油(套)管抗粘扣性能提出了要求，规定了试验检测方法。防止抗粘扣性能不合格的油(套)管进入塔里木油田。

(3) 对油(套)管材料韧性提出了要求。防止高强度油(套)管发生断裂事故。

(4) 对油(套)管尺寸精度提出了要求。增强油(套)管抗变形和抗挤毁的能力，防止油(套)管与其附件等装配时出现问题。

2 统一标准是油田各单位和工厂共同的责任

制订油(套)管标准就是为了满足油田使用要求。如果标准要求太低，容易发生失效事故；如果标准要求太高，工厂无法实现，或者成本太高。塔里木油田制订的油(套)管标准，要征求油田使用单位和工厂意见。最终作为油(套)管订货技术标准。因此，油田使用单位应当以油(套)管使用工况为依据，从使用性能方面对技术标准提出要求和建议。工厂拥有一大批从事油(套)管生产和研究的专家，工厂不但要理解用户的技术要求，更要提出更合理的修改意见。最终使油(套)管订货技术标准既能满足油田使用工况，又能降低生产成本。

有些厂家总是希望订货技术标准和试验标准越低越好，并设法将质量低于塔里木油田技术标准和试验标准要求的油(套)管供给塔里木油田,但在实际使用过程中难免会暴露出这些油(套)管存在的质量问题,并发生了多起失效事故。在塔里木油田现场发现油(套)管质量问题和发生严重质量事故后,不仅给油田造成巨大损失,而且质量事故索赔会给工厂造成经济损失和不良影响,最终塔里木油田也不敢继续使用此类产品。

塔里木油田的市场是向各厂家敞开的,各厂家能否长期占领塔里木油田市场,实际取决于自己的产品质量是否能满足塔里木油田的技术标准和使用工况。因此,统一标准是油田各单位和工厂共同的责任。

3 统一标准有利于油田和大多数工厂的利益

3.1 统一标准有利于油田管理

截至 2011 年 11 月,塔里木油田库存及订货套管品种 112 种,其中螺纹类型 18 种,钢级 11 种;油管品种 75 种,其中螺纹类型 13 种,钢级 6 种。由于油套管品种太多,对采购附件、运输和使用等造成了极大困难。如果同一种尺寸规格选几种螺纹类型,那油(套)管的品种就会更多,产生的问题也就更多。

3.2 统一螺纹类型有利于油田降低采购成本

1991 年某国外公司为占领塔里木油田市场,曾经免费给塔里木油田提供了螺纹加工车床,目的是采用他们的螺纹类型后控制市场和价格。

塔里木油田对需求的特殊油管第一次招标,某国外公司的油管以合理的价格和优良的性能中标。第二次由该公司一家供给塔里木油田需求的特殊油管,该公司马上涨价。

中国石油天然气集团公司要求油田采用的非 API 标准油(套)管应定量统一标准,解决好互换性问题,不允许个别厂家控制市场,随意涨价。

3.3 统一扣型有利于减少库存

塔里木油田有多种油(套)管因为螺纹类型无法互换只能长期存放,有多种油(套)管附件因为螺纹类型与现用油套管不一致也只能长期存放,就造成了巨大浪费。

3.4 统一扣型有利于大多数厂家的利益

对同一品种的非 API 油套管,塔里木油田采用统一螺纹类型和质量标准,避免了各厂家的螺纹类型不能互换的问题,这不但有利于塔里木油田,而且有利于各厂家公平竞争,符合大多数厂家的利益。

3.5 统一扣型有利于大多数厂家和油(套)管国产化

油(套)管国产化的前提是国产油(套)管的使用性能必须满足塔里木油田勘探开发的要求,确保勘探开发的正常进行。采用统一螺纹类型和质量标准的油(套)管,既利于塔里木油田使用和管理,也可以使国内多个厂家为塔里木油田供货,还可以防止个别厂家实行技术壁垒,最终会促进油(套)管国产化。

4 第三套井身结构套管标准化

通过制订油(套)管订货技术标准,开展油(套)管标准化工作,塔里木油田在预防油(套)管失效事故方面已经取得了可喜的成绩。为了保证塔里木油田第三套井身结构顺利实施,统一 ϕ200.03mm 套管螺纹类型,塔里木油田设计了(1)ϕ200.03mm BC 偏梯形套管接头和量规;(2)ϕ200.03mm TZ 气密性螺纹套管接头。以上 2 项设计均申报了专利。为了使 ϕ200.03mm 套管螺纹类型在塔里木油田顺利实施,塔里木油田制订了 ϕ200.03mm 套管订货技术标准,并反复征求了各相关生产厂的意见。目前,有关厂家已经按照 ϕ200.03mm BC 偏梯形套管接头和量规专利图纸为塔里木油田供货,并成功下井使用。

5 结论

(1)严格执行油(套)管订货技术标准,可有效地防止或减少油(套)管失效事故,也有利于促进工厂提高产品质量。

(2)统一或减少油(套)管螺纹类型对油田和大多数工厂均有利,也有利于油(套)管国产化。

参 考 文 献

[1] 吕拴录,刘明球,王庭建,等. J55 平式油管粘扣原因分析 [J]. 机械工程材料,2006,30(3):69-71.

[2] 袁鹏斌,吕拴录,姜涛,等. 进口油管脱扣和粘扣原因分析 [J]. 石油矿场机械,2008,37(3):74-77.

[3] 吕拴录,骆发前,赵盈,等. 防硫油管粘扣原因分析及试验研究 [J]. 石油矿场机械,2009,第 8 期:37-40.

[4] 吕拴录,秦宏德,江涛,等. 73.0mm×5.51mm J55 平式油管断裂和弯曲原因分析. 石油矿场机械,2007,36(8):47-49.

[5] 吕拴录,袁鹏斌,魏茂质,等. 73.0mm EU J55 油管短节断裂原因分析 [J]. 理化检验—物理分册,2008,42(12):715-718.

[6] 吕拴录. ϕ139.7×7.72mm J55 长圆螺纹套管脱扣原因分析 [J]. 钻采工艺,2005,28(2):73-77.

[7] 袁鹏斌,吕拴录,姜涛,等. 长圆螺纹套管脱扣原因分析 [J]. 石油矿场机械,2007,36(10):68-72.

[8] LÜ Shuanlu, HAN Yong, QIN Changyi, et al. Analysis of well casing connection pull over [J]. Engineering Failure Analysis, 2006, 13 (4):638-645.

[9] 滕学清,吕拴录,黄世财,等. DN2-6 井套压升高原因及不锈钢完井管柱油管接头粘扣原因分析 [J]. 理化检验:物理分册,2010,46(12):794-797.

[10] 吕拴录. 套管抗内压强度试验研究 [J]. 石油矿场机械,2001,30(Sl):51-55.

[11] 吕拴录,骆发前,陈飞,等. 牙哈 7X-1 井套管压力升高原因分析 [J]. 钻采工艺,2008,31(1):129-132.

[12] Lü Shuanlu, Li Yuanbin, Wang Zhengbiao, et al. Cause analysis of casing internal pressure increase in one well [C] // Proceedings of the 3rd World Conference on Safety of Oil and Gas Industry, WCOGI 2010, Sept. 27-28, 2010, Beijing, China.

[13] 吕拴录,骆发前,周杰,等.API油套管粘扣原因分析分析及预防[J].钻采工艺,2010,33(6):80-83.
[14] 吕拴录,袁鹏斌,张伟文,等.某井N80钢级套管脱扣和粘扣原因分析[J].钢管,2010,39(5):57-61.
[15] 吕拴录,张锋,吴富强,等.进口P110EU油管粘扣原因分析及试验研究[J].石油矿场机械,2010,39(6):55-57.
[16] 盛树彬,吕拴录,李元斌,等.DN2-12井不锈钢油管柱酸化作业后粘扣及腐蚀原因分析分析[J].理化检验:物理分册,2010,46(8):529-532.
[17] Lü Shuanlu, Li Zhihou, Han Yong, et al. High dogleg severity, wear ruptures casing string[J]. OIL & GAS, 2004, 98(49): 74-80.
[18] 吕拴录,李鹤林.V150套管接箍破裂原因分析[J].理化检验 2005,41(Sl):285-290.
[19] 吕拴录,康延军,刘胜,等.井口套管裂纹原因分析[J].石油钻探技术,2009,37(5):85-88.
[20] 吕拴录,骆发前,康延军.273.05mm套管裂纹原因分析[J].钢管,2010,(增刊):22-25.

原载于《理化检验—物理分册》,2013 Vol.49(2)103-106.

塔里木油田套管粘扣预防及标准化

刘德英[1]　吕拴录[1,2]　丁　毅[1]　杨成新[1]　李　宁[1]
文志明[1]　李晓春[1]　李怀仲[1]　樊文刚[1]

（1. 塔里木油田；2. 中国石油大学北京机械与储运工程学院）

摘　要：通过对塔里木油田套管粘扣原因进行调查研究和失效分析，认为套管粘扣原因既与其本身抗粘扣性能差有关，也与使用操作不当有关。油田采购的套管抗粘扣性能差与订货标准没有严格要求有关，使用操作不规范导致大量套管粘扣与没有切实可行的套管操作规范，或者操作人员没有严格执行操作规程有关。要从根本上解决套管粘扣问题，首先应当对套管粘扣原因进行失效分析和研究，找出粘扣原因，依据失效分析和研究成果制订严格的订货技术标准和操作规程，并采取一定的措施落实订货技术标准和操作规程。

关键词：套管；粘扣；失效分析；标准化

由于套管产品质量问题和使用操作问题，我国油田已发生了多起套管粘扣事故，造成了巨大的经济损失。大量失效分析认为，套管粘扣原因既与其本身抗粘扣性能差有关，也与使用操作不当有关[1]。油田采购的套管抗粘扣性能差与订货标准没有严格要求，或者订货标准要求的技术条款不能满足油田实际使用工况有关；由于使用操作不规范导致大量套管粘扣与没有切实可行的套管操作规范，或者操作人员没有严格执行操作规程有关。如何从根本上解决套管粘扣问题，首先应当对套管粘扣事故进行失效分析和研究，找出粘扣原因，依据失效分析和研究成果制订严格的订货技术标准和操作规程，并采取一定的措施落实订货技术标准和操作规程。笔者介绍了塔里木油田套管粘扣失效预防及标准化的具体实施案例，供有关技术人员借鉴。

1　套管粘扣失效分析

套管内螺纹和外螺纹配合面金属由于摩擦干涉，表面温度急剧升高，使内螺纹和外螺纹表面发生粘结的现象称粘扣[2,3]。套管粘扣涉及的因素很多，不仅与套管质量有关，也与使用操作密切相关。

与套管产品质量有关的粘扣因素涉及螺距、锥度、齿高、牙型半角、紧密距、表面粗糙度、等螺纹参数的公差控制、表面处理方式及质量和内螺纹和外螺纹参数匹配等多个环节，是一个很复杂的系统工程问题[4-6]。

与使用操作有关的粘扣因素包括套管螺纹接头清洗、螺纹脂质量、背钳夹持位置和方式、对扣、引扣、上扣速度及上扣扭矩等[7,8]。

粘扣会降低套管接头密封性能，降低套管接头连接强度，甚至导致脱扣[9-11]。为查明套管粘扣原因，塔里木油田对多起套管粘扣事故进行了失效分析。

1.1 套管质量问题导致粘扣举例

举例1：塔里木油田商检发现个别国产套管工厂上扣端接箍端面有铁屑挤出，而对此问题在订货标准中却没有规定。塔里木油田通过失效分析，认为套管工厂上扣端接箍端面有铁屑挤出实际是严重粘扣所致（图1）。

图1 套管工厂上扣端有铁屑挤出的接箍解剖之后内螺纹粘扣形貌

举例2：塔里木油田对到货套管随机抽样进行上扣和卸扣试验，结果表明有些厂生产的套管每根都粘扣（图2）。但这些套管却符合订货标准。

以上案例说明，虽然套管本身存在粘扣问题，但却符合订货标准。要保证采购的套管具有良好的抗粘扣性能，首先必须制订严格的订货技术标准。

图2 套管第1次上扣、卸扣后外螺纹粘扣形貌

1.2 使用操作不当导致粘扣举例

举例1：LD1井在下 ϕ339.7mm 套管过程中部分套管发生严重粘扣和错扣（图3），失效分析结果表明，套管粘扣原因与背钳夹持不当（图4），没有使用对扣器和高速引扣有关。

图3 LD1井第84号套管内螺纹错扣和粘扣形貌

图4 B型钳夹持位置不当

举例2：DH-5H某井下 ϕ177.8mm×10.36mm 特殊螺纹套管时发生了脱扣事故。失效分析结果认为套管脱扣原因主要是粘扣和错扣，而套管粘扣和错扣原因主要是高速引扣和上扣所致。

图5 脱扣套管外螺纹接头错扣和粘扣形貌

2 套管粘扣失效预防及标准化

（1）及时对套管粘扣失效事故进行失效分析和研究。

对于每起套管粘扣事故，塔里木油田都会及时进行失效分析和研究，找到粘扣原因，并在套管订货补充技术标准和操作规程中提出具体预防措施。

（2）依靠标准化保证进入油田套管的抗粘扣性能。

作为套管用户，油田不能直接改进套管质量，但可以通过制订严格的订货标准，并将其作为订货合同条款，对自己订购的套管质量提出严格要求。依据套管粘扣失效分析结果和科研成果，塔里木油田已经制订了多项严格的套管订货技术标准和上扣和卸扣试验程序。要求所有套管在进入塔里木油田之前，必须在生产线上由用户或第三方随机抽样，并在第三方进行上扣、卸扣试验。为了保证套管在标准规定的公差范围内不发生粘扣，塔里木油田要求按照套管接头公差极限进行上扣、卸扣试验。偏梯形螺纹套管上扣、卸扣试验位置应接近△顶点位置（图6），圆螺纹套管应采用最大上扣扭矩进行上扣、卸扣试验。为了保证套管工厂上扣端的质

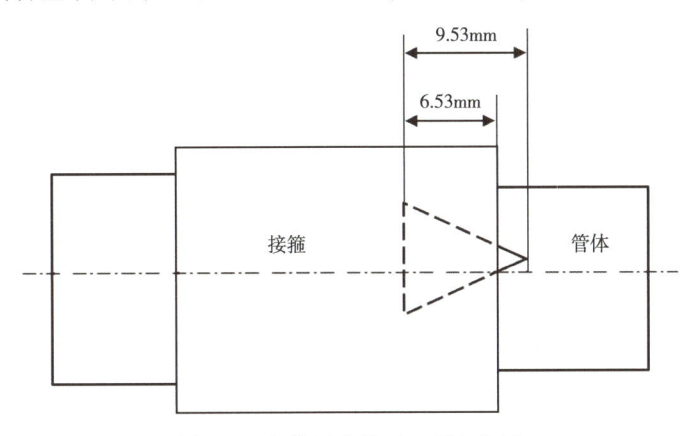

图6 上扣位置应接近△顶点位置

量，塔里木油田要求解剖检查套管接头工厂上扣端粘扣情况。通过上扣和卸扣试验的套管才允许进入塔里木油田。

为了落实订货技术标准，保证所有套管质量，在套管生产期间实行驻厂监造。并对到货套管不定期抽检其抗粘扣性能。

（3）依靠标准化防止操作不当导致套管粘扣。

有严格的套管使用操作规程，才能指导作业人员正确使用套管，防止操作不当导致套管粘扣。

大量套管粘扣失效分析和研究结果表明，如在搬运过程中套管接头碰伤容易粘扣；螺纹接头清洗不干净，有沙子等异物夹在套管内螺纹和外螺纹接头之间容易粘扣；螺纹脂质量不合格，或者螺纹脂用量不足，润滑不充分容易粘扣；背钳夹持位置不当，使接箍夹持变形之后容易粘扣；对扣不当，套管内螺纹和外螺纹接头不同心容易粘扣；引扣不到位或没有引扣（图7），套管内螺纹和外螺纹接头还没有啮合就开始高速上扣容易粘扣和错扣；上扣扭矩仪精度不足，实际上扣扭矩与控制扭矩偏差太大，若实际上扣扭矩不足容易脱扣，反之容易粘扣；上扣速度太快，内螺纹和外螺纹之间会产生异常的冲击载荷，容易发生粘扣和错扣；上扣扭矩和上扣位置不当容易发生粘扣或脱扣。

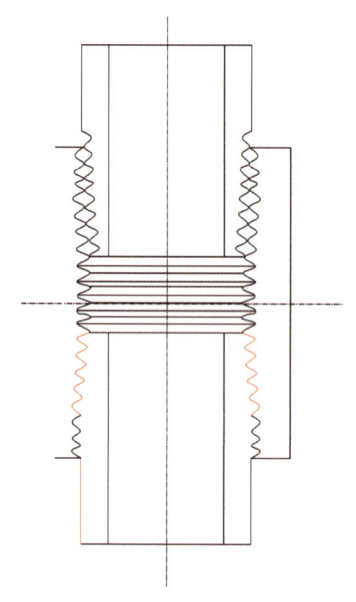

图7　对扣后套管内螺纹和外螺纹接头啮合状况

依据套管粘扣失效分析和研究成果，塔里木油田已经制订了多项操作规程，对套管搬运、清洗、检验、螺纹脂、背钳夹持位置、对扣、引扣、大钳上扣扭矩控制精度、上扣速度、上扣扭矩和上扣位置等做了详细规定。

（4）标准宣传贯彻落实。

为了落实塔里木油田套管订货标准，塔里木油田多次与套管生产厂进行技术交流和标准

图8　使用对扣器下套管

宣传贯彻，使套管生产厂严格执行企业标准，保证产品质量。

为了保证油田套管使用操作规程落到实处，塔里木油田多次对下套管作业队操作人员进行培训，宣传贯彻套管使用操作规程，使操作人员掌握正确的操作方法，最终减少因操作不当导致的粘扣问题。

从2007年开始实施套管粘扣失效预防及标准化以来，对所有套管厂家执行同一标准，对所有下套管作业队执行同一操作规程，目前已经收到了很好的效果。因套管质量问题导致粘扣的现象大幅度减少，因操作不当导致套管粘扣的现象明显改观。

3 结论

（1）套管粘扣不仅与套管质量密切有关，也与使用操作不当有关。

（2）积极开展套管粘扣失效分析及标准化工作，制订严格的订货技术标准和操作规程，并采取措施落实和执行订货技术标准和操作规程，可以有效防止和减少套管粘扣事故。

参 考 文 献

[1] 吕拴录. 特殊螺纹接头油套管选用中存在的问题及使用注意事项[J]. 石油技术监督，2005，21（11）：12-14.

[2] 吕拴录，常泽亮，吴富强，等. N80 LCSG套管上、卸扣试验研究[J]. 理化检验：物理分册，2006，42（12）：602-605.

[3] 吕拴录，刘明球，王庭建，等. J55平式油管粘扣原因分析[J]. 机械工程材料，2006，30（3）：69-71.

[4] 吕拴录，康延军，孙德库，等. 偏梯形螺纹套管紧密距检验粘扣原因分析及上、卸扣试验研究[J]. 石油矿场机械，2008，37（10）：82-85.

[5] 吕拴录，骆发前，赵盈，等. 防硫油管粘扣原因分析及试验研究[J]. 石油矿场机械，2009，38（8）：37-40.

[6] 袁鹏斌，吕拴录，姜涛，等. 进口油管脱扣和粘扣原因分析[J]. 石油矿场机械，2008，37（3）：74-77.

[7] 吕拴录，张锋，吴富强，等. 进口P110EU油管粘扣原因分析及试验研究[J]. 石油矿场机械，2010，39（6）：55-57.

[8] 王旱祥，于艳艳，苗长山. 液压钳对油管螺纹粘连影响的有限元分析及措施[J]. 石油矿场机械，2007，36（8）：18-21.

[9] LÜ Shuanlu, HAN Yong, QIN Changyi, et al. Analysis of well casing connection pull out[J]. Engineering Failure Analysis, 2006, 13（4）：638-645.

[10] 吕拴录，骆发前，唐继平，等. 某井177.8mm套管固井事故原因分析[J]. 钻采工艺，2009，32（4）：98-101.

[11] 聂采军，吕拴录，周杰，等. 177.8mm偏梯形螺纹接头套管脱扣原因分析[J]. 钢管，2010，39（3）：19-23.

原载于《理化检验—物理分册》，2012，48（11）773-775.

某含气高压油井生产套管柱设计研究

滕学清[1]　朱金智[1]　杨向同[1]　吕拴录[1,2]　谢俊峰[1]
耿海龙[1]　李元斌[1]　黄世财[1]　张雪松[1]　江中勤[1]

（1. 塔里木油田；2. 中国石油大学（北京）材料科学与工程系）

摘　要：对某含气高压油井 A 环空压力升高原因进行了调查研究，分析了生产套管受力条件。认为该井井口附近套管不仅承受的拉伸载荷最大，而且承受的气压最大，生产套管设计不但要考虑套管拉伸、内压和外压载荷，还要考虑套管接头气密封性能和材料防硫性能，并依据套管实际受力条件和环境条件选择套管。对 API 套管内屈服压力计算公式和套管接头气密封性能关系进行了说明。依据该井井况对不同套管适用性进行了分析讨论，最终提出了生产套管设计方案。

关键词：套管；环空；超高压；油井；套管柱设计

某含气高压油井关井油压 91.00 MPa，A 环空压力 60.35 MPa；放喷期间油压高达 83.98 MPa，A 环空压力高达 67.00 MPa。A 环空放出的是可燃天然气。

该井实测地层压力 135 MPa。初步分析认为油管柱泄漏导致 A 环空压力升高。A 环空压力放喷期间比关井期间高 6.65 MPa，说明油管柱泄漏通道越来越大，泄漏速率越来越快。关井之后油管上部为天然气，下部为原油。A 环空靠近井口段实测为天然气。生产套管靠近井口位置为承受拉伸载荷和内压载荷最大的部位。因此，该井生产套管设计研究重点应放在套管抗内压强度、密封强度和抗拉强度校核方面。

1　API TR 5C3（ISO 10400）标准规定的套管实物性能计算公式

1.1　API 偏梯形螺纹接头套管拉伸强度

（1）管体拉伸强度。
$$P_\mathrm{P} = A_\mathrm{P} U_\mathrm{P} \tag{1}$$

（2）套管管体外螺纹连接强度。
$$P_\mathrm{j} = 0.95 A_\mathrm{P} U_\mathrm{P} [1.008 - 0.0396(1.083 - Y_\mathrm{P}/U_\mathrm{P})D] \tag{2}$$

式中　P_j——套管管体螺纹连接强度，lbf；
　　　Y_P——套管管体材料最小屈服强度，psi；
　　　U_P——套管管体材料最小抗拉强度，psi；
　　　A_P——平端管的横截面积，$A_\mathrm{P} = 0.7854(D^2 - d^2)$，in²；
　　　D——管体外径，in；

d——管体内径，in。

(3) 套管接箍内螺纹连接强度。

$$P_{\mathrm{j}} = 0.95 A_{\mathrm{C}} U_{\mathrm{C}} \tag{3}$$

式中　P_{j}——套管接箍螺纹连接强度，lbf；

U_{C}——套管接箍材料最小抗拉强度，psi（API Spec 5CT）；

A_{C}——接箍的横截面积，$A_{\mathrm{C}} = 0.7854 (W^2 - d_1^2)$，in²（API Spec 5CT）；

d_1——机紧状态下与外螺纹端面处对应的接箍螺纹根部的直径，$d_1 = E_7 - (L_7 + I)T + 0.062$，in；

I——常数，规格为 4½in 时为 0.4，规格为 5~13⅜in 时为 0.5，规格大于为 13⅜in 时为 0.375；

T——锥度，规格小于等于 13⅜in 时为 0.062 5，规格大于 13⅜in 时为 0.083 3（API Spec 5B）；

L_7——完整螺纹长度，单位 in（API Spec 5B）。

1.2　套管内屈服压力

(1) 管体内屈服压力。

管体内屈服压力 p 由式（4）计算。式（4）中出现的系数 0.875 是由于考虑采用最小壁厚。

$$p = 0.875 \left(\frac{2 Y_{\mathrm{p}} t}{D} \right) \tag{4}$$

式中　p——最小内屈服压力，MPa；

Y_{p}——材料规定最小屈服强度，MPa；

t——公称壁厚，mm；

D——公称外径，mm。

(2) 接箍内屈服压力。

除了避免由于接箍强度不足导致泄漏而需要较低压力情况外，带螺纹和接箍套管的内屈服压力 p 与平端管相同。较低压力则由式（5）计算（图1），并圆整到最接近的 10psi。

$$p = Y_{\mathrm{c}} \left(\frac{W - d_1}{W} \right) \tag{5}$$

式中　p——最小内屈服压力，MPa；

Y_{c}——接箍材料最小屈服强度，MPa；

W——接箍公称外径，mm；

d_1——机紧状态下与外螺纹接头端面对应处接箍螺纹根部的直径，mm。

(3) 套管内屈服压力。

套管内屈服压力取管体内屈服压力式（4）和接箍内屈服压力式（5）二者中的较低值。

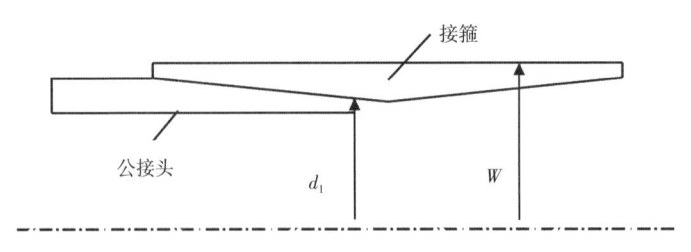

图 1 API 套管接头示意图

2 套管接头连接强度和气密封性能

2.1 API 偏梯形螺纹接头套管连接强度和气密封性能

由于 API 偏梯形螺纹接头套管连接强度高,一般在深井和超深井作为技术套管使用,或者作为油井生产套管使用。

API 偏梯形螺纹接头套管是靠螺纹脂填充密封的。API 偏梯形螺纹接头气密封性能是通过试验获得的,API TR 5C3 规定的偏梯形螺纹接头套管内屈服压力并不是其螺纹接头气密封性能。由于 API 偏梯形螺纹接头套管不具备气密封性能,关于 API 偏梯形螺纹接头套管的气密封性能试验研究也不多。表 1 为中国石油集团石油管工程技术研究院对 API 螺纹接头套管和特殊螺纹接头(台肩刻槽图 2)油管气密封性能试验结果。

表 1 API 螺纹接头套管和特殊螺纹接头(台肩刻槽)油管气密封性能

套管和油管名称	螺纹脂	内屈服压力(MPa)	气密封试验值(MPa)	气密封效率(气密封试验值/内屈服压力)(%)	备注
ϕ139.7 mm×7.72mm N80 BC 套管	API	53.3	5	9.4	
ϕ114.3mm×9.65mm 110 S13Cr110 特殊螺纹接头油管	API	112.1	46.8	41.7	公接头扭矩台肩刻槽。该接头设计为台肩密封和径向密封
ϕ206.38mm×15.80mm C110 偏梯形螺纹套管(接箍外径为 228.00mm)	API	86.5	8.1~36.1(推算值)	9.4~41.7(推算值)	(1)按照 ϕ139.7mm×7.72mmN80 BC 套管试验结果估值为 86.5×9.4% = 8.1MPa; (2)按照 ϕ114.3mm×9.65mm 110 S13Cr110 特殊螺纹接头油管(外螺纹接头扭矩台肩刻槽)试验结果估算值为 86.5×41.7% = 36.1MPa
ϕ206.38mm×15.80mm C110 偏梯形螺纹套管(接箍外径为 231.78mm)	API	101.6	9.6~42.4(推算值)	9.4~41.7(推算值)	(1)按照 ϕ139.7mm×7.72mmN80 BC 套管试验结果估算值为 101.6×9.4% = 9.6MPa; (2)按照 ϕ114.3mm×9.65mm 110 S13Cr110 特殊螺纹接头油管(外螺纹接头扭矩台肩刻槽)试验结果估算值为 101.6×41.7% = 42.4MPa

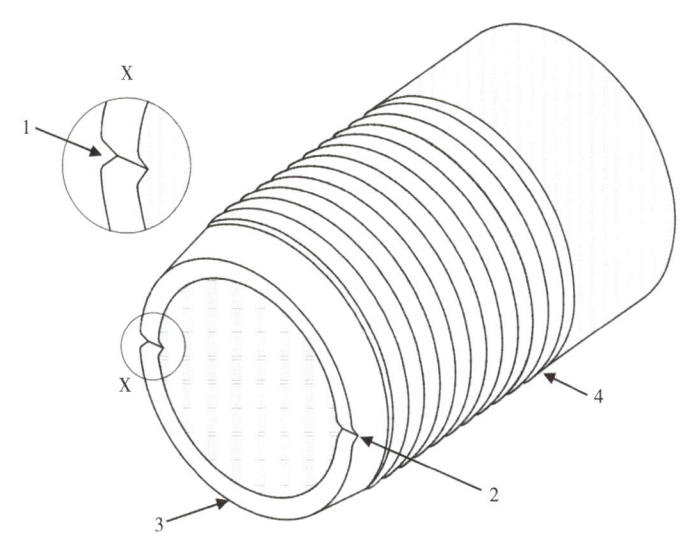

图 2　ISO 13679 规定的扭矩台肩槽口示意图

注：(1) 槽口最小 0.2mm（0.008in）深。
　　(2) 槽口最小 0.2mm（0.008in）深，与另一个槽口成 180°。
　　(3) 扭矩台肩。
　　(4) 螺纹

2.2　特殊螺纹接头套管气密封性能

特殊螺纹接头套管设计有专门的金属对金属径向密封结构（图 3）[1-3]，这种密封结构依靠金属接触压力实现气密封性能。特殊螺纹接头套管设计有专门的螺纹结构，可以保证接头连接强度大于等于管体。特殊螺纹接头套管不仅连接强度高，而且具有优良的气密封性能，因此在气井中被广泛用于生产套管和部分技术套管。

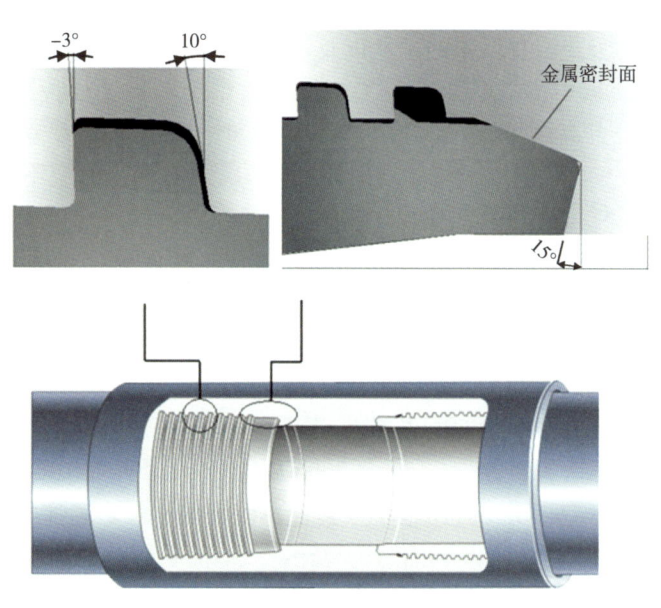

图 3　特殊螺纹接头

3 某井生产套管设计

3.1 套管设计原始数据及要求

3.1.1 套管设计原始数据

套管设计原始数据如表2。

表2 某井套管设计原始数据

井别	生产井	气油比（m³/m³）	134.98
井号	某井	表层 ϕ339.7mm×11.43mm 套管下深（m）	1500
套管类型	生产套管	裸眼井段井径（mm）	241.30
套管下深（m）	7900	套管下入总长（m）	7900
水泥返深（m）	0	固井时钻井液密度（g/cm³）	1.3
地层水密度（g/cm³）	1.05	关井油管压力（MPa）	91.0
A环空液体密度（g/cm³）	1.01	关井A环空压力（MPa）	60.35
实测地层压力（MPa）	135	放喷油管压力（MPa）	84.0
关井井口温度（℃）	27.0	放喷A环空压力（MPa）	67.0
开井生产时井口温度（℃）	39.1	生产压力下降速度（MPa/d）	2

注：该井区A井采油期间取样检测，H_2S含量为$29×10^{-6}$，B井采油期间取样检测 H_2S 含量为$187×10^{-6}$。由于该井区碳酸盐岩油藏非均质性极强，H_2S 含量变化大，不排除该井局部地区异常高含 H_2S 的可能性，所以钻井过程中要注意防 H_2S。

3.1.2 H₂S 腐蚀环境对套管的要求

硫化物应力腐蚀开裂（SSC）最敏感的温度区间为30℃左右，随着温度升高，H_2S 在水中的溶解度降低，而氢的扩散速度加快。这两个相反趋势造成 H_2S 应力腐蚀开裂的极值点。这是由于氢在钢表面的吸附、在钢中的扩散以及氢的存在状态与温度有关。温度低于30℃，氢扩散速度和活性逐渐减小；温度高于30℃，活性氢难于聚集。对碳钢和低合金钢来说，其对SSC敏感性随温度升高而降低，温度高于约100℃时，通常不会观察到开裂现象[4-12]。

温度大约低于100℃时应采用防硫套管；温度大约超过100℃时应不采用防硫套管。套管材料属于低合金钢，依据该井关井和开井生产状态不同井深位置温度测试结果，在4000m井深位置温度大约为100℃。因此，在0~4000m井段应采用防硫材料套管，在4000m以下应采用普通材料套管。

3.1.3 受力条件对套管要求

套管主要承受拉伸、内压和外压载荷[13-21]。拉伸载荷主要取决于套管柱重量和井口提拉载荷。套管内压和外压载荷主要取决于管内、外介质和压力。套管抗挤安全系数、抗内压安全系数和抗拉安全系数应符合 SY/T 5322—2000 规定。

该井没有蠕变地层，套管所受外压很小，套管设计可以不考虑套管抗挤性能。

《油（气）层工业油气流标准及试油结论规定4.2.1油层》（Q/SY TZ 0026—2000）：具有工业价值的油层，即日产油量达到最低工业油流标准，生产气油比小于890，原油密度大于 0.8g/cm³，含水小于2%。

气油比又称原始溶解气油比。指在原始地层条件下，单位体积原油所溶解的天然气量。其单位为 m^3/m^3。原始气油比是原油中溶解天然气量多少的指标，即在这个条件下的天然气溶解度。

国际高温高压协会（The International Association of high temperature and pressure）规定，地层压力大于等于69MPa（10000psi）为高压井，地层压力大于等于103MPa（15000psi）为超高压井。该井气油比为 $134.98m^3/m^3$，实测地层压力为135MPa，关井油压为91.00MPa，属于含气超高压油井。一旦油管柱泄漏，套管内天然气聚集在靠近井口位置，靠近井口的生产套管实际可能承受高压气体载荷[22-31]，套管应具有气密封性能。因此，该井虽然定义为超高压油井，井口生产套管应当按照超高压气井考虑。

该井生产压力下降速度为2MPa/d，在考虑套管抗内压安全系数时应当考虑。

3.2 套管设计方案

3.2.1 方案1

（1）0～3200m井段采用 ϕ206.38mm×15.80mm C110偏梯形螺纹套管（接箍外径为228.00mm），3200～7900m井段采用 ϕ200.03mm×14.20mm偏梯形螺纹套管。

（2）ϕ206.38mm×15.80mm C110偏梯形螺纹接头，接箍外径为228.00mm套管内屈服压力（抗内压强度）86.5 MPa，井口压力按照91 MPa计算，井口抗内压安全系数为0.95（86.5/91），不符合标准要求（≥1.05）。套管接头连接强度为6612 kN，抗拉安全系数为1.47，不符合标准要求（≥1.60）。

（3）井口A环空实际承受的是天然气压力。ϕ206.38mm×15.80mm C110偏梯形螺纹接头（接箍外径为228.00mm）套管不具有金属对金属密封结构和气密封性能，其气密封压力估计只有8.1～36.1MPa（表1），远小于关井时油压91.00MPa和A环空压力60.35MPa，也远小于放喷期间油压83.98MPa和A环空压力67.00MPa，不符合实际工况条件要求。

3.2.2 方案2

（1）0～1500m井段采用 ϕ206.38mm×15.80mm C110偏梯形螺纹套管（接箍外径为231.78mm），1500～7900m采用 ϕ200.03mm×14.20mm偏梯形螺纹套管。

（2）采用 ϕ206.38mm×15.80mm C110偏梯形螺纹接头套管，将接箍外径从228.00mm增大至231.78mm，按照API TR 5C3规定的公式计算结果，套管内屈服压力（抗内压强度）97.5MPa，井口压力按照91MPa计算，井口抗内压安全系数为1.07（97.5/91），符合标准要求（≥1.05），但并不能说明套管接头气密封性能符合实际工况条件要求。套管接头连接强度为6889kN，抗拉安全系数为1.58，不符合标准要求（≥1.60）。

（3）井口A环空实际承受的是天然气压力。ϕ206.38mm×15.80mm C110偏梯形螺纹接头（接箍外径为231.78mm）套管不具有金属对金属密封结构和气密封性能，其气密封压力估计只有9.6～42.4MPa（表1），远小于关井时油压91.00MPa和A环空压力60.35MPa，也远小于放喷期间油压83.98MPa和A环空压力67.00 MPa，不符合实际工况条件要求。

3.2.3 方案3

（1）0～1500m井段采用 ϕ206.38mm×15.80mm C110特殊螺纹接头（气密封接头）套管（接箍外径为231.78mm），1500～7900m井段采用 ϕ200.03mm×14.20mm偏梯形螺纹套管。

（2）ϕ206.38mm×15.80mm C110特殊螺纹接头（气密封接头）套管内屈服压力为101.6MPa，井口压力按照91MPa计算，抗内压安全系数为1.12（101.6/91），符合标准要求。

套管接头连接强度为7169kN，抗拉安全系数为1.64，符合标准要求（≥1.60）。该井生产压力下降速度为2MPa/d，在井深1500m位置，第一天井口压力为91MPa，200.03mm套管抗内压安全系数为1.04；第二天井口压力降至90MPa时，200.03mm套管抗内压安全系数就可达到1.05。

（3）实际关井油压为91MPa，A环空压力为60.35MPa；实际放喷期间油压83.98MPa时A环空压力67.00MPa。已经证实A环空为高压天然气，而且油管柱泄漏速度越来越快，要求生产套管具有气密封性能。ϕ206.38mm×15.80mm C110特殊螺纹接头（气密封接头）套管具有金属对金属密封结构和气密封性能，套管气密封性能可以达到101.6MPa，符合实际工况条件要求[32]。

4 结论

（1）0~1500m井段采用ϕ206.38mm×15.80mm C110特殊螺纹接头（气密封接头）套管（接箍外径为231.78mm）。

（2）1500~4000m井段采用ϕ200.03mm×14.20mm C110偏梯形螺纹接头套管。

（3）4000~7900m井段采用ϕ200.03mm×14.20mm C110偏梯形螺纹接头套管。

参 考 文 献

[1] 吕拴录，韩勇. 特殊螺纹接头油，套管使用及展望[J]. 石油工业技术监督，2003，16（3）：1-4.

[2] 吕拴录. 特殊螺纹接头油套管选用注意事项[J]. 石油工业技术监督，2005，21（11）：12-14.

[3] 刘卫东，吕拴录，韩勇，等. 特殊螺纹接头油、套管验收关键项目及影响因素[J]. 石油矿场机械，2009，38（12）：23-26.

[4] 吕祥鸿，赵国仙. 油套管材质腐蚀预防[M]. 北京：石油工业出版社，2015.

[5] LÜ S L, ZHANG G Z, LU M X, et al. Analysis of N80 BTC Downhole Tubing Corrosio[J]. Material Performance, 2004, 43 (10): 35-38.

[6] 吕拴录，赵国仙，王新虎，等. 特殊螺纹接头油管腐蚀原因分析[J]. 腐蚀与防护，2005，26（4）：179-181.

[7] 吕拴录，骆发前，相建民，等. API油管腐蚀原因分析[J]，腐蚀科学与防护技术，2007，20（5）：64-66.

[8] 吕拴录，相建民，常泽亮，等. 牙哈301井油管腐蚀原因分析[J]. 腐蚀与防护2008，29（11）：706-709.

[9] LÜ Shuanlu, XIANG Jianmin, CHANG Zeliang, et al. Analysis of Premium Connection Downhole Tubing Corrosion[J]. Material Performance, 2008, 47 (5): 66-69.

[10] 刘会，赵国仙，韩勇，等. Cl⁻对油套管用P110钢腐蚀速率的影响[J]. 石油矿场机械，2008，37（11）：44-48.

[11] YUAN Pengbin, GUO Shengwu, LÜ Shuanlu. Failure Analysis of High-Alloy Oil Well Tubing Coupling[J]. Material Performance, 2010, 49 (8): 68-71.

[12] LÜ Shuanlu, TENG Xueqing, KANG Yanjun, et al. Analysis on Causes of a Well Casing Coupling Crack[J]. Materials Performance, 2012, 51 (4): 58-62.

[13] 高林，吕拴录，李鹤林，等. 油、套管脱扣、挤毁和破裂失效分析综述[J]. 理化检验—物理分册，2013，49（4）：177-182.

[14] 姬丙寅，吕拴录，张宏. 非API规格偏梯形螺纹接头套管连接强度计算研究[J]. 石油矿场机械，

2011,40(2):58-62.
- [15] 袁鹏斌,吕拴录,姜涛,等.长圆螺纹套管脱扣原因分析[J].石油矿场机械,2007,36(10):68-72.
- [16] LÜ Shuanlu,HAN Yong,QIN Changyi,et al. Analysis of well casing connection pull over[J]. Engineering Failure Analysis,2006,13(4):638-645.
- [17] 吕拴录,骆发前,唐继平,等.某井177.8mm套管固井事故原因分析[J].钻采工艺,2009,32(4):98-101.
- [18] 聂采军,吕拴录,周杰,等.177.8mm偏梯形螺纹接头套管脱扣原因分析[J].钢管,2010,39(3):19-23.
- [19] 滕学清,吕拴录,宋周成,等.某井特殊螺纹套管粘扣和脱扣原因分析[J].理化检验,2011,47(4):261-264.
- [20] 吕拴录,贾立强,樊文刚,等.进口339.7mm套管在固井过程中脱扣原因分析[J].理化检验-物理分册,2012,48(2):130-136.
- [21] 宋周成,吕拴录,秦宏德,等.套管柱在下井过程中脱扣原因分析[J].理化检验-物理分册,2012,48(增刊):347-351.
- [22] 彭泉霖,何世明,郭元恒,等.螺纹公差带对偏梯形螺纹密封性的影响分析[J].石油矿场机械,2014,43(9):1:4.
- [23] 吕拴录,王震,康延军,等.某气井完井管柱泄漏原因分析[J].油气井测试,2010,19(4):58-60.
- [24] LÜ Shuanlu,LI Yuanbin,WANG Zhengbiao,et al. Cause analysis of casing internal pressure increase in one well[C]// Proceedings of the 3rd World Conference on Safety of Oil and Gas Industry,WCOGI 2010,Sept. 27-28,2010,Beijing,China,Petroleum Industry Press..
- [25] 吕拴录,滕学清,杨成新,等.某井套管柱泄漏原因分析[J].理化检验,2013,49(5):334-338.
- [26] 吕拴录.套管抗内压强度试验研究[J].石油矿场机械,2001,30(Sl):51-55.
- [27] 吕拴录,龙平,赵盈,等.339.7mm偏梯形螺纹接头套管密封性能和连接强度试验研究[J].石油矿场机械,2011,40(5):25-29.
- [28] 骆发前,吕拴录,等.塔里木油田特殊螺纹接头油、套管评价试验及应用研究[J].钻采工艺,2010,33(5):84-88.
- [29] 吕拴录,李鹤林,滕学清,等.油、套管粘扣和泄漏失效分析综述[J].石油矿场机械,2011,40(4):21-25.
- [30] 吕拴录,卫遵义,葛明君.油田套管水压试验结果可靠性分析[J],石油工业技术监督,2001(11):9-14.
- [31] 吕拴录,骆发前,陈飞,等.牙哈7X-1井套管压力升高原因分析[J].钻采工艺,2008,31(1):129-132.
- [32] 滕学清,吕拴录,等.塔里木油田非API油套管技术要求及标准化[J].理化检验—物理分册:2013,49(2):103-106.

原载于《石油矿场机械》2016,Vol.45(11)28-33.

塔里木油田国产油(套)管国产化研究

骆发前[1]　吕拴录[1,2]　康延军[1]　贾立强[1]
龙　平[1]　唐继平[1]　赵　盈[1]　吴富强[1]

(1. 塔里木油田；2. 中国石油大学（北京）机电工程学院材料系)

摘　要：针对塔里木油田曾经发生过的油(套)管粘扣、泄漏、腐蚀、开裂等问题，及时开展了失效分析和科学研究，找到了问题原因，并及时采取了有效的预防措施，保证了国产油(套)管的正常使用和油田勘探开发的正常进行。

关键词：油管；套管；国产；进口；粘扣；泄漏；断裂

塔里木油田井深、地质构造复杂，大多数井为高温高压井。油(套)管使用条件苛刻，对其品种和质量都有严格要求。过去很长一段时间，塔里木油田油(套)管以进口为主，虽然质量好，但与国产油(套)管相比，进口油(套)管价格特别昂贵。据统计，每年塔里木油田进口石油专用管材年使用量达 $3.7×10^4$ t，成本比国产管材成本每吨高出 1.3 万元人民币，每年比国产管材多花 4.81 亿元人民币。另外，进口管材占用预付款金额达 1.3 亿美元，交货周期较长，平均约 180 天，严重制约了资金的使用效率。因此，在塔里木油田推广应用国产油(套)管，是降低勘探开发成本的关键。

我国生产油(套)管已有 40 年的历史，产量和质量正在逐年提高。目前，我国油(套)管的产量已经居于世界之首，而且可以生产 140 钢级的套管和多种特殊螺纹接头的油(套)管。我国生产的有些品种的油(套)管材料性能已经超过进口的同类产品。但是，由于我国在油(套)管加工方面起步较晚，尤其在螺纹加工、产品质量稳定性和特殊螺纹接头油(套)管性能和品种等方面与国外产品相比还存在一定差距。要实现油(套)管国产化，其使用性能必须满足油田勘探开发的要求，确保国产油(套)管在使用过程中安全可靠。如果国产油(套)管在使用过程中经常发生失效事故，油(套)管国产化就会受到阻碍和影响。

塔里木油田一直非常重视油(套)管国产化的研究和推广工作。针对国产油(套)管的质量现状和在使用过程中发现的问题，采取了积极的对策，取得了可喜成绩。

塔里木油田从 1995 年开始使用国产油(套)管，近几年加大了使用油(套)管国产化的力度，并保证了油田勘探开发的正常进行。2008 年，国产油(套)管订货比例已经达到 98.9%；2008 年国产油(套)管实际用量已经达到 75.4%，节约资金 2.7774 亿元人民币。

因此，总结塔里木油田使用国产油(套)管的经验，对于弘扬名族工业、节约油田勘探开发成本，具有十分重要的意义。

1 油(套)管国产化面临的问题及解决办法

油(套)管国产化的前提是国产油(套)管的使用性能必须满足塔里木油田勘探开发的要求,确保勘探开发的正常进行。塔里木油田油(套)管使用条件苛刻,已经发生了多起油(套)管失效事故。因此,要在塔里木油田实现油(套)管国产化,首先应当分析研究油(套)管失效原因,并采取有效预防措施。

1.1 油(套)管粘扣问题及解决办法

1.1.1 油(套)管粘扣问题

粘扣会降低油(套)管的密封性能和承载能力,使油(套)管寿命大幅度降低,甚至导致脱扣和泄漏。塔里木油田已经发生多起油、套管粘扣事故,大量的新油管经过一次作业就因粘扣(图1)而报废。

1996—1997年,一批国产油管在多口井使用时发生粘扣,经过失效分析,认为该批油管本身抗粘扣能力较差,但油管严重粘扣也与使用操作不当有一定关系。

图1 油管外螺纹接头粘扣形貌图

2000年,轮南11井进口油管在试油作业时发生了严重粘扣事故。调查结果表明:油管作业队采用的上扣速度为100r/min,远超过了 API RP 5C1 规定的上扣速度(≤25r/min),油管严重粘扣与上扣速度太快有很大关系。对该批进口的油管进行上扣和卸扣试验结果,油管本身抗粘扣性能不符合 API 标准。

截至 2005 年底，大二线料场库存 1900t 回收的损坏油管。近年来每年回收 100t 损坏油管（主要来自勘探），且回收的废旧油管大多数为粘扣损坏。

根据开发事业部 2003 年至 2005 年初不完全统计结果，从井队回收的损坏油管共 337024 根，这些油管主要是粘扣损坏。2005 年 TZ4-7-56、DH1-5-8、DH1-5-7 和 LG4 等多口开发井发生油管粘扣事故。

2005 年 3 月至 2006 年 10 月 18 日，西气东输项目部有 12 口井油管发生粘扣。其中，英买力气田群完井作业过程中，送井的 3900 根 ϕ88.9mm×6.45mm 油管中有 86 根油管发生粘扣和错扣；送井的 2800 根 ϕ73.0mm×5.51mm 油管中有 56 根油管发生粘扣和错扣。

塔里木油田套管粘扣问题实际也非常严重，但并没有引起人们高度重视，因为在大多数情况下，套管上扣后一般不卸扣，所以套管粘扣后往往不容易发现。除非下套管遇阻，起出检查才能发现粘扣；或者粘扣非常严重，上扣之后外露扣太多，卸扣检查才能发现粘扣；2003 年，大北 2 井下 127.0mm 尾管遇阻，起出套管检查，发现所有套管严重粘扣。2006 年 11 月，采办事业部对套管粘扣事故进行了调查，发现个别井下套管粘扣非常严重。

导致粘扣的一个重要原因是油（套）管本身抗粘扣性能差[1-6]。与油（套）管产品质量有关的粘扣因素涉及螺距、锥度、齿高、牙型半角、紧密距、表面光洁度、螺纹参数公差控制、内外螺纹参数匹配等，是一个很复杂的系统工程问题。目前，国内大多数工厂还没有完全解决粘扣问题，国外有部分厂家还没有解决粘扣问题。

塔里木油田在到货检验过程发现，有些厂家的套管在工厂上扣端从接箍端面就能看到粘扣形貌。有些国产套管和进口套管在检查紧密距时，产品螺纹接头与螺纹量规旋合就发生粘扣。2004 年，塔里木油田对到货套管随机抽样进行上扣和卸扣试验，结果国产套管根根粘扣。面对国产套管的质量现状，如果再加上使用操作因素，套管粘扣问题必然会更加严重。

以上调查研究结果和失效分析结果表明：油（套）管粘扣原因既与油（套）管本身抗粘扣性能差有关，也与使用操作不当有关。

1.1.2　解决办法及实施效果

（1）对油（套）管粘扣问题列专题进行研究，找出了粘扣原因和预防办法。

（2）制定了油（套）管订货企业标准，在订货合同中对油（套）管抗粘扣性能提出了严格要求。

（3）制定了严格的油（套）管抗粘扣性能试验方案，要求对油（套）管接头现场端和工厂端抗粘扣性能严格按试验方案进行评价。

（4）规定油（套）管出厂之前抽样在第三方进行上扣、卸扣试验，到货后抽样进行上扣和卸扣试验。

（5）加强驻厂监造，确保油（套）管质量稳定。

（6）制定了油（套）管下井作业规程，对油、套管搬运、清洗、对扣、引扣和上扣多个环节提出了具体要求，有效地防止和减少了使用操作不当导致的粘扣。

（7）对作业队伍进行技术培训。

从 2006 年开始实施以上措施后已经收到了明显的效果，油（套）管粘扣问题正在逐渐减少。

1.2 油(套)管泄漏和腐蚀问题解决办法

1.2.1 油(套)管泄漏和腐蚀问题

塔里木油田有多个区块为高压气井,且含有 CO_2、H_2S 和 Cl^- 等腐蚀介质,对油(套)管密封性能和抗腐蚀性能有很高的要求。近年来,塔里木已有多口高压油气井完井管柱泄漏、套压升高,造成了巨大的经济损失,并潜藏了严重的事故隐患[7-9]。特别是2008年在DN2-8井发生的完井管柱泄漏问题,已经严重影响了正常的油气生产。失效分析结果表明,DN2-8井油管泄漏和腐蚀(图2,图3)原因如下:

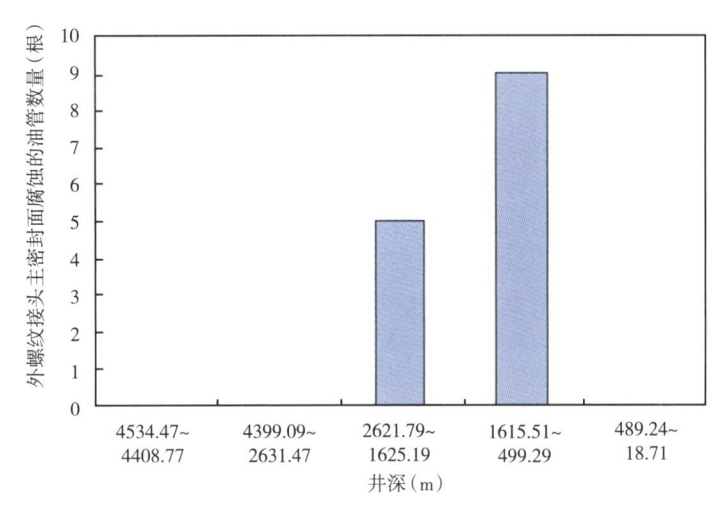

图2 DN2-8井在不同井段外螺纹接头主密封面腐蚀的油管数量

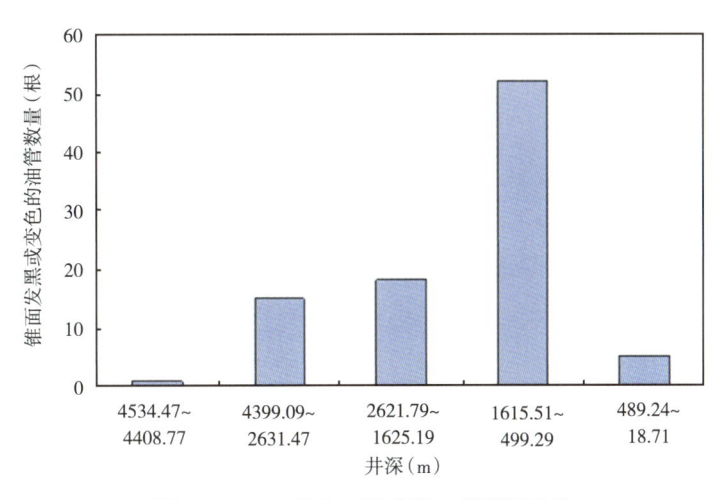

图3 DN2-8井在不同井段油管泄漏数量

(1) 13Cr110特殊螺纹油管接头泄漏原因是其使用性能不能满足DN2-8井实际工况;

(2) 13Cr110特殊螺纹油管接头现场端泄漏数量远高于工厂端泄漏数量的原因是工厂规定的现场端上扣扭矩低于工厂端上扣扭矩;

(3) 13Cr110油管经过酸化之后已经产生局部腐蚀,在天然气中所含的 CO_2、凝析水和

Cl⁻共同作用下，局部腐蚀进一步加剧。

1.2.2 预防措施及实施效果

（1）对油管泄漏问题列专题进行研究，找出了油管泄漏原因和预防办法。

（2）制定了油（套）管订货企业标准，在订货合同中对油（套）管密封性能提出了严格要求，对特殊螺纹接头油（套）管公差提出了具体要求。

（3）在订货合同中对油（套）管抗腐蚀性能和腐蚀评价试验方法提出了严格要求。

（4）依据塔里木油田实际工况，制定了严格的油（套）管密封性能检测方案，规定油（套）管发货之前抽样在第三方进行密封试验，油（套）管到货后抽样进行密封试验，保证了油（套）管质量稳定性。

（5）制定了油（套）管下井作业规程，对防止油（套）管泄漏提出了具体措施。

（6）DN2-8井第2次完井管柱下井后，试生产当月未发生泄漏。

1.3 套管开裂问题及预防措施

1.3.1 开裂问题

塔里木油田以高压深井为主，套管受力条件苛刻，容易发生套管开裂事故[10-16]。套管开裂会造成巨大的经济损失，甚至导致整口井报废。

（1）1994年，KS1井 ϕ177.8mm V150套管产生螺旋状裂纹，油管失效，最终导致该井报废。

（2）2003年，TK218井多根 ϕ177.8mm V150套管接箍开裂（图4），造成了巨大经济损失。

图4 TK218井 ϕ177.8mm V150套管接箍开裂形貌

（3）2008年，克深2井 ϕ273.1mm 140套管在4385~4415m井段磨损并开裂。

（4）2009年5月，AK1-1H井 ϕ177.8mm 140套管管体发生横向断裂事故（图5）。

1.3.2 开裂原因

钢的强度与韧性、塑性通常表现为互为消长的关系，强度高的韧性、塑性就低。反之，为求得高的韧性、塑性，必须牺牲强度。Q125以上钢级油（套）管，需要匹配的韧性极高，

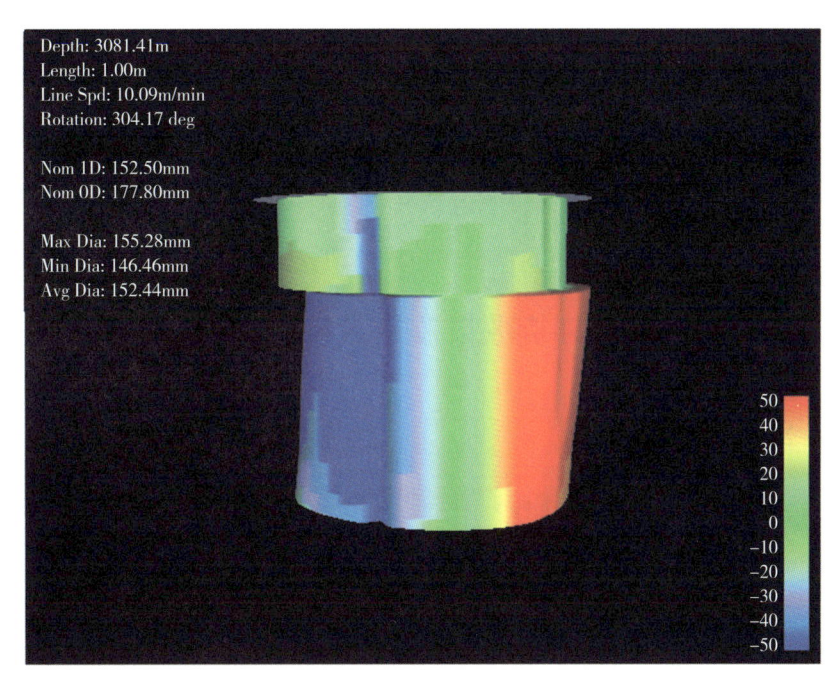

图 5　在井深 3080.70m 处套管管体断裂及 3080.70~3083.40m 井段套管磨损形貌

如果韧性不匹配，容易发生破裂事故。大量失效分析和研究结果表明，套管开裂与材料冲击功未达到塔里木油田订货技术条件，且存在原始缺陷有很大关系。

1.3.3　预防措施

（1）对油(套)管开裂问题列专题进行分析和研究，找出了油、套管开裂原因和预防措施。

（2）塔里木油田制定了相应的企业标准，对材料化学成分中的有害元素提出了严格要求，保证了材料的纯净度；对材料韧性提出了严格要求，提高了油(套)管材料抵抗裂纹的能力。

（3）制定了严格的油(套)管检测方案，规定油(套)管发货之前抽样在第三方进行材料试验，油(套)管到货后抽样进行材料试验。

（4）为解决油(套)管硫化物应力腐蚀开裂（SSC）问题，塔里木油田已经使用了多种非API 防硫油(套)管，并对油(套)管抗硫化物应力腐蚀开裂性能和检测方法提出了严格要求。

1.4　挤毁问题及预防

1.4.1　挤毁问题

塔里木油田多个区块含有蠕变地层，已经有多口井发生套管变形和挤毁事故[14]。例如，阳霞 1 井由于套管挤毁，导致全井工程报废。

1.4.2　预防措施及效果

（1）对油(套)管变形和挤毁问题列专题进行研究，找出了油(套)管变形和挤毁原因及预防办法。

（2）制定了油(套)管订货企业标准，在订货合同中对油(套)管抗挤毁性能提出了严格要求，从订货开始就采取了措施，保证了油(套)管抗挤性能。

（3）依据塔里木油田实际工况，制定了严格的套管挤毁检测方案，规定套管发货之前抽样在第三方进行材料试验，到货后抽样进行材料试验。

（4）采用了 Power-V 防斜打直技术，减小了套管磨损，有效地预防了由于套管磨损导致的挤毁。

（5）塔里木油田已经采用了多种非 API 高抗挤套管，例如 ϕ250.8mm×15.88mm 140 高抗挤套管等。

2 进口和国产油、套管订货数量及用量统计对比

2.1 2005—2008 年订货数量

与 2005 年相比，2006 年国产油管订货量环比增长 12.8%；与 2006 年相比，2007 年国产油(套)管订货量环比增长 40.9%；与 2007 年相比，2008 年国产油(套)管订货量环比增长 13.7%。

2006—2008 年国产油(套)管订货数量正在逐年大幅度增加，进口油(套)管订货数量正在逐年大幅度减少。2008 年国产油(套)管订货比例已经达到 98.9%[15]（图 6）。

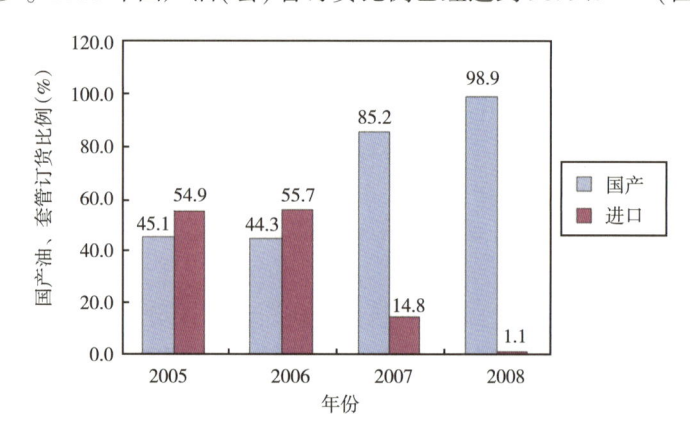

图 6　2005—2008 年塔里木油田国产和进口油(套)管订货数量比例

2.2　2007—2008 年用量

与 2007 年相比，2008 年国产油(套)管使用量比进口油套管使用量环比增长 20.6%，节约了大量资金。

2.3　国产油(套)管使用举例

塔里木油田大北高压气井区块，国产 ϕ339.7mm 套管下深 3900~3950m，国产 ϕ244.5mm 套管下深达到 5800m，国产 ϕ206.4mm 尾管下深 6900m；克深高压气井区块，国产 ϕ339.7mm 套管下深 4700m，国产油管已经成功使用。

综上所述，国产油(套)管较进口油、套管具有价格优势，只要采取相应的措施，可以保证国产油(套)管质量，最终满足塔里木油田勘探开发的要求，并大幅度降低油田勘探开发成本。

3 结论及建议

（1）国产油（套）管的使用性能必须满足塔里木油田勘探开发的要求，确保勘探开发的正常进行。

（2）针对国产油（套）管质量现状和油（套）管在使用过程容易发生的失效问题，及时开展了失效分析和科学研究，找出了失效问题的根源，并及时采取了有效的预防措施，基本保证了国产油（套）管质量，并安全使用。

（3）2006—2008年，国产油（套）管订货数量正在逐年大幅度增加，进口油（套）管订货数量正在逐年大幅度减少，2008年国产油（套）管订货比例已经达到98.9%。

（4）与2007年相比，2008年国产油（套）管使用量比进口油（套）管使用量环比增长20.6%，节约了大量资金。

参 考 文 献

[1] 吕拴录，常泽亮，吴富强，等．N80 LCSG套管上、卸扣试验研究[J]．理化检验—物理分册，2006，42（12）：602-605.

[2] 吕拴录，刘明球，王庭建，等．J55平式油管粘扣原因分析[J]．机械工程材料，2006，30（3）：69-71.

[3] 袁鹏斌，吕拴录，姜涛，等．进口油管脱扣和粘扣原因分析[J]．石油矿场机械，2008，37（3）：74-77.

[4] 吕拴录，康延军，孙德库，等．偏梯形螺纹套管紧密距检验粘扣原因分析及上卸扣试验研究[J]．石油矿场机械，2008，37（10）：82-85.

[5] 吕拴录，骆发前，赵盈，等．防硫油管粘扣原因分析及试验研究[J]．石油矿场机械，2009，38（8）：37-40.

[6] 刘卫东，吕拴录，韩勇，等．特殊螺纹接头油、套管验收关键项目及影响因素[J]．石油矿场机械，2009，38（12）：23-26.

[7] 吕拴录，骆发前，陈飞，等．牙哈7X-1井套管压力升高原因分析[J]．钻采工艺，2008，31（1）：129-132.

[8] 吕拴录，李鹤林．V150套管接箍破裂原因分析[J]．理化检验 2005，41（Sl）：285-290.

[9] 吕拴录．73.0mm×5.51mm J55平式油管断裂和弯曲原因分析[J]．石油矿场机械，2007，36（8）：47-49.

[10] 吕拴录，李鹤林，袁鹏斌，等，油井爆炸事故原因分析[J]．管道技术与装备，2008（5）：54-56.

[11] 吕拴录，袁鹏斌，魏茂质等．73.0mm EU J55油管短节断裂原因分析[J]．理化检验—物理分册，2008，42（12）：715-718.

[12] 吕拴录，秦宏德，江涛，等．73.0mm×5.51mm J55平式油管断裂和弯曲原因分析．石油矿场机械，2007，36（8）：47-49.

[13] 吕拴录，康延军，刘胜，等．井口套管裂纹原因分析[J]．石油钻探技术，2009，37（5）：85-88.

[14] LÜ Shuanlu, ZHAO, Kefeng. H_2O_2 well cleanout leads to explosion [J]. Oil and Gas, 2004（11）：44-47.

[15] 吕拴录，张福祥，李元斌，等．塔里木油气田非API油井管使用情况统计分析[J]．石油矿场机械，2009，38（7）：70-74.

原载于《石油矿场机械》，2010，39（6）：20-24.